CAD/CAM/CAE 基础与实践

U0325355

AutoCAD 2014 中文版建筑设计教程

张云杰　张云静　编　著

清华大学出版社

北京

内 容 简 介

随着计算机技术的不断普及和发展，CAD 技术在建筑设计领域得到了广泛应用。AutoCAD 2014 是当前最新版的 AutoCAD 软件。本书从实用的角度介绍了 AutoCAD 2014 进行建筑设计和绘图的方法，全书共分 14 章，详细讲解了利用 AutoCAD 2014 软件进行建筑设计中的多种方法和实用技巧，并通过多个绘制建筑图的综合范例，分别对不同种类建筑图纸进行专业的绘制和讲解，使读者能够掌握实际的 AutoCAD 建筑设计技能。另外，本书还配备了交互式多媒体教学光盘，将案例制作过程制作成多媒体视频进行讲解，以便于读者学习使用。

本书结构严谨，内容翔实，知识全面，可读性强，设计范例实用性强，专业性强，步骤明确，多媒体教学光盘方便实用，主要针对使用 AutoCAD 2014 进行建筑设计和绘图的广大初、中级用户，是广大读者快速掌握 AutoCAD 建筑设计的自学实用指导书。

图书在版编目(CIP)数据

AutoCAD 2014 中文版建筑设计教程/张云杰，张云静编著. --北京：清华大学出版社，2014(2023.7 重印)
(CAD/CAM/CAE 基础与实践)
ISBN 978-7-302-36124-4

Ⅰ. ①A… Ⅱ. ①张… ②张… Ⅲ. ①建筑设计—计算机辅助设计—AutoCAD 软件—教材 Ⅳ. ①TU201.4

中国版本图书馆 CIP 数据核字(2014)第 069704 号

责任编辑：张彦青
装帧设计：杨玉兰
责任校对：李玉萍
责任印制：宋　林
出版发行：清华大学出版社
　　　　　网　　　址：http://www.tup.com.cn，http://www.wqbook.com
　　　　　地　　　址：北京清华大学学研大厦 A 座　　　邮　　编：100084
　　　　　社 总 机：010-83470000　　　　　　　　邮　　购：010-62786544
　　　　　投稿与读者服务：010-62776969，c-service@tup.tsinghua.edu.cn
　　　　　质量反馈：010-62772015，zhiliang@tup.tsinghua.edu.cn
　　　　　课件下载：http://www.tup.com.cn，010-62791865

印 装 者：三河市龙大印装有限公司
经　　销：全国新华书店
开　　本：190mm×260mm　　　印　　张：23　　　字　　数：560 千字
　　　　　(附 DVD 1 张)
版　　次：2014 年 6 月第 1 版　　　　　　　　印　　次：2023 年 7 月第 7 次印刷
定　　价：58.00 元

产品编号：051114-02

前　言

　　建筑设计是当今工程类设计的一大产业支柱。好的建筑设计作品是将建筑的功能性和艺术性相结合的产物，而设计和绘制建筑施工图和表现图是一个复杂而烦琐的过程。随着计算机技术的不断普及和发展，CAD 技术在建筑设计领域得到了广泛应用。在我国，用计算机全面代替手工绘图也将成为必然趋势，熟练地掌握该项技术已经成为从事图形设计工作者的基本要求之一。而最普及、最常用的 CAD 软件便是 Autodesk 公司的 AutoCAD。AutoCAD 是由 Autodesk 公司研制的通用计算机辅助设计软件，集二维、三维交互绘图功能于一体。最新推出的 AutoCAD 2014 更是集图形处理之大成，代表了当今 CAD 软件的最新潮流和技术巅峰，已经广泛地运用在我国机械、建筑、汽车、服装、电子等行业中。在建筑设计领域，采用人工设计存在着效率低、精度低的问题，而这些都可以通过 AutoCAD 得以很好地解决。

　　为了使广大用户能尽快掌握 AutoCAD 2014 进行建筑设计和绘图的方法，快速优质地设计绘制建筑图，编写了本书。本书主要介绍 AutoCAD 2014 软件在建筑设计中的应用，讲解了利用 AutoCAD 2014 软件进行建筑设计过程中的多种方法和实用技巧。全书共分 14 章，其中不仅介绍了 AutoCAD 2014 的基础知识，还讲解了建筑绘图的基础知识，同时还介绍了 AutoCAD 2014 的绘制建筑图纸的各类操作方法和设计方法，并通过多个绘制建筑图的综合范例，分别从建筑平面图、建筑立面图和剖面图，以及建筑大样图进行专业的绘制和讲解，通过将专业设计元素和理念多方位融入设计范例，使全书更加实用和专业。

　　笔者的 CAX 设计教研室拥有多年使用 AutoCAD 进行建筑设计的经验。在编写本书时，笔者力求遵循"完整、准确、全面"的编写方针，在实例的选择上，注重了实例的实战性和教学性相结合，同时融合多年设计的经验技巧，相信读者能从中学到不少有用的设计知识。总的来说，不论是学习使用 AutoCAD 的制图人员，还是有一定经验的建筑设计人员，都能从本书中受益。

　　本书还配备了交互式多媒体教学光盘，将案例制作过程制作为多媒体视频进行讲解，讲解形式活泼，方便实用，便于读者学习使用。同时光盘中还提供了所有实例的源文件，按章节顺序放置，以便于读者练习使用。关于多媒体教学光盘的使用方法，读者可以参看光盘根目录下的光盘说明。

　　本书由云杰漫步多媒体科技 CAX 设计室主编，参加编写工作的主要有张云杰、张云静、刁晓永、尚蕾、郝利剑、贺安、贺秀亭、宋志刚、董闯、李海霞、焦淑娟、杨晓晋、龚堰珏、林建龙、刘玉德等。书中的设计实例均由云杰漫步多媒体科技公司 CAX 设计教研室设计制作，这里要感谢云杰漫步多媒体科技公司在多媒体光盘技术上给予的支持，同时要感谢清华大学出版社的编辑等各位老师们的大力协助。

　　由于编写人员的水平有限，因此在编写过程中难免有疏漏和不足之处，望广大用户不吝赐教，对书中的不足之处给予指正。

编　者

目　录

第 1 章

AutoCAD 2014 基础

  AutoCAD 是由美国 Autodesk(欧特克)公司于 20 世纪 80 年代初为微机上应用 CAD 技术而开发的绘图程序软件包，经过不断地完善，现已成为国际上广为流行的绘图工具。

  AutoCAD 具有良好的用户界面，通过交互菜单或命令输入行方式便可以进行各种操作。它的多文档设计环境，让非计算机专业人员也能很快地学会使用。在不断的实践过程中更好地掌握它的各种应用和开发技巧，从而不断提高工作效率。

1.1 启动和退出 AutoCAD 2014

当正确安装 AutoCAD 2014 后，即可启动该软件，当使用完毕后还应按照正确的操作顺序退出 AutoCAD 2014。这是软件操作的一般规范。启动和退出 AutoCAD 2014 的方式有多种，下面将进行详细的讲解。

1.1.1 启动 AutoCAD 2014

将 AutoCAD 2014 安装完成后，就可以启动该软件进行绘图操作了。下面介绍几种常用启动 AutoCAD 2014 的方法。

1. 桌面快捷图标

当正确安装 AutoCAD 2014 以后，系统将在 Windows 桌面上显示 AutoCAD 2014 程序的快捷图标。双击该快捷图标，即可启动 AutoCAD 2014 程序，如图 1-1 所示。

图 1-1 桌面的 AutoCAD 2014 快捷图标

2. 【开始】菜单方式

当正确安装 AutoCAD 2014 以后，AutoCAD 在【开始】菜单的【程序】选项中创建了名为 Autodesk 的程序组，选择该程序组中的【AutoCAD 2014-简体中文(Simplified Chinese)】| AutoCAD 2014 选项，即可启动 AutoCAD 2014 程序，如图 1-2 所示。

图 1-2 选择 AutoCAD 2014 选项

3. 打开 AutoCAD 文件方式

在已经安装 AutoCAD 软件的情况下，如果计算机中已经存在 AutoCAD 图形文件"*.dwg"，双击该图形文件，也可启动 AutoCAD 2014 并打开该图形文件，如图 1-3 所示的"减速器"文件。

图 1-3　选择打开文件

1.1.2　退出 AutoCAD 2014

在将图形绘制完成之后，若想退出 AutoCAD 程序，常用的方法有以下几种。

● 　单击 AutoCAD 界面标题栏右上角的【关闭】按钮 ✖ 。

● 　直接按 Alt+F4 键。

单击 AutoCAD 工作界面左上角【菜单浏览器】按钮 ▲ ，在弹出的菜单中单击【退出 Autodesk AutoCAD 2014】按钮，如图 1-4 所示。

图 1-4　弹出菜单

1.2　AutoCAD 2014 工作界面

AutoCAD 2014 中文版为用户提供了"AutoCAD 经典"、"二维草图与注释"和"三维建模"3 种工作空间模式。对于 AutoCAD 一般用户，可以采用"二维草图与注释"工作空间。它主要由标题栏、菜单栏、工具栏、绘图窗口、命令输入行、状态栏等元素组成，如图 1-5 所示。

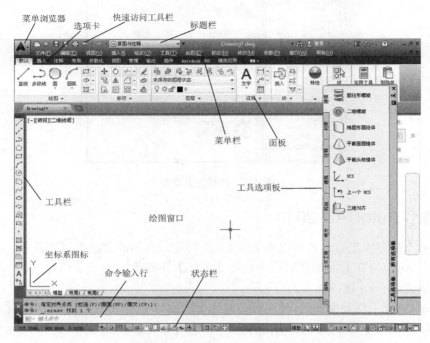

图 1-5　AutoCAD 2014 的"二维草图与注释"工作空间

1.2.1　标题栏

标题栏位于窗口的最上方，用于显示当前文件名等信息，如图 1-6 所示。如果是 AutoCAD 默认的图形文件，其名称为 DrawingN.dwg(N 为 1、2、3……)。右击标题栏会弹出快捷菜单，如图 1-7 所示，从中可以对窗口进行还原、移动、最大化、最小化等操作。

图 1-6　标题栏　　　　　　　　　　图 1-7　快捷菜单

1.2.2　菜单栏

菜单栏囊括了 AutoCAD 中几乎全部的功能和命令，单击菜单栏中某一项即可打开对应的下拉菜单，如图 1-8 所示。

图 1-8　菜单栏

下拉菜单具有以下几个特点。

(1) 右侧有 "▶" 的菜单项，表示它还有子菜单。

(2) 右侧有 "…" 的菜单项，被选中后将弹出一个对话框。例如，选择【插入】|【块】菜单命令，会弹出【插入】对话框，如图 1-9 所示。该对话框用于块的设置。

(3) 单击右侧没有任何标识的菜单项，会执行对应的命令。

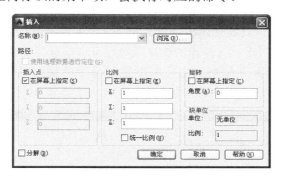

图 1-9　【插入】对话框

1.2.3　工具栏

工具栏是应用程序调用命令的另一种方式，包含许多由图标表示的命令按钮，单击工具栏中的某一按钮即可启动对应的 AutoCAD 命令。在 AutoCAD 2014 中，系统共提供了 20 多个已命名的工具栏。将鼠标指针停留在按钮上，会弹出一个文字提示标签，说明该按钮的功能。如图 1-10 所示为【标注】工具栏。

图 1-10　【标注】工具栏

工具栏的位置可以自由移动，如图 1-11 所示为不同的工具栏设置的位置。

图 1-11　工具栏位置

　　用户可以根据需要打开或者关闭工具栏，单击工具栏右侧的叉按钮就可以将其关闭。另外，在任何一个工具栏上右击，在弹出的快捷菜单也可以进行工具栏的开启和关闭。

　　在【二维草图与注释】工作空间中，某些常用命令的按钮是位于相应的选项卡中的，如图 1-12 所示是【默认】选项卡中的按钮命令。

图 1-12　【默认】选项卡

1.2.4　绘图窗口

　　在 AutoCAD 中，绘图窗口是绘图工作区域，所有的绘图结果都反映在这个窗口中。可以根据需要关闭其周围的各个工具栏，以增大绘图空间。如果图纸比较大，需要查看未显示部分时，可以单击窗口滚动条上的箭头，或者拖曳滑块来移动图纸；还可以按住鼠标中键，然后拖曳鼠标即可移动图纸。

　　绘图窗口的默认颜色为淡黄色，用户可以根据自己的喜好更改绘图窗口的颜色。

　　选择【工具】|【选项】菜单命令，弹出【选项】对话框，如图 1-13 所示。在对话框中单击【颜色】按钮，弹出【图形窗口颜色】对话框，如图 1-14 所示。单击【颜色】下拉列表框即可选择合适的背景颜色，也可以调整其他属性的颜色。

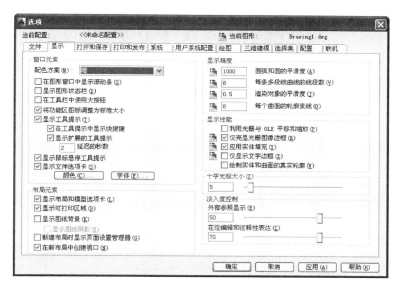

图 1-13　【选项】对话框

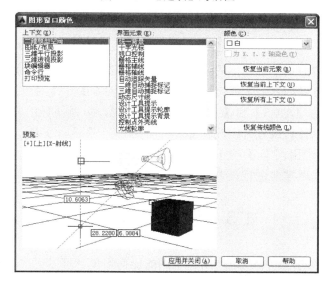

图 1-14　【图形窗口颜色】对话框

1.2.5　命令输入行

命令输入行窗口位于绘图窗口的底部，用于输入命令，并显示 AutoCAD 显示的信息，如图 1-15 所示。

图 1-15　命令输入行窗口

在默认情况下命令输入行显示三行文字，可以拖曳命令输入行边框进行调整。选择【工具】|
【命令输入行】菜单命令，弹出【命令行-关闭窗口】对话框，如图1-16所示。单击【是】按
钮即可关闭【命令输入行】窗口，使用Ctrl+9快捷键可以调出命令输入行窗口。

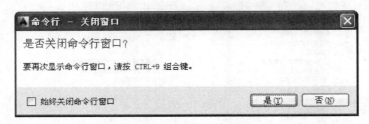

图1-16　【命令行-关闭窗口】对话框

1.2.6　状态栏

状态栏用来显示当前的状态，如当前十字光标的坐标、命令和按钮的说明等，位于程序界
面的底部，如图1-17所示。

图1-17　状态栏

位于状态栏最左边的是十字光标的坐标数值，其余按钮从左到右分别表示当前是否启动了
【捕捉模式】、【栅格显示】、【正交模式】、【极轴追踪】、【对象捕捉】、【对象捕捉追
踪】、【运行/禁止动态DUCS】和【动态输入】等功能，以及【显示/隐藏线宽】和【快捷特
型】等。单击按钮即可开启或者关闭此功能。

此外还有【模型或图纸空间】按钮组，查看图纸的按钮组和比例按钮，以及【应用程序状
态栏菜单】等，可以根据需要进行设置。

1.3　设置工作界面

在设计和绘制图形的过程中，根据用户不同的操作习惯，可以更改AutoCAD 2014的工作
界面。

1.3.1　光标大小的设置

根据在绘图过程中不同的需要，可以对十字光标的大小进行更改，这样在绘图过程中的定
位就变得更加方便。在设置光标大小时，十字光标大小的取值范围一般为1～100，100表示十
字光标全屏幕显示，其默认尺寸为5；数值越大，十字光标越长。

(1) 选择【工具】|【选项】菜单命令，打开【选项】对话框，如图1-18所示。

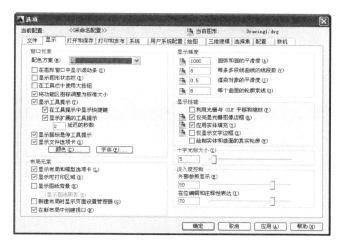

图 1-18 【选项】对话框

(2) 切换到【显示】选项卡，在【十字光标大小】选项
组中拖曳滑块，使文本框中的值变为 5，也可在文本框中
直接输入数值，然后单击【确定】按钮即可，如图 1-19
所示。

图 1-19 改变数值

1.3.2 绘图区颜色的设置

启动 AutoCAD 后，其绘图区的颜色默认为黑色，根据自己的习惯可对绘图区的颜色进行
修改。

(1) 选择【工具】|【选项】菜单命令，打开【选项】对话框，切换到【显示】选项卡，单
击【窗口元素】选项组中的【颜色】按钮，打开【图形窗口颜色】对话框，如图 1-20 所示。

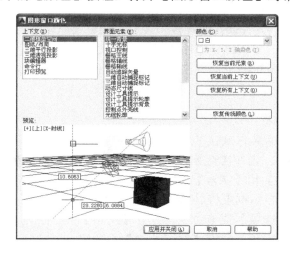

图 1-20 【图形窗口颜色】对话框

(2) 在【颜色】下拉列表框中选择合适的颜色。此时可预览绘图区的背景颜色。

(3) 设置完成后，再单击【应用并关闭】按钮，此时将返回到【选项】对话框，最后单击【选项】对话框中的【确定】按钮返回到工作界面中，绘图区将以选择的颜色作为背景颜色。

(4) 如图 1-21 所示为背景颜色修改为白色后的效果。

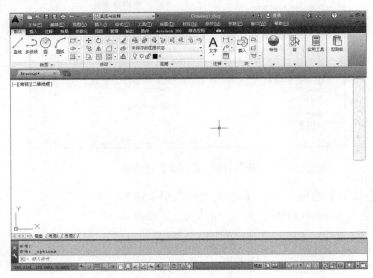

图 1-21　白色背景

1.3.3　命令输入行的行数和字体大小设置

在绘制图形的过程中，用户可以根据命令输入行中的内容，进行下一步的操作，设置命令输入行的行数与字体。

1. 设置命令输入行行数

在 AutoCAD 中命令输入行默认的行数为 3 行。如果需要直接查看最近进行的操作，就需要增加命令输入行的行数。将鼠标光标移动至命令输入行与绘图区之间的边界处，鼠标光标变为双向箭头时，按住鼠标左键向上拖曳鼠标，可以增加命令输入行行数，向下拖曳鼠标可减少行数。

2. 设置命令输入行字体

在 AutoCAD 中命令输入行默认的字体为 Courier，用户可以根据自己的需要进行更改。在设置命令输入行字体时，当在【命令行窗口字体】对话框中对【字体】、【字形】和【字号】进行设置后，在其下的【命令行字体样例】显示框中将显示其效果。

图 1-22　【命令行窗口字体】对话框

(1) 选择【工具】|【选项】菜单命令，打开【选项】对话框，切换到【显示】选项卡，在【窗口元素】选项组中单击【字体】按钮，打开【命令行窗口字体】对话框，如图 1-22 所示。

(2) 在【字体】、【字形】和【字号】列表框中选择合适的选项。

(3) 设置完成后，单击【应用并关闭】按钮，将返回到【选项】对话框中，再单击【确定】按钮，完成字体的设置。

1.3.4 自定义用户界面

通过【自定义用户界面】对话框可以自定义用户界面，该对话框包含【自定义】和【传输】两个选项卡。其中，【自定义】选项卡用于控制当前的界面设置；【传输】选项卡可输入菜单和设置。

(1) 选择【工具】|【自定义】|【界面】菜单命令，打开【自定义用户界面】对话框,双击【工具栏】卷展栏，展开 AutoCAD 中各工具栏的名称，如图 1-23 所示。

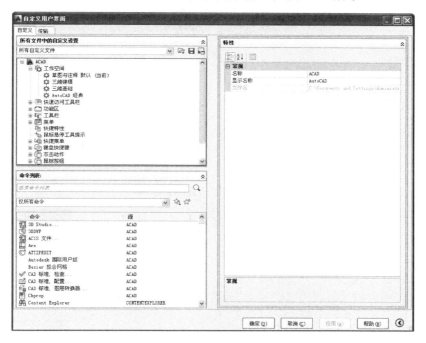

图 1-23 【自定义用户界面】对话框

(2) 双击【绘图】选项，展开下一级选项并选择【直线】选项，如图 1-24 所示。

(3) 在【按钮图像】卷展栏中单击【编辑】按钮，打开【按钮编辑器】，编辑所选对象的图标和颜色，如图 1-25 所示。

(4) 编辑完成后，单击【保存】按钮即可。右击【直线】选项，在弹出的快捷菜单中可以对该选项进行【新建】、【删除】、【替换】等操作。

AutoCAD 可以锁定工具栏和选项板的位置，防止它们被意外移动，锁定状态由状态栏上的挂锁图标表示。

(1) 选择【窗口】|【锁定位置】|【全部】|【锁定】菜单命令，如图 1-26 所示。在工作界面的右下角将显示各工具栏和选项板是锁定的，其锁定图标由 🔓 变成 🔒。

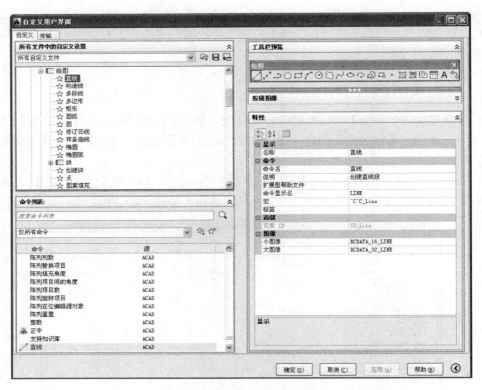

图 1-24　选择【直线】选项

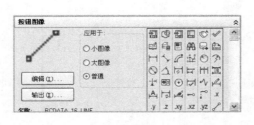

图 1-25　【按钮图像】卷展栏

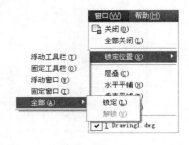

图 1-26　选择【锁定】命令

(2) 在锁定情况下，选择【窗口】|【锁定位置】|【全部】|【解锁】菜单命令即可解锁。

在 AutoCAD 中可以创建具有个性化的工作空间，还可将创建的工作空间保存起来。选择【工具】|【工作空间】|【将当前工作空间另存为】菜单命令，打开【保存工作空间】对话框，如图 1-27 所示。在【名称】文本框中输入需要保存的工作空间名称，单击【保存】按钮即完成当前工作空间的保存操作。

图 1-27　【保存工作空间】对话框

1.4 AutoCAD 图形文件管理

使用 AutoCAD 2014 绘制图形时，图形文件的管理是一个基本的操作。本部分主要介绍图形文件管理操作，包括如何建立新文件、打开现有文件、保存文件。

1.4.1 建立新文件

在 AutoCAD 2014 中建立新文件，可以使用以下几种方法。
- 在快速访问工具栏中单击【新建】按钮 。
- 在菜单栏中选择【文件】|【新建】菜单命令。
- 在命令输入行中直接输入 new 命令后按 Enter 键。
- 按 Ctrl+N 快捷键。

执行以上任意一种操作，系统会打开如图 1-28 所示的【选择样板】对话框，从其列表中选择一个样板后单击【打开】按钮或直接双击选中的样板，即可建立一个新文件，如图 1-29 所示为新建立的文件 Drawing2.dwg。

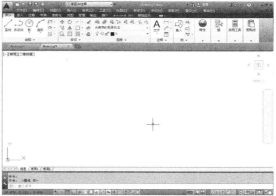

图 1-28 【选择样板】对话框　　　　　图 1-29　新建立的文件 Drawing2.dwg

> **注　意**
>
> 要打开【选择样板】对话框，需在进行上述操作前将 STARTUP 系统变量设置为 0(关)，将 FILEDIA 系统变量设置为 1(开)。

1.4.2 打开文件

在 AutoAD 2014 中打开现有文件，可以使用以下几种方法。
- 单击快速访问工具栏中的【打开】按钮 。
- 在菜单栏中选择【文件】|【打开】菜单命令。
- 在命令输入行中直接输入 open 命令后按 Enter 键。
- 按 Ctrl+O 快捷键。

执行以上任意一种操作后，系统会打开如图 1-30 所示的【选择文件】对话框，从其列表

中选择一个用户想要打开的现有文件后单击【打开】按钮或直接双击想要打开的文件。

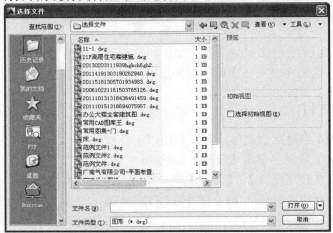

图 1-30　【选择文件】对话框

例如，用户想要打开"常用 CAD 图库王"文件，只要在【选择文件】对话框列表中双击该文件或选择该文件后单击【打开】按钮，即可打开"常用 CAD 图库王"文件，如图 1-31 所示。

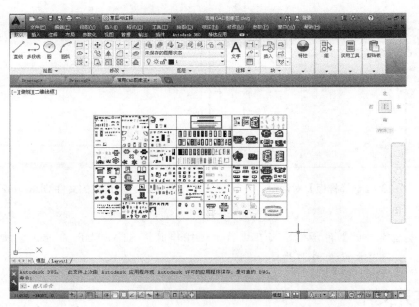

图 1-31　打开的"常用 CAD 图库王"文件

有时在单个任务中打开多个图形，可以方便在它们之间传输信息。这时可以通过水平平铺或垂直平铺的方式来排列图形窗口，以便于操作。

- 水平平铺：以水平、不重叠的方式排列窗口。选择【窗口】|【水平平铺】菜单命令，或者在【视图】选项卡的【窗口】面板中单击【水平平铺】按钮，排列的窗口如图 1-32 所示。

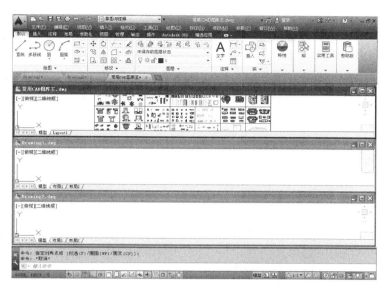

图 1-32　水平平铺的窗口

- 垂直平铺：以垂直、不重叠的方式排列窗口。选择【窗口】|【垂直平铺】菜单命令，或者在【视图】选项卡的【窗口】面板中单击【垂直平铺】按钮，排列的窗口如图 1-33 所示。

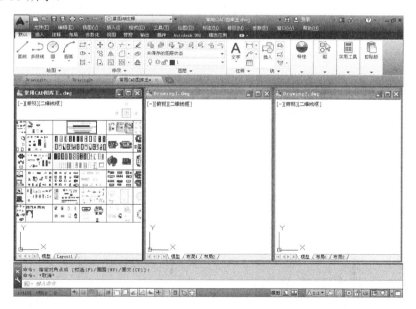

图 1-33　垂直平铺的窗口

1.4.3　保存文件

在 AutoCAD 2014 中保存现有文件，可以使用以下几种方法。

- 单击快速访问工具栏中的【保存】按钮。

- 在菜单栏中选择【文件】|【保存】菜单命令。
- 在命令输入行中直接输入 save 命令后按 Enter 键。
- 按 Ctrl+S 快捷键。

执行以上任意一种操作后，系统会打开如图 1-34 所示的【图形另存为】对话框，从其【保存于】下拉列表框中选择保存位置后单击【保存】按钮，即可完成保存文件的操作。比如，此例是将"常用 CAD 图库王"文件保存至"dwg 参考文件"的文件夹下。

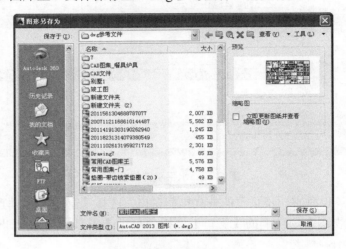

图 1-34　【图形另存为】对话框

Auto CAD 中除了图形文件后缀为.dwg 外，还使用了以下一些文件类型，其后缀分别对应如下：图形标准.dws、图形样板.dwt、.dxf 等。

1.4.4　关闭文件和退出程序

在 AutoCAD 2014 中关闭图形文件，可以使用以下几种方法。

- 在菜单栏中选择【文件】|【关闭】菜单命令。
- 在命令输入行中直接输入 close 命令后按 Enter 键。
- 按 Ctrl+C 快捷键。
- 单击工作窗口右上角的【关闭】按钮⊠。

退出 AutoCAD 有以下几种方法：要退出 AutoCAD 系统，直接单击 AutoCAD 系统窗口标题栏上的【关闭】按钮⊠即可。如果图形文件没有被保存，系统退出时将提示用户进行保存。如果此时还有命令未执行完毕，系统会要求用户先结束命令。

- 选择【文件】|【退出】菜单命令。
- 在命令输入行中直接输入 quit 命令后按 Enter 键。
- 单击 AutoCAD 系统窗口右上角的【关闭】按钮⊠。
- 按 Ctrl+Q 快捷键。

执行以上任意一种操作后，会退出 AutoCAD 2014，若当前文件未保存，则系统会自动弹出如图 1-35 所示的提示。

图 1-35　AutoCAD 的提示

1.5　设置绘图环境

应用 AutoCAD 绘制图形时，需要先定义符合要求的绘图环境，如设置绘图测量单位、绘图区域大小、图形界限、图层、尺寸和文本标注方式以及设置坐标系统、设置对象捕捉、极轴追踪等，这样不仅可以方便修改，还可以实现与团队的沟通和协调。本节将对设置绘图环境作具体的介绍。

1.5.1　设置参数选项

要想提高绘图的速度和质量，必须有一个合理的、适合自己绘图习惯的参数配置。

选择【工具】|【选项】菜单命令，或在命令输入行中输入 options 后按 Enter 键。打开【选项】对话框，该对话框包括【文件】、【显示】、【打开和保存】、【打印和发布】、【系统】、【用户系统配置】、【绘图】、【三维建模】、【选择集】、【配置】和【联机】11 个选项卡，如图 1-36 所示。

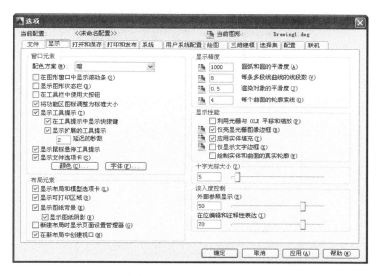

图 1-36　【选项】对话框中的【显示】选项卡

1.5.2　鼠标的设置

在绘制图形时，灵活使用鼠标右键将会使操作更加方便快捷，在【选项】对话框中可以自定义鼠标右键的功能。

在【选项】对话框中单击【用户系统配置】标签，切换到【用户系统配置】选项卡，如图 1-37 所示。

单击【Windows 标准操作】选项组中的【自定义右键单击】按钮，弹出【自定义右键单击】对话框，如图 1-38 所示。用户可以在该对话框中根据需要自行设置。

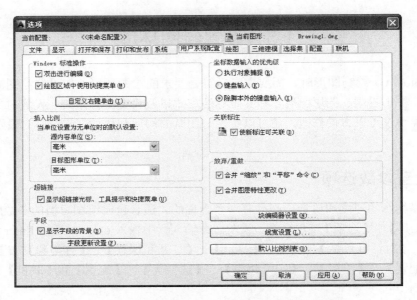

图 1-37　【选项】对话框中的【用户系统配置】选项卡

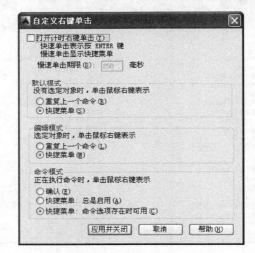

图 1-38　【自定义右键单击】对话框

- 【打开计时右键单击】复选框：控制右键单击操作。快速单击与按 Enter 键的作用相同。慢速单击将显示快捷菜单。可以用毫秒来设置慢速单击的持续时间。
- 【默认模式】选项组：确定未选中对象且没有命令在运行时，在绘图区域中单击右键所产生的结果。

【重复上一个命令】单选按钮：禁用默认快捷菜单。当没有选择任何对象并且没有任何命令运行时，在绘图区域中单击鼠标右键与按 Enter 键的作用相同，即重复上一次使用的命令。

【快捷菜单】单选按钮：启用默认快捷菜单。

- 【编辑模式】选项组：确定当选中了一个或多个对象且没有命令在运行时，在绘图区域中单击鼠标右键所产生的结果。

- 【命令模式】选项组：确定当命令正在运行时，在绘图区域中单击鼠标右键所产生的结果。

【确认】单选按钮：禁用命令快捷菜单。当某个命令正在运行时，在绘图区域中单击鼠标右键与按 Enter 键的作用相同。

【快捷菜单：总是启用】单选按钮：启用命令快捷菜单。

【快捷菜单：命令选项存在时可用】单选按钮：仅当在命令提示下选项当前可用时，启用命令快捷菜单。在命令提示下，选项用方括号括起来。如果没有可用的选项，则单击鼠标右键与按 Enter 键作用相同。

1.5.3 更改图形窗口的颜色

在【选项】对话框中单击【显示】标签，切换到【显示】选项卡，单击【颜色】按钮，打开【图形窗口颜色】对话框，如图 1-39 所示。

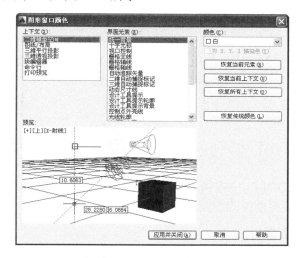

图 1-39 【图形窗口颜色】对话框

通过【图形窗口颜色】对话框可以方便地更改各种操作环境下各要素的显示颜色，下面介绍其各选项。

(1) 【上下文】列表框：显示程序中所有上下文的列表。上下文是指一种操作环境，如模型空间。可以根据上下文为界面元素指定不同的颜色。

(2) 【界面元素】列表框：显示选定的上下文中所有界面元素的列表。界面元素是指一个上下文中的可见项，如背景色。

(3) 【颜色】下拉列表框：列出应用于选定界面元素的可用颜色设置。可以从其下拉列表框中选择一种颜色，或选择【选择颜色】选项，打开【选择颜色】对话框，如图 1-40 所示。用户可以从【AutoCAD 颜色索引 (ACI)】颜色、【真彩色】和【配色系统】等选项卡的颜色中进行选择来定义界面元素的颜色。

如果为界面元素选择了新颜色，新的设置将显示在【预览】区域中。在图 1-40 中，就将【颜色】设置成了白色，改变了绘图区的背景颜色，以便进行绘制。

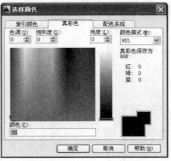

图 1-40 【选择颜色】对话框

(4) 【为 X，Y，Z 轴染色】复选框：控制是否将 X 轴、Y 轴和 Z 轴的染色应用于以下界面元素：十字光标指针、自动追踪矢量、地平面栅格线和设计工具提示。将颜色饱和度增加 50% 时，色彩将使用用户指定的颜色亮度应用纯红色、纯蓝色和纯绿色色调。

(5) 【恢复当前元素】按钮：将当前选定的界面元素恢复为其默认颜色。

(6) 【恢复当前上下文】按钮：将当前选定的上下文中的所有界面元素恢复为其默认颜色。

(7) 【恢复所有上下文】按钮：将所有界面元素恢复为其默认颜色设置。

(8) 【恢复传统颜色】按钮：将所有界面元素恢复为 AutoCAD 2014 经典颜色设置。

1.5.4　设置绘图单位

在新建文档时，需要进行相应的绘图单位设置，以满足使用的要求。设置绘图单位有两种方法，下面分别进行介绍。

方法一：在 AutoCAD 2014 中提供了【高级设置】和【快速设置】两个向导，用户可以根据向导的提示轻松完成绘图单位的设置。

1. 使用【高级设置】向导

运用【高级设置】向导，可以设置测量单位、显示单位精度、创建角度设置等，具体操作如下。

(1) 选择【文件】|【新建】菜单命令，或在命令输入行中输入 new 命令后按 Enter 键，或在【快速访问工具栏】中单击【新建】按钮，打开【创建新图形】对话框，单击对话框中的【使用向导】标签，切换到【使用向导】选项卡，如图 1-41 所示。

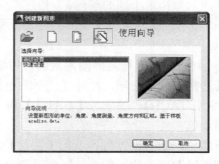

图 1-41 【创建新图形】对话框中的【使用向导】选项卡

要打开【创建新图形】对话框,需要在进行上述操作前将 STARTUP 系统变量设置为 1(开),将 FILEDIA 系统变量设置为 1(开)。

(2) 在【使用向导】选项卡中选择【高级设置】选项,单击【确定】按钮。打开设置测量单位的【高级设置】对话框,如图 1-42 所示。

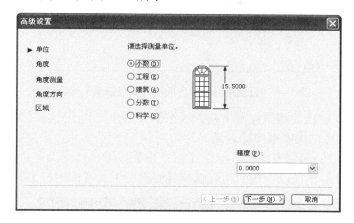

图 1-42 设置测量单位的【高级设置】对话框

这时,在对话框中可以设置绘图的测量单位,即【小数】、【工程】、【建筑】、【分数】、【科学】5 种长度测量单位,在【精度】下拉列表框中可以设置单位的精确程度。

(3) 测量单位设置完成后,单击【下一步】按钮,打开设置角度测量单位及其精度的【高级设置】对话框,如图 1-43 所示。

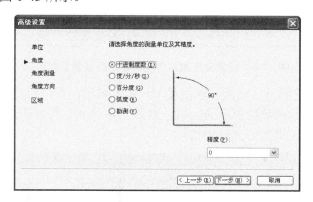

图 1-43 设置角度测量单位及其精度的【高级设置】对话框

在此,用户可以根据需要选择设置绘图的角度单位,即【十进制度数】、【度/分/秒】、【百分度】、【弧度】、【勘测】5 种角度测量单位,AutoCAD 默认的测量单位为十进制度数。在【精度】下拉列表框中可以设置角度的精确程度。

(4) 完成角度设置后,单击【下一步】按钮,打开设置角度起始方向的【高级设置】对话框,如图 1-44 所示。

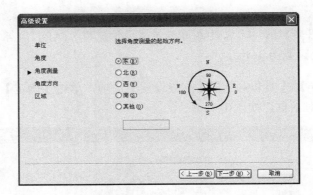

图 1-44　设置角度起始方向的【高级设置】对话框

　　在此，AutoCAD 默认的测量起始方向为【东】，用户可从中选择【北】、【西】、【南】及【其他】选项，然后在文本框中输入精确的数值。

　　(5) 设置完成角度的起始方向后，单击【下一步】按钮，打开设置角度测量方向的【高级设置】对话框，如图 1-45 所示。用户可以选择【逆时针】、【顺时针】两种角度的测量方向。

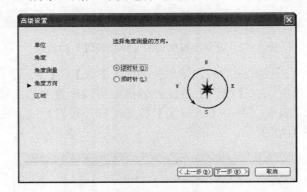

图 1-45　设置角度测量方向的【高级设置】对话框

　　(6) 设置完成角度的测量方向后，单击【下一步】按钮，在最后打开的【高级设置】对话框中可以设置要使用全比例单位表示的区域，如图 1-46 所示。用户在此设置完宽度和长度后，从对话框的右侧可以预览纸张的大致形状。

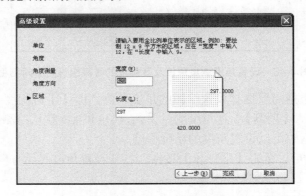

图 1-46　设置区域的【高级设置】对话框

2. 使用【快速设置】向导

在【使用向导】选项卡中选择【快速设置】选项，单击【确定】按钮，打开【快速设置】对话框，如图 1-47 所示。

【快速设置】向导包含【单位】和【区域】。使用此向导时，可以单击【上一步】和【下一步】按钮在对话框之间切换并进行设置，单击最后一页上的【完成】按钮关闭向导，则按照设置创建新图形。

方法二：在菜单栏中选择【格式】|【单位】命令或在命令输入行中输入 units 后按 Enter 键，打开【图形单位】对话框，如图 1-48 所示。

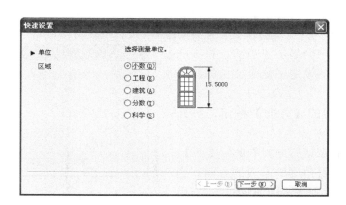

图 1-47　【快速设置】对话框

图 1-48　【图形单位】对话框

【图形单位】对话框中的【长度】选项组用来指定测量当前单位及当前单位的精度。

(1) 在【类型】下拉列表框中有 5 个选项，包括【建筑】、【小数】、【工程】、【分数】和【科学】，用于设置测量单位的当前格式。该值中，【工程】和【建筑】选项提供英尺和英寸显示并假定每个图形单位表示一英寸，【分数】和【科学】也不符合我国的制图标准，因此通常情况下选择【小数】选项。

(2) 在【精度】下拉列表框中有 9 个选项，用来设置线性测量值显示的小数位数或分数大小。

【图形单位】对话框中的【角度】选项组用来指定当前角度格式和当前角度显示的精度。

(1) 在【类型】下拉列表框中有 5 个选项，包括【百分度】、【度/分/秒】、【弧度】、【勘测单位】和【十进制度数】，用于设置当前角度格式。通常选择符合我国制图规范的【十进制度数】。

(2) 在【精度】下拉列表框中有 9 个选项，用来设置当前角度显示的精度。以下惯例用于各种角度测量：

【十进制度数】以十进制度数表示，【百分度】附带一个小写 g 后缀，【弧度】附带一个小写 r 后缀，【度/分/秒】用 d 表示度，用 ' 表示分，用 " 表示秒，例如：23d45'56.7"。

【勘测单位】以方位表示角度：N 表示正北，S 表示正南，【度/分/秒】表示从正北或正南开始的偏角的大小，E 表示正东，W 表示正西，例如：N 45d0'0" E。此形式只使用【度/分/秒】格式来表示角度大小，且角度值始终小于 90°。如果角度正好是正北、正南、正东或正西，则只显示表示方向的单个字母。

(3)【顺时针】复选框用来确定角度的正方向,当启用该复选框时,就表示角度的正方向为顺时针方向,反之则为逆时针方向。

【图形单位】对话框中的【插入时的缩放单位】选项组用来控制插入到当前图形中的块和图形的测量单位,有多个选项可供选择。如果块或图形创建时使用的单位与该选项指定的单位不同,则在插入这些块或图形时,将对其按比例缩放。插入比例是源块或图形使用的单位与目标图形使用的单位之比。如果插入块时不按指定单位缩放,则选择【无单位】选项。

> **注 意**
>
> 当源块或目标图形中的【插入时的缩放单位】设置为【无单位】时,将使用【选项】对话框的【用户系统配置】选项卡中的【源内容单位】和【目标图形单位】进行设置。

单位设置完成后,【输出样例】框中会显示出当前设置下的输出的单位样式。单击【确定】按钮,就设定了这个文件的图形单位。

接下来单击【图形单位】对话框中的【方向】按钮,打开【方向控制】对话框,如图 1-49 所示。

在【基准角度】选项组中选中【东】(默认方向)、【北】、【西】、【南】或【其他】中的任何一个可以设置角度的零度的方向。当选中【其他】单选按钮时,可以通过输入值来指定角度。

图 1-49 【方向控制】对话框

【角度】按钮🖳,是基于假想线的角度定义图形区域中的零角度,该假想线连接用户使用定点设备指定的任意两点。只有选中【其他】单选按钮时,此选项才可用。

1.5.5 设置图形界限

图形界限是世界坐标系中几个二维点,表示图形范围的左下基准线和右上基准线。如果设置了图形界限,就可以把输入的坐标限制在矩形的区域范围内。图形界限还限制显示网格点的图形范围等,另外还可以指定图形界限作为打印区域,应用到图纸的打印输出中。

在菜单栏中选择【格式】|【图形界限】菜单命令,输入图形界限的左下角和右上角位置。命令输入行提示如下。

```
命令: _limits
重新设置模型空间界限:
指定左下角点或 [开(ON)/关(OFF)] <0.0000,0.0000>: 0,0
                              // 输入左下角位置(0,0)后按 Enter 键
指定右上角点 <420.0000,297.0000>: 420,297   // 输入右上角位置(420,297)后按 Enter 键
```

这样,所设置的绘图面积为 420×297,相当于 A3 图纸的大小。

1.5.6 设置线型

(1) 选择【格式】|【线型】菜单命令，打开【线型管理器】对话框，如图 1-50 所示。

(2) 单击【加载】按钮，打开【加载或重载线型】对话框，如图 1-51 所示。

图 1-50 【线型管理器】对话框

图 1-51 【加载或重载线型】对话框

从中选择绘制图形需要用到的线型，如虚线、中心线等。

本小节对基本的设置绘图环境的方法就介绍到此。对于设置图层、设置文本和尺寸标注方式以及设置坐标系统、设置对象捕捉、极轴追踪的方法将在后面的章节中进行详尽的讲解。

> **提 示**
>
> 在绘图过程中，用户仍然可以根据需要对图形单位、线型、图层等内容进行重新设置，以免因设置不合理而影响绘图效率。

1.6 AutoCAD 的坐标系

AutoCAD 2014 系统规定用户总是在一定的二维空间中绘图，只要启动 AutoCAD 2014，系统就自动配置好一种绘图坐标，用户也可以根据自己的需要改变坐标系。

如果绘制三维视图，首先要进入三维工作空间。在 AutoCAD 2014 界面的右下角单击【切换工作空间】按钮 二维草图与注释，选择菜单中的【工作空间设置】，设置三维空间，就进入到三维工作空间中。打开【视图】选项卡，常用的关于坐标系的命令在如图 1-52 所示的【坐标】面板中，用户只要单击其中的按钮即可启动对应的坐标系命令。

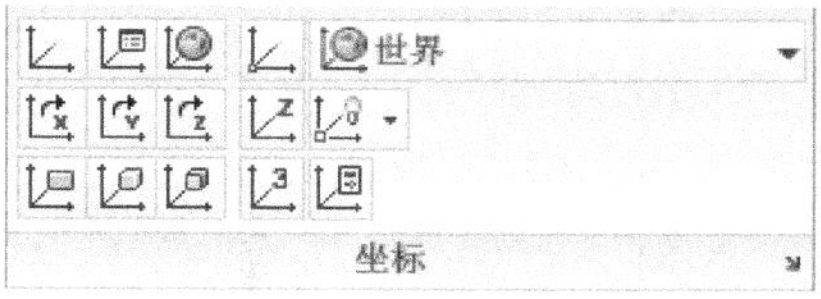

图 1-52 【坐标】面板

1.6.1 世界坐标系与用户坐标系

坐标(x，y)是表示点的最基本的方法。在世界坐标系和用户坐标系下都可以通过坐标(x，y)来精确定位点。

在 AutoCAD 2014 中，当用户新建一个图形文件时，在绘图窗口的左下角可以看到坐标系，就是世界坐标系即 WCS，包括 X 轴和 Y 轴(如果在三维空间工作，还有 Z 轴)。为了能够更好地绘图，经常需要修改坐标系的原点和方向。这时世界坐标系将变为用户坐标系 UCS 即用户坐标系的原点以及 X、Y、Z 轴的方向都可以移动及旋转，甚至可以依赖于图形中某一个特定对象。在实际绘图中，利用 AutoCAD 提供的下拉菜单或工具栏可以方便地创建 UCS。启动 UCS 的方法有以下几种。

1. 通过菜单栏启动

选择【工具】|【新建 UCS】|【三点】菜单命令，如图 1-53 所示。

2. 通过 UCS 命令定义用户坐标系

在命令输入行中输入 ucs，命令输入行提示如下。

```
命令：ucs
当前 UCS 名称：*没有名称*
    指定 UCS 的原点或 [面(F)/命名(NA)/对象
(OB)/上一个(P)/视图(V)/世界(W)/X/Y/Z/Z 轴
(ZA)] <世界>：    //按 Enter 键确认
```

图 1-53　选择【工具】|【新建 UCS】|
【三点】菜单命令

各选项的含义如下。

(1) 指定 UCS 的原点：使用一点或几点定义一个新的 UCS。

(2) 面：将 UCS 与三维实体的选定面对齐。

(3) 命名：按名称保存并恢复通常使用的 UCS 方向。

(4) 对象：根据选定的三维对象定义新的坐标系。

(5) 上一个：恢复上一个 UCS。

(6) 视图：以垂直于观察方向的平面为 XY 平面，建立新的坐标系，UCS 保持不变。

(7) 世界：将当前用户坐标系设置为世界坐标系。

(8) X/Y/Z：绕指定轴旋转当前 UCS。

(9) Z 轴：用指定的 Z 轴正半轴定义 UCS。

1.6.2　使用和命名用户坐标系

选择【工具】|【命名 UCS】菜单命令，打开 UCS 对话框，在【正交 UCS】选项卡中的【当前 UCS】列表框中选择需要的正交坐标系，如【俯视】、【仰视】等。该选项卡用于将 UCS 设置成某一正交模式。如图 1-54 所示为 UCS 对话框。

UCS 对话框中的【命名 UCS】选项卡用于显示当前使用和已命名的 UCS 信息。在该选项卡中可以进行以下两种操作。

1．指定坐标系为当前

（1）选择【工具】|【命名 UCS】菜单命令，打开 UCS 对话框，如图 1-55 所示。

（2）切换到【命名 UCS】选项卡，在【当前 UCS】列表框中选中【世界】、【上一个】或某一个 UCS，然后单击【置为当前】按钮，即可将其置为当前坐标系。

图 1-54　UCS 对话框

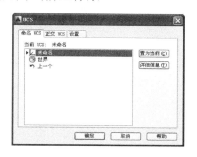

图 1-55　UCS 对话框中的【命名 UCS】选项卡

2．查看 UCS 信息

（1）选择【工具】|【命名 UCS】菜单命令，打开 UCS 对话框。

（2）选择【当前 UCS】列表框中某一坐标系选项，单击【详细信息】按钮，在弹出的【UCS 详细信息】对话框中即可查看坐标系的详细信息，如图 1-56 所示。

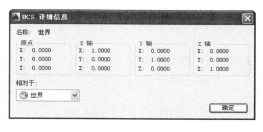

图 1-56　【UCS 详细信息】对话框

1.6.3　设置当前视口中的 UCS

在绘制三维图形或者一幅较大的图形时，为了能够从多个角度观察图形的不同侧面或不同部分，可以将当前绘图窗口切分为几个小窗口。单击【视口】工具栏中的【显示"视口"对话框】按钮，弹出【视口】对话框，在【标准视口】列表框中选择视角，如图 1-57 所示。单击【确定】按钮，设置后的视口如图 1-58 所示。

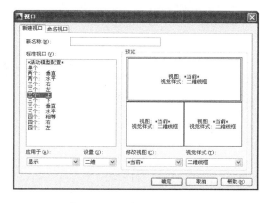

图 1-57　【视口】对话框

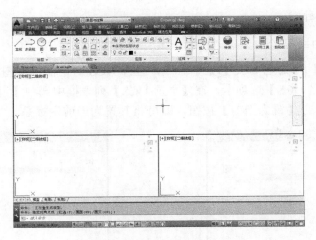

图 1-58　三维绘图三个视窗界面

1.7　设计范例——文件操作

本范例源文件：/01/1-1.dwg
本范例完成文件：/01/1-2.dwg
多媒体教学路径：光盘→多媒体教学→第 1 章

1.7.1　实例介绍与展示

本章实例主要练习打开文件、保存文件与关闭文件的方法。操作的文件如图 1-59 所示。

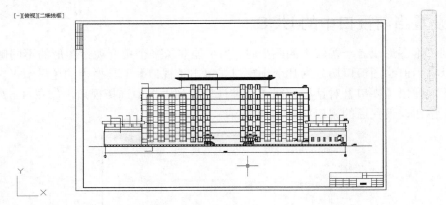

图 1-59　范例文件

1.7.2　实例操作

步骤 01　启动程序

① 双击桌面上的 AutoCAD 2014 图标，打开应用程序，启动界面如图 1-60 所示。

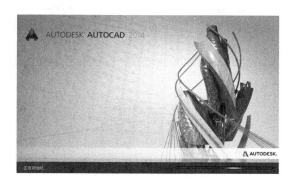

图 1-60　启动界面

② 打开的程序初始界面如图 1-61 所示。

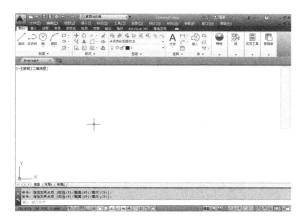

图 1-61　初始界面

步骤 02　文件管理操作

① 选择【文件】|【打开】菜单命令，打开【选择文件】对话框，如图 1-62 所示。

图 1-62　【选择文件】对话框

② 从列表中选择 1-1.dwg 文件后，单击【打开】按钮或直接双击该文件，即可打开图形文件，如图 1-63 所示。

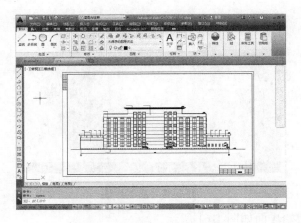

图 1-63　打开 1-1.dwg 文件

③ 选择图形文件中的引线，如图 1-64 所示。

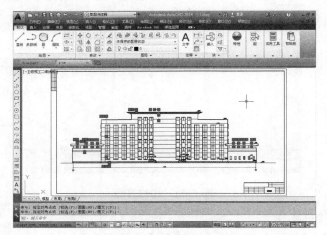

图 1-64　选择线条

④ 选择完成后，按 Delete 键删除线条，如图 1-65 所示。

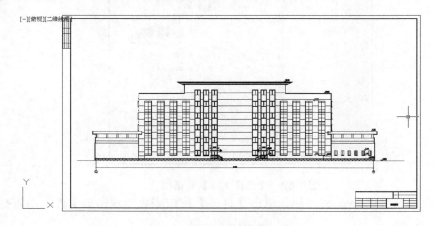

图 1-65　删除线条

⑤选择【文件】|【关闭】菜单命令，执行操作后，此时文件未保存，则系统会自动弹出如图 1-66 所示的提示。

图 1-66　AutoCAD 的提示

⑥单击【是】按钮，将保存并退出 AutoCAD 2014，文件管理操作完成。

1.8　本 章 小 结

本章主要介绍了 AutoCAD 2014 的基础知识，包括 AutoCAD 的打开、关闭，图形界面以及设置绘图环境和文件管理与坐标系的概念。用户学习后应能够初步掌握 AutoCAD 的入门知识，为下一步学习打下基础。

第 2 章

建筑绘图基础

AutoCAD 在众多图形软件中是尺寸最精确、坐标系统最清晰明了的软件之一，并且它提供的长度测量、面积周长测量和体积测量功能让建筑施工人员在竣工验收过程中事半功倍，大大提高了效率。AutoCAD 的按比例输出能很准确地输出施工图纸，最大限度地避免因比例错误造成的严重后果。本章主要介绍建筑绘图的基础。

2.1 建筑绘图的基本常识

2.1.1 AutoCAD 2014 与建筑绘图

AutoCAD 在建筑方面的应用非常广泛。除了用于绘制建筑方案表现图、施工图、细部表现图和竣工验收图等以外，使用该软件还可以快速地创建、轻松地共享以及高效地管理各种类型的建筑方案图、建筑施工图。

在我国众多的建筑和工程设计人员中，大多数都是从学习 AutoCAD 开始接触 CAD 应用技术的。同时，国内的独立软件开发商和 AutoCAD 产品增值开发商，也相继开发出了很多以 AutoCAD 作为平台的建筑专业设计软件，如建筑之星、天正 Tangent、ArchStar、圆方等。要熟练运用这些专业软件，首先必须熟悉和掌握 AutoCAD。对于在校大、中专学生来说，掌握 AutoCAD 的基本应用也是就业竞争时的有利条件和就业后熟练使用专业软件及进一步深入开发的基础。并且 AutoCAD 自身也在不断发展，在功能越来越强大的同时操作也越来越简单，只要通过系统的学习，融会贯通之后，即使不借助第三方软件，用户也可得心应手地使用 AutoCAD，从而帮助用户完成繁重的设计绘图工作。

AutoCAD 从建立建筑物的三维模型入手，以真正的空间概念进行设计，能全面真实地反映建筑的立体形象。借助于 AutoCAD 可以对建筑设计反复做多方案的比较、评价；可以选取各个不同的角度方向去观察拟建建筑物，十分精确地求出任意观察方向的透视……总而言之，AutoCAD 是建筑师最忠实的助手，只要掌握了它，就可以用它来做出用户能想得到的任何设计方案。

使用传统方法绘制建筑图形是一件非常烦琐的事，在绘图前需要准备铅笔、图纸、三角板及圆规等工具，而且在修改图形时，非常不方便。而使用 AutoCAD 只要做好相关的设置和准备即可进行绘制，并且在修改时非常方便。

2.1.2 建筑绘图的一般规定

建筑专业图纸目录参照下列顺序编制：建筑设计说明、室内装饰一览表、建筑构造做法一览表、建筑定位图、平面图、立面图、剖面图、楼梯、部分平面、建筑详图、门窗表、门窗图。图纸图幅采用 A0、A1、A2、A3、A4 这 5 种标准，各图纸对应尺寸如表 2-1 所示。同一项工程的图纸，不宜多于两种幅面。以短边作为垂直边的图纸称为横式幅面，以短边作为水平边的图纸称为立式幅面。一般 A0～A3 图纸宜用横式。图纸的短边不得加长，长边可以加长，但加长的尺寸必须遵循国标的规定。

表 2-1　图纸对应尺寸

图纸种类	图纸宽度/mm	图纸高度/mm
A0	1189	841
A1	841	594

续表

图纸种类	图纸宽度/mm	图纸高度/mm
A2	594	420
A3	420	297
A4	297	210

常用图纸比例：1：1、1：2、1：5、1：10、1：20、1：50、1：100、1：200、1：500、1：1000。

其他图纸比例：1：3、1：15、1：25、1：30、1：150、1：250、1：300、1：1500。

2.1.3　中文字体和线型

在图纸中的字体和线型部分需要规范。下面介绍字体和线型的具体规范。

除投标及其特殊情况外，均应采取以下字体文件。尽量不使用 TureType 字体，以加快图形的显示；同一图形文件内字体不要超过 4 种。以下字体文件为标准字体，将其放置在 AutoCAD 软件的 Fonts 目录中即可：Romans.shx(西文花体)、romand.shx(西文花体)、bold.shx(西文黑体)、simpelx(西文单线体)、txt.shx(西文单线体)、st64f.shx(汉字宋体)、kt64f.shx(汉字楷体)、fs64f.shx(汉字仿宋)、ht64f.shx(汉字黑体)、hztxt.shx(汉字单线体)。

常用线宽标准如下。

粗线：0.50mm、0.55mm、0.60mm。

中粗线：0.25mm、0.35mm、0.40mm。

细线：0.15mm、0.18mm、0.20mm。

在使用 AutoCAD 绘图时，尽量用色彩(COLOR)控制绘图笔的宽度，少用多段线(PLINE)等有宽度的线，以加快图形的显示和缩小图形文件大小。

各组件在图纸中的规范如下。

轴线：轴线圆均应以细实线绘制，一般圆的直径为 8mm。

索引符号：索引符号的圆及直径均应以细实线绘制，一般圆的直径为 10mm。

详图：详图符号以粗实线绘制，一般直径为 14mm。

引出线：引出线为水平线，均采用 0.25mm 细线，文字说明均写于水平线之上。

2.2　建筑图例介绍

典型的建筑图如图 2-1 所示，文件位于配套光盘第 2 章文件夹，包括建筑图、标注、文字及表格，这些内容在以后的章节中都会讲到。

建筑图纸和一般的 CAD 图纸大同小异，都有标准的格式。在不同的单位和部门，设计图纸也有自己的设计规范和要求，比如表格、会签栏样式等。读者在绘图工程当中可以体会不同图纸的设计方法和不同的要求，为在以后工作中更好工作打下基础。

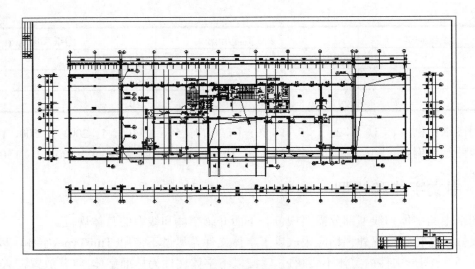

图 2-1　建筑图纸

2.3　建筑绘图辅助功能设置

2.3.1　设置界限和单位

绘制建筑图形的过程中绘图界限和绘图单位的设置是非常重要的。一般情况下绘图界限和绘图单位都是采用样板文件的默认设置。

1. 设置绘图界限

在 AutoCAD 中绘制完建筑图形后，通常需要将输出打印到图纸上。在现实生活中常用的图纸规格为 0～5 号图纸(A5～A0)，B5 也是常用图纸规格之一，所以应根据图纸的大小设置对应的绘图范围。

绘图界限是代表绘图极限范围的两个二维点，这两个二维点分别表示绘图范围的左下角至右上角的图形边界。

设置绘图界限首先需要执行图形界限命令，其方法有如下两种。

(1) 选择【格式】|【图形界限】菜单命令，执行图形界限命令。

(2) 在命令输入行中输入 limits 命令，执行图形界限命令。

范例：使用图形界限命令，设定绘图界限范围为 594mm×420mm(3 号图纸)。

执行图形界限命令，设置绘图界限。命令输入行提示如下。

```
命令：limits                                      //执行图形界限命令
重新设置模型空间界限：                              //系统提示
指定左下角点或［开(ON)/关(OFF)］<0.0000,0.0000>：    //按 Enter 键确定左下角坐标
指定右上角点<420.0000,297.0000>：594,420           //输入右上角坐标
```

在命令的执行过程中，命令输入行将提示"开(ON)/关(OFF)"选项，该选项起到控制打开或关闭检查功能的作用。在打开(ON)状态下只能在设置的绘图范围内进行绘图，而在关闭(OFF)

状态下绘制的图形并不受图形界限的限制。

2. 设置绘图单位

使用 AutoCAD 编辑图形时，一般需要对绘图单位进行设置，即设置在绘图过程中采用的单位。

设置绘图单位首先需要执行单位命令，其方法有以下两种。

(1) 选择【格式】|【单位】菜单命令，执行单位命令。

(2) 在命令输入行中输入 units/ddunits/un 命令，执行单位命令。

执行上面任意一种方法后，打开【图形单位】对话框，如图 2-2 所示，并可进行如下设置。

在【长度】选项组的【类型】下拉列表框中设置长度尺寸的单位类型。选择了相应的单位类型后，即可在【精度】下拉列表框中选择相应的单位精度值。

在【角度】选项组中为角度尺寸设置单位类型及单位精度。AutoCAD 默认角度方向为逆时针方向。若在【角度】选项组中启用【顺时针】复选框，则表示将角度方向设置为顺时针方向。

在【插入时的缩放单位】选项组的【用于缩放插入内容的单位】下拉列表框中，用户可设置在绘图过程中需要调用其他图形到绘图区中的单位制式。

另外，在【图形单位】对话框中单击【方向】按钮，打开【方向控制】对话框，如图 2-3 所示。通过该对话框可对 AutoCAD 默认的角度正方向进行控制，有【东】、【北】、【西】、【南】及【其他】选项，即可以东、北、西、南 4 个方向作为角度正方向。若选中【其他】单选按钮，则可在【角度】文本框中指定相应的角度值作为角度正方向，也可单击【拾取角度】按钮在绘图区中拾取两点作为角度正方向。在【图形单位】对话框中参数设置完成后，单击【确定】按钮即可。

图 2-2　【图形单位】对话框

图 2-3　【方向控制】对话框

2.3.2　设置精确绘图的辅助功能

在绘制建筑图形的过程中，充分利用捕捉和栅格、正交模式、对象捕捉、对象追踪等辅助功能，将提高绘图的速度。

1. 使用捕捉和栅格功能

捕捉和栅格功能在绘图过程中能更好地定位坐标位置。

使用捕捉功能可快速在绘图区中拾取固定的点，从而方便绘制需要的图形。

单击状态栏中的【对象捕捉】按钮，当该按钮显示为蓝色状态时，表示启用了捕捉功能。此时若启动绘图命令，绘图光标在绘图中将会按一定的间隔移动。再次单击【对象捕捉】按钮，当该按钮显示为灰色状态时，则表示关闭捕捉功能。

使用 snap 命令可设置绘图区中间隔移动的间距值。

范例：启用捕捉功能，并将绘图光标在绘图区中的捕捉间距值设为 30。

单击【对象捕捉】按钮，使其处于灰色状态。

执行 snap 命令，设置绘图光标在绘图区的捕捉间距值。命令输入行提示如下。

```
命令: snap                                    //执行捕捉命令
指定捕捉间距或 [打开(ON)/关闭(OFF)/纵横向间距(A)/传统(L)/样式(S)/类型(T)] <10.0000>: 30
                                              //输入间距值，并按 Enter 键
```

2. 使用栅格功能

启用了捕捉功能后，用户并不能看到绘图区中的捕捉点，此时可通过栅格功能来进行辅助以提高制图效率。

通过状态栏中的【栅格显示】按钮可按用户指定的 X、Y 方向间距在绘图界限内显示栅格点阵。使用栅格功能是为了让用户在绘图时有一个直观的定位参照。单击【栅格显示】按钮，可开启或关闭栅格显示。

使用 grid 命令可对栅格功能参数进行设置，如点间距、开、关状态等。

范例：启用栅格功能，并将绘图光标在绘图区中的栅格间距值设为 30。

单击【栅格显示】按钮，使其处于选中状态。

执行 grid 命令，设置绘图光标在绘图区的栅格间距值。命令输入行提示如下。

```
命令: grid                                    //执行栅格命令
指定栅格间距(X) 或 [开(ON)/关(OFF)/捕捉(S)/主(M)/自适应(D)/界限(L)/跟随(F)/纵横向间距(A)] <10.0000>: 50
                                              //输入间距值，并按 Enter 键
```

若用户在状态栏的【栅格显示】按钮或【捕捉模式】按钮上右击，在弹出的快捷菜单中选择【设置】命令，会打开【草图设置】对话框，如图 2-4 所示，在其中也可设置捕捉和栅格的间距及开关状态。

图 2-4 【草图设置】对话框

应注意的是，要在对话框中设置捕捉和栅格的相应参数，首先得启用捕捉和栅格功能，即应启用【启用捕捉】和【启用栅格】复选框。

2.3.3　使用正交与极轴功能

使用正交与极轴功能以更好地辅助绘图。

1. 使用正交功能

使用正交功能可在绘图区中手动绘制绝对水平或垂直的直线。单击状态栏中的【正交模式】按钮，当该按钮呈蓝色状态时，表示启用了正交模式，此时用户即可在绘图区中绘制水平或垂直的直线。再次单击该按钮，该按钮是灰色状态时，即表示关闭了正交功能。

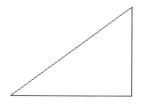

图 2-5　绘制直角三角形

范例：启用正交功能，绘制一个直角三角形。

单击【正交模式】按钮，使其呈蓝色状态。

执行直线命令，绘制直角三角形，如图 2-5 所示。命令输入行提示如下。

```
命令：_line              //执行直线命令
指定第一点：             //在 A 点单击
指定下一点或 [放弃(U)]：   //在 B 点单击
指定下一点或 [放弃(U)]：   //在 C 点单击
指定下一点或 [闭合(C)/放弃(U)]：c

                        //选择"闭合"选项
```

2. 使用极轴功能

使用极轴功能可在绘图区中根据用户指定的极轴角度，绘制或编辑具有一定角度的直线。但极轴功能与正交功能不能同时启用。单击状态栏中的【极轴追踪】按钮，当按钮呈蓝色状态时，则启用了极轴功能。此时，在绘图区中使用绘图光标手动绘制直线时，当绘图光标靠近用户指定的极轴角度时，在绘图光标的一侧总是会显示当前点距离前一点的长度、角度及极轴追踪的轨迹。再次单击该按钮，当按钮呈灰色状态时，即表示关闭了极轴功能。

系统默认极轴追踪角度为 90°，用户可以通过打开【草图设置】对话框进行设置。

范例：通过【草图设置】对话框，设置极轴追踪的角度为 45°，附加角为 15°。

(1) 在状态栏中的【极轴追踪】按钮上右击，在弹出的快捷菜单中选择【设置】命令，如图 2-6 所示。

(2) 在打开的【草图设置】对话框中启用【启用极轴追踪】复选框，启用极轴追踪功能，如图 2-7 所示。

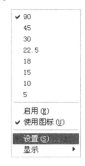

图 2-6　快捷菜单

图 2-7　【草图设置】对话框

(3) 在【极轴角设置】选项组的【增量角】下拉列表框中选择追踪角度，如选择 45，表示以角度为 45°或 45°的整数倍进行追踪，并启用【附加角】复选框，如图 2-8 所示。

(4) 单击【新建】按钮，添加一个 15°的附加追踪值。在【对象捕捉追踪设置】选项组中选中【仅正交追踪】单选按钮，在【极轴角测量】选项组中选中【绝对】单选按钮，单击【确定】按钮完成设置，如图 2-9 所示。

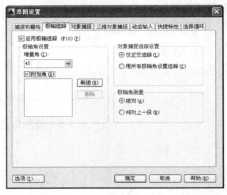

图 2-8　【草图设置】对话框参数设置

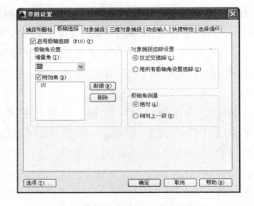

图 2-9　【草图设置】对话框参数设置

当启用了极轴功能以后，用户在绘图区中绘制直线对象时，每当绘图光标移动到用户指定的极轴角度时，都会出现相应的追踪轨迹。

2.3.4　使用对象捕捉与对象追踪功能

使用对象捕捉与对象追踪功能以更好地辅助绘图。

1. 使用对象捕捉功能

AutoCAD 为用户提供了多种对象捕捉类型，使用对象捕捉方式，可以快速准确地捕捉到实体，从而提高了工作效率。

单击状态栏中的【对象捕捉】按钮□，当该按钮呈蓝色状态时，表示启用了捕捉功能。再次单击【对象捕捉】按钮□，当按钮呈灰色状态时，则关闭了对象捕捉功能。

对象捕捉是一种特殊点的输入方法，该操作不能单独进行，只有在执行某个命令需要指定点时才能调用。在 AutoCAD 中，系统提供的对象捕捉类型如表 2-2 所示。

表 2-2　对象捕捉类型图示

捕捉类型	表示方式	命令形式	捕捉类型	表示方式	命令形式
端点捕捉	□	END	垂足捕捉	⊥	PER
中点捕捉	△	MID	切点捕捉	○	TAN
圆心捕捉	○	CEN	最近点捕捉	⊠	NEA
节点捕捉	⊗	NOD	外观交点捕捉	⊠	APPINT
象限点捕捉	◇	QUA	平行捕捉	//	PAR
交点捕捉	×	INT	临时追踪点捕捉		TT
延伸捕捉	⋯	EXT	基点捕捉		FRO
插入点捕捉	⅃	INS			

启用对象捕捉方式的常用方法有以下几种。

(1) 打开【草图设置】工具栏，在工具栏中选择相应的捕捉方式即可。

(2) 在命令输入行中直接输入所需对象捕捉命令的英文缩写。

(3) 在绘图区中按住 Shift 键再右击，在弹出的快捷菜单中选择相应的捕捉方式。

在使用对象捕捉功能时，应先设置要启用的对象捕捉方式，其方法如下。

在状态栏中的【对象捕捉】按钮□上右击，在弹出的快捷菜单中选择【设置】命令，打开【草图设置】对话框，如图 2-10 所示。

启用【启用对象捕捉】复选框即启用了对象捕捉功能。在【对象捕捉模式】选项组中启用相应的复选框，即表示启用相应的对象捕捉方式，如图 2-11 所示。

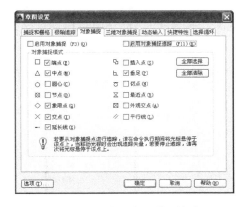

图 2-10　【草图设置】对话框

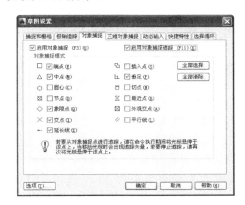

图 2-11　【草图设置】对话框参数设置

2. 使用对象捕捉追踪功能

对象追踪的特征点也可在【草图设置】对话框的【对象捕捉】选项卡中设置，其设置方法与对象捕捉特征点的设置方法相同。

单击状态栏中的【对象捕捉追踪】按钮◢，当该按钮呈蓝色时，则表示启用了对象追踪功能；再次单击该按钮，当按钮呈灰色时，则关闭了对象追踪功能。

2.3.5　线宽功能的使用

若用户为绘图区中的线段指定了线宽，则可通过状态栏中的【显示/隐藏线宽】按钮±的开关状态来控制绘图区中线段的线宽显示状态。

单击【显示/隐藏线宽】按钮±，当该按钮呈蓝色状态时，则表示启用了线宽显示功能；再次单击该按钮，当按钮呈灰色状态时，则关闭了线宽显示功能。为对象指定线宽的方法在后面的章节会详细介绍。

2.3.6　模型空间与图纸空间的转换

在 AutoCAD 中，系统提供了模型空间和图纸空间两种操作空间。通常情况下，我们绘制建筑图形都是在模型空间中进行的，完成绘图后，则可切换到图纸空间中设置打印布局，将图形输出到图纸上。

系统默认的绘图空间是模型空间。因此，在默认情况下，状态栏中显示的是 模型 按钮。若单

击该按钮，则切换到图纸空间，此时 模型 按钮变为 图纸 按钮。再次单击该按钮，则返回模型空间。另外，单击命令输入行上的 模型 布局1 按钮也可在模型空间和图纸空间之间进行切换。

2.4 视图显示控制

在绘图过程中，有时我们希望查看整个图形，有时希望查看更小的细微之处。AutoCAD 可以自由控制视图的显示比例，可以自由放大和缩小要显示的部分。

2.4.1 图形显示缩放

按一定比例、观察位置和角度显示的图形称为视图。在 AutoCAD 中，可以通过缩放视图来观察图形对象。图形显示缩放只是将屏幕上的对象放大或缩小其视觉尺寸，对象的实际尺寸并没有变化，就像照相机的镜头调节焦距类似。

1. 【缩放】菜单和【缩放】工具栏

选择【视图】|【缩放】菜单命令中的子命令，或者单击【缩放】工具栏中的相应按钮，就可以缩放视图。【缩放】子菜单和【缩放】工具栏如图 2-12 和图 2-13 所示。

【缩放】子菜单包含 11 个选项；【缩放】工具栏包含 9 个按钮，一般是比较常用的。

2. 实时缩放

在 AutoCAD 中，利用实时缩放功能可以放大和缩小视图的显示比例，而不会改变图形的绝对大小。选择【视图】|【缩放】|【实时】菜单命令，或者在【视图】选项卡【导航】面板中单击【放大】按钮 ，即可进行实时缩放。如图 2-14 和图 2-15 所示为操作过程。

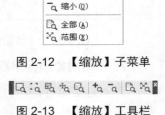

图 2-12 【缩放】子菜单

图 2-13 【缩放】工具栏

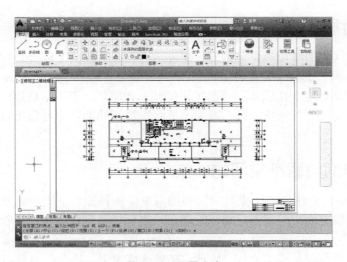

图 2-14 原图大小

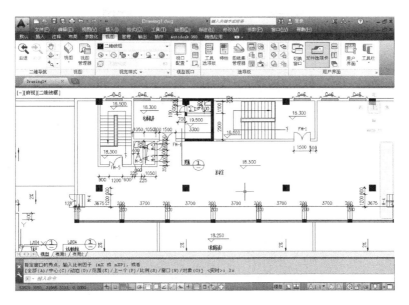

图 2-15　放大效果

3. 窗口缩放视图

使用【窗口缩放】工具可以任意选择视图中的某一部分进行放大操作，特别是在绘图或者浏览较大规划图时查看某一细节。

(1) 选择【视图】|【缩放】|【窗口】菜单命令，或在【视图】选项卡【导航】面板中单击【窗口】按钮，即可进行窗口缩放。

(2) 在绘图区拾取两个对角点以确定一个缩放矩形窗口，系统就会将这一区域放大到整个屏幕，如图 2-16 和图 2-17 所示。

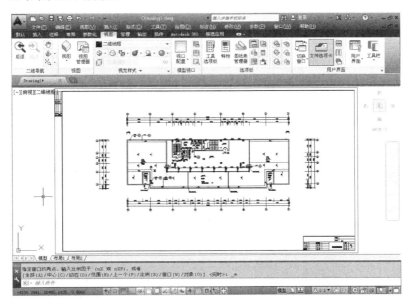

图 2-16　原图大小

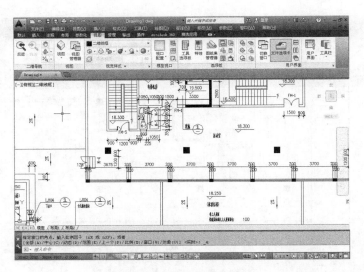

图 2-17　窗口缩放效果

4．动态缩放视图

使用【动态缩放】模式选取放大区域时，系统会先将所观察的视图缩小一定比例，然后才可以确定选取放大区域的大小和位置。

使用【动态缩放】模式的方法如下。

(1) 选择【视图】|【缩放】|【动态】菜单命令，进入【动态缩放】模式，在绘图区将显示一个带叉的矩形方框。

(2) 在绘图区单击，此时选择窗口中心的叉消失，显示一个位于右边框的箭头，拖曳鼠标可以改变选择窗口的大小。

(3) 将边框移动到要放大的区域处，按 Enter 键确认。

操作效果如图 2-18 和图 2-19 所示。

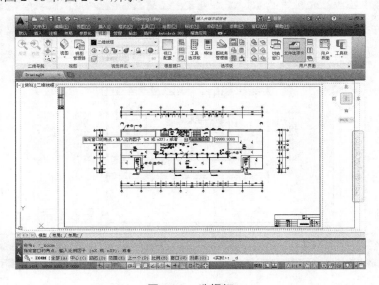

图 2-18　选择框

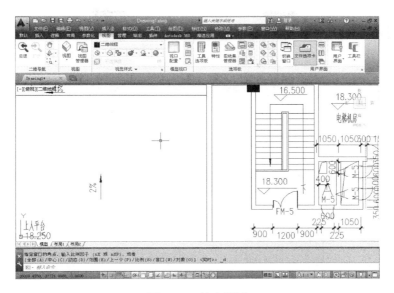

图 2-19　放大区域

2.4.2　图形显示平移

使用平移功能，可以重新定位图形，以便浏览或绘制图形的其他部分。此时不会改变图形中对象的位置或比例，只改变视图在操作区域中的位置。

在 AutoCAD 中可以通过以下几种方法打开平移功能。

(1) 选择【视图】|【平移】菜单命令中的子命令，如图 2-20 所示。

(2) 在【视图】选项卡【导航】面板中单击【平移】按钮。

(3) 在命令输入行输入 pan 命令。

图 2-20　子命令菜单

1. 实时平移

在平移工具中，实时平移工具使用的频率最高，通过使用该工具可以拖曳十字光标来移动视图在当前窗口中的位置。使用实时平移工具的具体步骤如下。

(1) 选择【视图】|【平移】|【实时】菜单命令，此时十字光标变成手形。

(2) 按住鼠标左键并拖曳十字光标在绘图区沿任意方向移动，窗口内的图形就可以向移动方向移动。释放鼠标，可返回平移状态。过程中，按 Esc 键可退出。如图 2-21 和图 2-22 为平移前后的视图。

2. 定点平移

【定点】平移工具是通过指定基点和位移值来平移视图。视图的移动方向和十字光标的偏移方向一致。【定点平移】命令的操作步骤如下。

(1) 选择【视图】|【平移】|【定点】菜单命令，此时屏幕中会出现十字光标。

(2) 在图形上单击，选取移动基点。

(3) 在需要移动到的位置单击指定第二点，或者在命令输入行输入位移距离，按 Enter 键确认。操作效果和上一步相似。

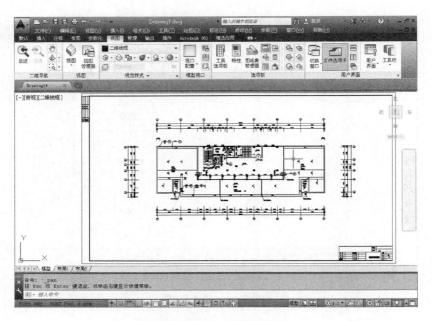

图 2-21　平移前视图

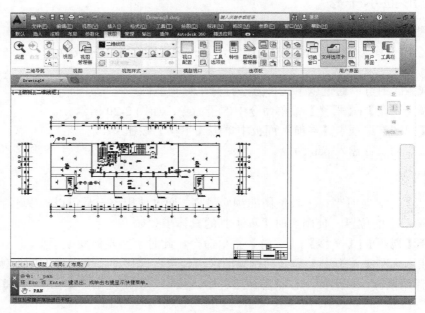

图 2-22　平移后视图

2.5　设计范例——视图控制

本范例完成文件：/02/2-1.dwg

多媒体教学路径：光盘→多媒体教学→第 2 章

2.5.1　实例介绍与展示

本章的学习范例，主要介绍基本视图控制。

范例操作文件如图 2-23 所示。

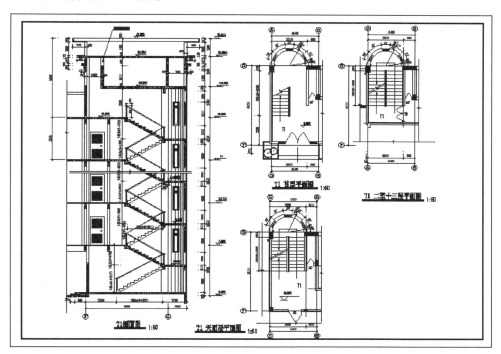

图 2-23　范例操作文件

2.5.2　实例操作

步骤 01　窗口缩放

① 打开 AutoCAD 2014，在命令输入行输入 zoom，按 Enter 键确认。命令输入行提示如下。

命令：'_zoom
指定窗口的角点，输入比例因子 (nX 或 nXP)，或者
[全部(A)/中心(C)/动态(D)/范围(E)/上一个(P)/比例(S)/窗口(W)/对象(O)] <实时>：_w

② 按住鼠标左键并拖曳，以显示需要放大的区域，选择区域单击，选择的图形区域将被放大，如图 2-24 所示。

步骤 02　全部缩放

全部缩放视图中显示全部的图形文件。选择【视图】|【缩放】|【全部】菜单命令，在视图中就会显示全部图形，如图 2-25 所示。

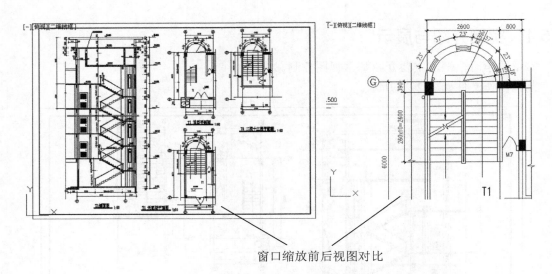

窗口缩放前后视图对比

图 2-24　窗口缩放前后的视图对比

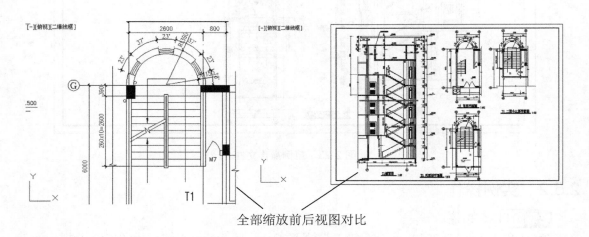

全部缩放前后视图对比

图 2-25　全部缩放前后的视图对比

2.6　本章小结

　　本章主要介绍了 AutoCAD 2014 在建筑图纸设计当中要用到的基础知识，包括绘图基础和绘图辅助介绍和讲解。另外还介绍了视图的控制和使用，用户可以结合范例仔细体会。

第 3 章

绘制二维图形对象

　　二维绘图是 AutoCAD 绘图的基础部分，复杂的图形都可以由简单的点、线构成。本章介绍的二维基本绘图方法包括点、线、圆和圆弧等。AutoCAD 也可以直接绘制矩形和正多边形，下面进行具体介绍。

3.1 绘 制 线

AutoCAD 中常用的直线类型有直线、射线、构造线，下面将分别介绍这几种线条的绘制方法。

3.1.1 绘制直线

首先介绍绘制直线的具体方法。

1. 调用绘制直线命令

绘制直线命令调用方法如下。

- 单击【绘图】工具栏中的【直线】按钮 。
- 在命令输入行中输入 line 后按 Enter 键。
- 选择【绘图】|【直线】菜单命令。

2. 绘制直线的方法

执行命令后，命令输入行将提示用户指定第一点的坐标值。命令输入行提示如下。

命令: _line 指定第一点:

指定第一点后绘图区如图 3-1 所示。

输入第一点后，命令输入行将提示用户指定下一点的坐标值或放弃。命令输入行提示如下。

指定下一点或 [放弃(U)]:

指定第二点后绘图区如图 3-2 所示。

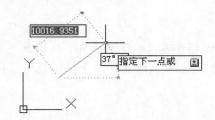
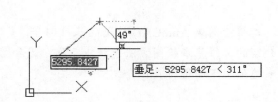

图 3-1 指定第一点后绘图区所显示的图形　　图 3-2 指定第二点后绘图区所显示的图形

输入第二点后，命令输入行将提示用户再次指定下一点的坐标值或放弃。命令输入行提示如下。

指定下一点或 [放弃(U)]:

指定第三点后绘图区如图 3-3 所示。

完成以上操作后，命令输入行将提示用户指定下一点或闭合/放弃，在此输入闭合(C)后按 Enter 键。命令输入行提示如下。

指定下一点或 [闭合(C)/放弃(U)]: c

所绘制图形如图 3-4 所示。

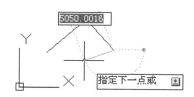

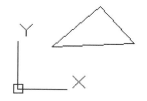

图 3-3　指定第三点后绘图区所显示的图形　　　图 3-4　用 line 命令绘制的直线

命令提示的含义如下。

【放弃】：取消最后绘制的直线。

【闭合】：由当前点和起始点生成的封闭线。

3.1.2　绘制射线

射线是一种单向无限延伸的直线，在机械图形绘制中它常用作绘图辅助线来确定一些特殊点或边界。

1．调用绘制射线命令

绘制射线命令调用方法如下。

● 单击【绘图】工具栏中的【射线】按钮。

● 在命令输入行中输入 ray 命令后按 Enter 键。

● 选择【绘图】｜【射线】菜单命令。

2．绘制射线的方法

选择【射线】命令后，命令输入行将提示用户指定起点，输入射线的起点坐标值。命令输入行提示如下。

命令：_ray 指定起点：

指定起点后绘图区如图 3-5 所示。

在输入起点之后，命令输入行将提示用户指定通过点。命令输入行提示如下。

指定通过点：

指定通过点后绘图区如图 3-6 所示。

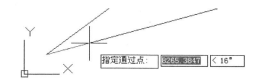

图 3-5　指定起点后绘图区所显示的图形　　　图 3-6　指定通过点后绘图区所显示的图形

在 ray 命令下，AutoCAD 默认用户会画第二条射线，在此为演示用故此只画一条射线后，右击或按 Enter 键后结束。如图 3-7 所示即为用 ray 命令绘制的图形，射线从起点沿射线方向

一直延伸到无限远处。

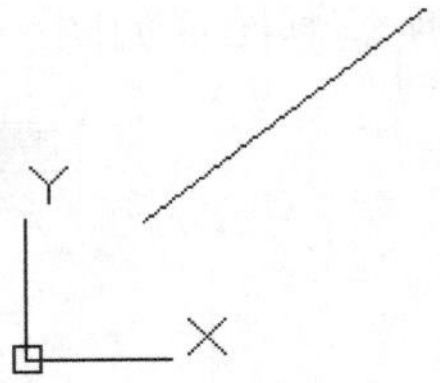

3.1.3 绘制构造线

构造线是一种双向无限延伸的直线,在机械图形绘制中它也
常用作绘图辅助线,来确定一些特殊点或边界。

1. 调用绘制构造线命令

绘制构造线命令调用方法如下。

- 单击【绘图】工具栏中的【构造线】按钮。
- 在命令输入行中输入 xline 命令后按 Enter 键。
- 选择【绘图】|【构造线】菜单命令。

2. 绘制构造线的方法

图 3-7 用 ray 命令绘制的射线

选择【构造线】命令后,命令输入行将提示用户指定点或[水平(H)/垂直(V)/角度(A)/二等
分(B)/偏移(O)]。命令输入行提示如下。

命令: _xline
指定点或 [水平(H)/垂直(V)/角度(A)/二等分(B)/偏移(O)]:

指定点后绘图区如图 3-8 所示。
输入第 1 点的坐标值后,命令输入行将提示用户指定通过点。命令输入行提示如下。

指定通过点:

指定通过点后绘图区如图 3-9 所示。

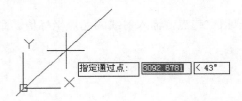

图 3-8 指定点后绘图区所显示的图形

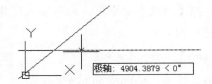

图 3-9 指定通过点后绘图区所显示的图形

输入通过点的坐标值后,命令输入行将再次提示用户指定通过点。命令输入行提示如下。

指定通过点:

右击或按 Enter 键后结束。由以上命令绘制的图形如
图 3-10 所示。

在执行【构造线】命令时,会出现部分让用户选择的命
令。下面讲解一下命令提示的含义。

【水平】: 放置水平构造线。

【垂直】: 放置垂直构造线。

【角度】: 在某一个角度上放置构造线。

【二等分】: 用构造线平分一个角度。

【偏移】: 放置平行于另一个对象的构造线。

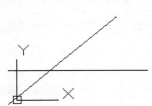

图 3-10 用 xline 命令绘制的构造线

3.2　绘制矩形和正多边形

本节讲解绘制矩形和正多边形的方法。

3.2.1　绘制矩形

绘制矩形时，需要指定矩形的两个对角点。

1. 绘制矩形命令调用方法

- 单击【绘图】工具栏中的【矩形】按钮▢。
- 在命令输入行中输入 rectang 命令后按 Enter 键。
- 选择【绘图】 | 【矩形】菜单命令。

2. 绘制矩形的步骤

选择【矩形】命令后，命令输入行将提示用户指定第一个角点或 [倒角(C)/标高(E)/圆角(F)/厚度(T)/宽度(W)]。命令输入行提示如下。

```
命令: _rectang                                      //使用矩形命令
指定第一个角点或 [倒角(C)/标高(E)/圆角(F)/厚度(T)/宽度(W)]:   //设置角点
```

指定第一个角点后绘图区如图 3-11 所示。

输入第一个角点值后，命令输入行将提示用户指定另一个角点或 [面积(A)/尺寸(D)/旋转(R)]。命令输入行提示如下。

```
指定另一个角点或 [面积(A)/尺寸(D)/旋转(R)]:
```

绘制的图形如图 3-12 所示。

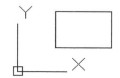

图 3-11　指定第一个角点后绘图区所显示的图形　　图 3-12　用 rectang 命令绘制的矩形

3.2.2　绘制正多边形

正多边形是指有 3～1024 条等长边的闭合多段线，创建正多边形是绘制等边三角形、正方形、正六边形等的简便快捷方法。

1. 绘制正多边形命令调用方法

- 单击【绘图】工具栏中的【正多边形】按钮⬠。
- 在命令输入行中输入 polygon 命令后按 Enter 键。
- 选择【绘图】 | 【正多边形】菜单命令。

2. 绘制正多边形的步骤

选择【正多边形】命令后，命令输入行将提示用户输入边的数目。命令输入行提示如下。

命令：_polygon 输入边的数目 <4>：8

此时绘图区如图 3-13 所示。

输入数目后，命令输入行将提示用户指定正多边形的中心点或[边(E)]。命令输入行提示如下。

指定正多边形的中心点或 [边(E)]：

指定正多边形的中心点后绘图区如图 3-14 所示。

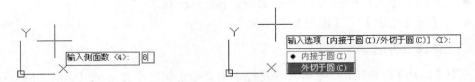

图 3-13　输入边的数目后绘图区所显示的图形　　图 3-14　指定正多边形的中心点后绘图区所显示的图形

输入数值后，命令输入行将提示用户输入选项 [内接于圆(I)/外切于圆(C)] <I>。命令输入行提示如下。

输入选项 [内接于圆(I)/外切于圆(C)] <I>：i

选择内接于圆(I)后绘图区如图 3-15 所示。

选择内接于圆(I)后，命令输入行将提示用户指定圆的半径。命令输入行提示如下。

指定圆的半径：

绘制的图形如图 3-16 所示。

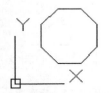

图 3-15　选择内接于圆(I)后绘图区所显示的图形　　图 3-16　用 polygon 命令绘制的正多边形

在执行【正多边形】命令时，会出现部分让用户选择的命令，其含义如下。

【内接于圆】：指定外接圆的半径，正多边形的所有顶点都在此圆周上。

【外切于圆】：指定内切圆的半径，正多边形与此圆相切。

3.3　绘制弧形

圆弧的绘制方法有很多，下面将进行详细介绍。

3.3.1　绘制圆弧命令调用方法

绘制圆弧的命令调用方法有以下几种。

- 单击【绘图】工具栏中的【圆弧】按钮 ⌒。
- 在命令输入行中输入 arc 命令后按 Enter 键。
- 选择【绘图】|【圆弧】菜单命令。

3.3.2　多种绘制圆弧的方法

绘制圆弧的方法有多种，下面分别进行介绍。

1. 三点画弧

AutoCAD 提示用户输入起点、第二点和端点，顺时针或逆时针绘制圆弧，绘图区显示的图形如图 3-17(a)～(c)所示。用此命令绘制的圆弧如图 3-18 所示。

(a) 指定圆弧的起点时绘图区所显示的图形

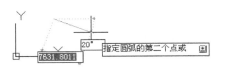

(b) 指定圆弧的第二个点时绘图区所显示的图形

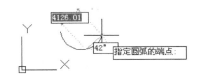

(c) 指定圆弧的端点时绘图区所显示的图形

图 3-17　三点画弧的绘制步骤

图 3-18　用三点画弧命令绘制的圆弧

2. 起点、圆心、端点

AutoCAD 提示用户输入起点、圆心、端点，绘图区显示的图形如图 3-19～图 3-21 所示。在给出圆弧的起点和圆心后，弧的半径就确定了，端点只是决定弧长，因此圆弧不一定通过终点。用此命令绘制的圆弧如图 3-22 所示。

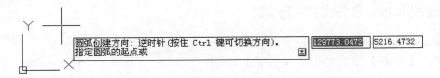

图 3-19　指定圆弧的起点时绘图区所显示的图形

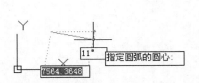

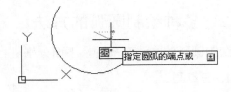

图 3-20　指定圆弧的圆心时绘图区所显示的图形　　　图 3-21　指定圆弧的端点时绘图区所显示的图形

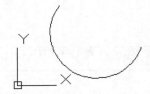

图 3-22　用起点、圆心、端点命令绘制的圆弧

3. 起点、圆心、角度

AutoCAD 提示用户输入起点、圆心、角度(此处的角度为包含角，即为圆弧的中心到两个端点的两条射线之间的夹角。如果夹角为正值，则按顺时针方向画弧；如果为负值，则按逆时针方向画弧)，绘图区显示的图形如图 3-23～图 3-25 所示。用此命令绘制的圆弧如图 3-26 所示。

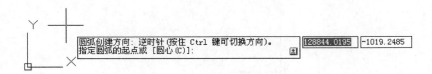

图 3-23　指定圆弧的起点时绘图区所显示的图形

图 3-24　指定圆弧的圆心时绘图区所显示的图形　　　图 3-25　指定包含角时绘图区所显示的图形

4. 起点、圆心、长度

AutoCAD 提示用户输入起点、圆心、长度(此长度为弦长)，绘图区显示的图形如图 3-27～图 3-29 所示。当逆时针画弧时，如果弦长为正值，则绘制的是与给定弦长相对应的最小圆弧，如果弦长为负值，则绘制的是与给定弦长相对应的最大圆弧；顺时针画弧则正好相反。用此命令绘制的圆弧如图 3-30 所示。

图 3-26 用起点、圆心、角度
命令绘制的圆弧

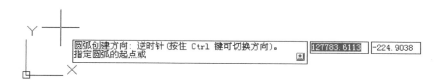

图 3-27 指定圆弧的起点时绘图区所显示的图形

图 3-28 指定圆弧的圆心时绘图区 | 图 3-29 指定弦长时绘图区 | 图 3-30 用起点、圆心、长度
所显示的图形 | 所显示的图形 | 命令绘制的圆弧

5. 起点、端点、角度

AutoCAD 提示用户输入起点、端点、角度(此处的角度也为包含角)，绘图区显示的图形如图 3-31～图 3-33 所示。当角度为正值时，按逆时针画弧；否则，按顺时针画弧。用此命令绘制的圆弧如图 3-34 所示。

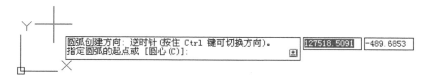

图 3-31 指定圆弧的起点时绘图区所显示的图形

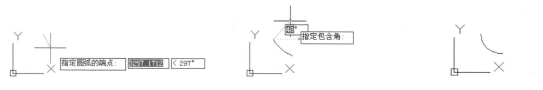

图 3-32 指定圆弧的端点时绘图区 | 图 3-33 指定包含角时绘图区 | 图 3-34 用起点、端点、角度
所显示的图形 | 所显示的图形 | 命令绘制的圆弧

6. 起点、端点、方向

AutoCAD 提示用户输入起点、端点、方向(所谓方向，是指圆弧的起点切线方向，以度数

来表示)，绘图区显示的图形如图 3-35～图 3-37 所示。用此命令绘制的圆弧如图 3-38 所示。

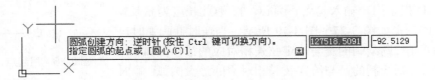

图 3-35　指定圆弧的起点时绘图区所显示的图形

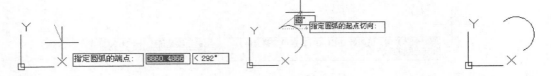

| 图 3-36　指定圆弧的端点时绘图区
所显示的图形 | 图 3-37　指定圆弧的起点切线方向
时绘图区所显示的图形 | 图 3-38　用起点、端点、方向
命令绘制的圆弧 |

7. 起点、端点、半径

AutoCAD 提示用户输入起点、端点、半径，绘图区显示的图形如图 3-39～图 3-41 所示。用此命令绘制的圆弧如图 3-42 所示。

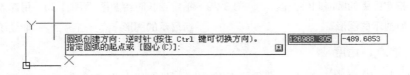

图 3-39　指定圆弧的起点时绘图区所显示的图形

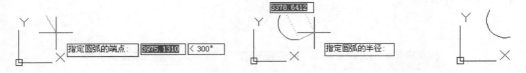

| 图 3-40　指定圆弧的端点时绘图区
所显示的图形 | 图 3-41　指定圆弧的半径时绘图区
所显示的图形 | 图 3-42　用起点、端点、半径
命令绘制的圆弧 |

提 示

在此情况下，用户只能沿逆时针方向画弧，如果半径是正值，则绘制的是起点与终点之间的短弧，否则为长弧。

8. 圆心、起点、端点

AutoCAD 提示用户输入圆心、起点、端点，绘图区显示的图形如图 3-43～图 3-45 所示。用此命令绘制的圆弧如图 3-46 所示。

图 3-43　指定圆弧的圆心时绘图区所显示的图形　　图 3-44　指定圆弧的起点时绘图区所显示的图形

图 3-45　指定圆弧的端点时绘图区所显示的图形　　图 3-46　用圆心、起点、端点命令绘制的圆弧

9. 圆心、起点、角度

AutoCAD 提示用户输入圆心、起点、角度，绘图区显示的图形如图 3-47～图 3-49 所示。用此命令绘制的圆弧如图 3-50 所示。

图 3-47　指定圆弧的圆心时绘图区所显示的图形　　图 3-48　指定圆弧的起点时绘图区所显示的图形

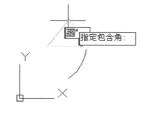

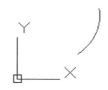

图 3-49　指定包含角时绘图区所显示的图形　　图 3-50　用圆心、起点、角度命令绘制的圆弧

10. 圆心、起点、长度

AutoCAD 提示用户输入圆心、起点、长度(此长度也为弦长)，绘图区显示的图形如图 3-51～图 3-53 所示。用此命令绘制的圆弧如图 3-54 所示。

图 3-51　指定圆弧的圆心时绘图区所显示的图形　　图 3-52　指定圆弧的起点时绘图区所显示的图形

11. 继续

在这种方式下，用户可以从以前绘制的圆弧的终点开始继续下一段圆弧。在此方式下画弧时，每段圆弧都与以前的圆弧相切。以前圆弧或直线的终点和方向就是此圆弧的起点和方向。

图 3-53　指定弦长时绘图区所显示的图形　　　　图 3-54　用圆心、起点、长度命令绘制的圆弧

3.4　绘　制　点

点是构成图形最基本的元素之一。下面将介绍绘制点的方式方法。

3.4.1　绘制点的方法

AutoCAD 2014 提供的绘制点的方法有以下几种。

(1) 在菜单栏中，选择【绘图】|【点】菜单命令。显示绘制点的命令，从中进行选择，如图 3-55 所示。

图 3-55　【点】子菜单

> **提示**
>
> 一个项目文件可以包含一个或多个设置。一个设置相当于旧版本的一个用户文件，可以仿真某个特定 NC 机床的切削加工。包含多个设置的项目文件则可在同一文件中仿真多个 NC 机床的切削仿真。

(2) 在命令输入行中输入 point 命令后，按 Enter 键。

(3) 单击【绘图】面板中的相应按钮 ·，·ηⁿ·χ·。

3.4.2 绘制点的方式

绘制点的方式有以下几种。

(1) 单点：用户确定了点的位置后，绘图区出现一个点，如图 3-56(a)所示。

(2) 多点：用户可以同时画多个点，如图 3-56(b)图所示。

> **提示**
>
> 可以通过按 Esc 键结束绘制点。

(3) 定数等分画点：用户可以指定一个实体，然后输入该实体被等分的数目后，AutoCAD 2014 会自动在相应的位置上画出点，如图 3-56(c)图所示。

(4) 定距等分画点：用户选择一个实体，输入每一段的长度值后，AutoCAD 2014 会自动在相应的位置上画出点，如图 3-56(d)图所示。

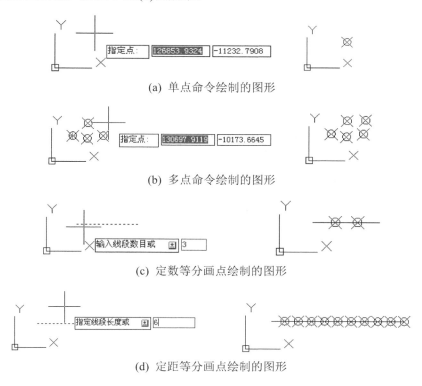

(a) 单点命令绘制的图形

(b) 多点命令绘制的图形

(c) 定数等分画点绘制的图形

(d) 定距等分画点绘制的图形

图 3-56　几种画点方式绘制的点

> **提示**
>
> 输入的长度值即为最后的点与点之间的距离。

3.4.3 设置点

在用户绘制点的过程中，可以改变点的形状和大小。

选择【格式】|【点样式】菜单命令，打开如图 3-57 所示的【点样式】对话框。在此对话框中，可以先选取上面点的形状，然后选中【相对于屏幕设置大小】或【按绝对单位设置大小】两个单选按钮中的一个，最后在【点大小】文本框中输入所需的数字。当选中【相对于屏幕设置大小】单选按钮时，在【点大小】文本框中输入的是点的大小相对于屏幕大小的百分比数值。当选中【按绝对单位设置大小】单选按钮时，在【点大小】文本框中输入的是像素点的绝对大小。

图 3-57 【点样式】对话框

3.5 绘制样条曲线和修订云线

本节讲解绘制样条曲线和修订云线的方法和步骤。

3.5.1 绘制样条曲线

1. 绘制样条曲线的方法

- 单击【绘图】工具栏中的【样条曲线】按钮 ～。
- 在命令输入行中输入 spline 命令后按 Enter 键。
- 选择【绘图】|【样条曲线】菜单命令。

2. 绘制样条曲线的步骤

选择【样条曲线】命令后，命令输入行将提示用户指定第一个点或 [对象(O)]。命令输入行提示如下。

指定第一个点或 [对象(O)]：

指定第一个角点后绘图区如图 3-58 所示。

输入第一个角点位置后，命令输入行将提示用户指定下一点。命令输入行提示如下。

指定下一点：

绘制的图形如图 3-59 所示。

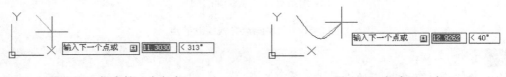

图 3-58 指定第一个角点   图 3-59 指定下一点

可以连续绘制多个节点，如图 3-60 所示，完成后按三次 Enter 键退出。

图 3-60   绘制多个节点

3.5.2   绘制修订云线

1. 绘制修订云线的方法

● 单击【绘图】工具栏中的【修订云线】按钮▧。
● 在命令输入行中输入 revcloud 命令后按 Enter 键。
● 选择【绘图】|【修订云线】菜单命令。

2. 绘制修订云线的步骤

选择【修订云线】命令后，命令输入行将提示用户指定起点。命令输入行提示如下。

```
命令：_revcloud                                        //使用修订云线命令
最小弧长：15.0000    最大弧长：15.0000    样式：普通        //弧长
指定起点或 [弧长(A)/对象(O)/样式(S)] <对象>：              //指定起点
```

指定第一个角点后绘图区如图 3-61 所示。

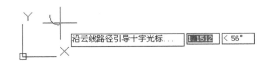

图 3-61   指定第一个角点

接下来移动光标来自动绘制云线路径，最大和最小弧长已设定，如图 3-62 所示。

最后光标移动到开始位置形成封闭图形，如图 3-63 所示，系统会自动终止命令。命令输入行提示如下。

```
沿云线路径引导十字光标...
修订云线完成。
```

图 3-62   绘制路径

图 3-63   封闭图形

3.6   设计范例——绘制楼梯剖面结构图

本范例完成文件：/03/3-1.dwg
多媒体教学路径：光盘→多媒体教学→第 3 章

3.6.1　实例介绍与展示

设计范例是绘制楼梯剖面结构图，通过利用建筑平面图来绘制剖面图，假想用一个或多个垂直于外墙轴线的铅垂剖切面，将房屋剖开，所得的投影图，称为建筑剖面图，如图 3-64 所示。

3.6.2　绘制剖面结构图

我们首先绘制楼梯的剖面结构图。利用 AutoCAD 中一些基本的绘图命令与修改命令绘制图形。

步骤 01 绘制多段线

单击【默认】选项卡中【绘图】面板上的【多段线】按钮，绘制多段线，如图 3-65 所示。命令输入行提示如下。

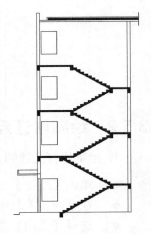

图 3-64　楼梯剖面结构图

```
命令: _pline                                              \\使用多段线命令
指定起点:                                                 \\指定一点
当前线宽为 0.0000                                         \\系统设置
指定下一个点或 [圆弧(A)/半宽(H)/长度(L)/放弃(U)/宽度(W)]: 440      \\输入距离
指定下一点或 [圆弧(A)/闭合(C)/半宽(H)/长度(L)/放弃(U)/宽度(W)]: 150
指定下一点或 [圆弧(A)/闭合(C)/半宽(H)/长度(L)/放弃(U)/宽度(W)]: 8380
指定下一点或 [圆弧(A)/闭合(C)/半宽(H)/长度(L)/放弃(U)/宽度(W)]: \\按 Enter 键结束
```

图 3-65　绘制多段线

步骤 02 绘制直线

单击【默认】选项卡中【绘图】面板上的【直线】按钮，绘制直线，如图 3-66 所示。

步骤 03 偏移直线

单击【默认】选项卡中【修改】面板上的【偏移】按钮，向左偏移直线，如图 3-67 所示。命令输入行提示如下。

```
命令: _offset                                             \\使用偏移命令
当前设置: 删除源=否  图层=源  OFFSETGAPTYPE=0              \\系统设置
指定偏移距离或 [通过(T)/删除(E)/图层(L)] <1070.0000>: 240   \\输入距离
选择要偏移的对象，或 [退出(E)/放弃(U)] <退出>:             \\选择对象
指定要偏移的那一侧上的点，或 [退出(E)/多个(M)/放弃(U)] <退出>: \\指定一点
选择要偏移的对象，或 [退出(E)/放弃(U)] <退出>:             \\按 Enter 键结束
```

步骤 04 绘制直线和偏移直线

单击【默认】选项卡中【绘图】面板上的【直线】按钮，偏移直线。单击【默认】选项卡中【修改】面板上的【偏移】按钮，偏移直线，如图 3-68 所示。命令输入行提示如下。

```
命令: _offset                                                    \\使用偏移命令
当前设置: 删除源=否   图层=源   OFFSETGAPTYPE=0                    \\系统设置
指定偏移距离或 [通过(T)/删除(E)/图层(L)] <1070.0000>: 2250       \\输入距离
选择要偏移的对象, 或 [退出(E)/放弃(U)] <退出>:                    \\选择对象
指定要偏移的那一侧上的点, 或 [退出(E)/多个(M)/放弃(U)] <退出>:     \\指定一点
选择要偏移的对象, 或 [退出(E)/放弃(U)] <退出>:                    \\按 Enter 键结束
命令: _offset                                                    \\使用偏移命令
当前设置: 删除源=否   图层=源   OFFSETGAPTYPE=0                    \\系统设置
指定偏移距离或 [通过(T)/删除(E)/图层(L)] <1070.0000>: 1800       \\输入距离
选择要偏移的对象, 或 [退出(E)/放弃(U)] <退出>:                    \\选择对象
指定要偏移的那一侧上的点, 或 [退出(E)/多个(M)/放弃(U)] <退出>:     \\指定一点
选择要偏移的对象, 或 [退出(E)/放弃(U)] <退出>:                    \\按 Enter 键结束
```

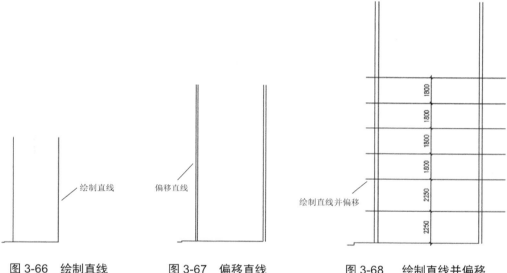

图 3-66　绘制直线　　　　　图 3-67　偏移直线　　　　　图 3-68　绘制直线并偏移

步骤05　绘制多段线

① 单击【默认】选项卡中【绘图】面板上的【多段线】按钮，绘制多段线，如图 3-69 所示。命令输入行提示如下。

```
命令: _pline                                                    \\使用多段线命令
指定起点:                                                        \\指定一点
当前线宽为 0.0000                                                \\系统设置
指定下一个点或 [圆弧(A)/半宽(H)/长度(L)/放弃(U)/宽度(W)]: 1620    \\输入距离
指定下一点或 [圆弧(A)/闭合(C)/半宽(H)/长度(L)/放弃(U)/宽度(W)]: 400
指定下一点或 [圆弧(A)/闭合(C)/半宽(H)/长度(L)/放弃(U)/宽度(W)]: 240
指定下一点或 [圆弧(A)/闭合(C)/半宽(H)/长度(L)/放弃(U)/宽度(W)]: 300
指定下一点或 [圆弧(A)/闭合(C)/半宽(H)/长度(L)/放弃(U)/宽度(W)]: 1140
指定下一点或 [圆弧(A)/闭合(C)/半宽(H)/长度(L)/放弃(U)/宽度(W)]: 300
指定下一点或 [圆弧(A)/闭合(C)/半宽(H)/长度(L)/放弃(U)/宽度(W)]: 240
指定下一点或 [圆弧(A)/闭合(C)/半宽(H)/长度(L)/放弃(U)/宽度(W)]: 400
指定下一点或 [圆弧(A)/闭合(C)/半宽(H)/长度(L)/放弃(U)/宽度(W)]:   \\按 Enter 键结束
命令: _pline                                                    \\使用多段线命令
指定起点:                                                        \\指定一点
```

当前线宽为 0.0000   \\系统设置
指定下一个点或 [圆弧(A)/半宽(H)/长度(L)/放弃(U)/宽度(W)]: 1980 \\输入距离
指定下一点或 [圆弧(A)/闭合(C)/半宽(H)/长度(L)/放弃(U)/宽度(W)]: 400
指定下一点或 [圆弧(A)/闭合(C)/半宽(H)/长度(L)/放弃(U)/宽度(W)]: 240
指定下一点或 [圆弧(A)/闭合(C)/半宽(H)/长度(L)/放弃(U)/宽度(W)]: 280
指定下一点或 [圆弧(A)/闭合(C)/半宽(H)/长度(L)/放弃(U)/宽度(W)]: 1500
指定下一点或 [圆弧(A)/闭合(C)/半宽(H)/长度(L)/放弃(U)/宽度(W)]: 280
指定下一点或 [圆弧(A)/闭合(C)/半宽(H)/长度(L)/放弃(U)/宽度(W)]: 240
指定下一点或 [圆弧(A)/闭合(C)/半宽(H)/长度(L)/放弃(U)/宽度(W)]: 400
指定下一点或 [圆弧(A)/闭合(C)/半宽(H)/长度(L)/放弃(U)/宽度(W)]: \\按 Enter 键结束
命令: _pline   \\使用多段线命令
指定起点: \\指定一点
当前线宽为 0.0000   \\系统设置
指定下一个点或 [圆弧(A)/半宽(H)/长度(L)/放弃(U)/宽度(W)]: 2820 \\输入距离
指定下一点或 [圆弧(A)/闭合(C)/半宽(H)/长度(L)/放弃(U)/宽度(W)]: 400
指定下一点或 [圆弧(A)/闭合(C)/半宽(H)/长度(L)/放弃(U)/宽度(W)]: 240
指定下一点或 [圆弧(A)/闭合(C)/半宽(H)/长度(L)/放弃(U)/宽度(W)]: 280
指定下一点或 [圆弧(A)/闭合(C)/半宽(H)/长度(L)/放弃(U)/宽度(W)]: 2340
指定下一点或 [圆弧(A)/闭合(C)/半宽(H)/长度(L)/放弃(U)/宽度(W)]: 280
指定下一点或 [圆弧(A)/闭合(C)/半宽(H)/长度(L)/放弃(U)/宽度(W)]: 240
指定下一点或 [圆弧(A)/闭合(C)/半宽(H)/长度(L)/放弃(U)/宽度(W)]: 400
指定下一点或 [圆弧(A)/闭合(C)/半宽(H)/长度(L)/放弃(U)/宽度(W)]: \\按 Enter 键结束

❷ 单击【默认】选项卡中【绘图】面板上的【多段线】按钮 ⌐⊃，绘制多段线台阶，台阶的宽度为 280mm，台阶高度为 160mm。单击【默认】选项卡中【绘图】面板上的【直线】按钮 ╱，绘制直线，如图 3-70 所示。

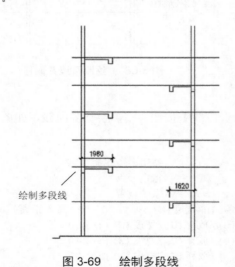

图 3-69   绘制多段线   图 3-70   绘制楼梯部分

步骤 06 绘制矩形

单击【默认】选项卡中【绘图】面板上的【矩形】按钮 ▭，绘制矩形。绘制出窗户的位置，如图 3-71 所示。命令输入行提示如下。

命令: _rectang   \\使用矩形命令
指定第一个角点或 [倒角(C)/标高(E)/圆角(F)/厚度(T)/宽度(W)]:   \\指定一点

指定另一个角点或 [面积(A)/尺寸(D)/旋转(R)]: d	\\输入 d
指定矩形的长度 <10.0000>: 1200	\\输入长度距离
指定矩形的宽度 <10.0000>: 1800	\\输入宽度距离
指定另一个角点或 [面积(A)/尺寸(D)/旋转(R)]:	\\单击结束

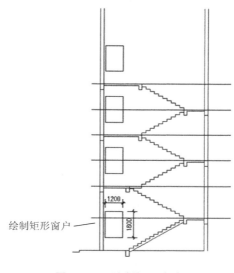

图 3-71　绘制矩形窗户

步骤 07　绘制直线

❶ 单击【默认】选项卡中【绘图】面板上的【直线】按钮／，绘制直线。绘制出楼顶剖面图，如图 3-72 所示。

❷ 单击【默认】选项卡中【绘图】面板上的【直线】按钮／，绘制直线。绘制出雨挡，如图 3-73 所示。

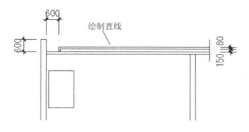

图 3-72　绘制楼顶剖面

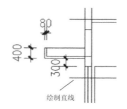

图 3-73　绘制雨挡

3.6.3　图案填充

❶ 单击【默认】选项卡【绘图】面板中的【图案填充】按钮▨，弹出【图案填充创建】选项卡，在其【选项】面板中单击【图案填充设置】按钮◢，打开【图案填充和渐变色】对话框，在【图案】下拉列表框中选择 SOLID 图案，如图 3-74 所示。

❷ 单击【添加：拾取点】按钮▦ 添加 拾取点(K)，选择填充区域，按 Enter 键完成填充，最终的楼梯剖面图如图 3-75 所示。

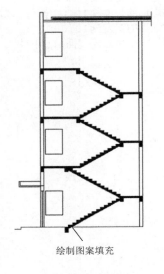

绘制图案填充

图 3-74　　【图案填充和渐变色】对话框设置　　　　图 3-75　　填充图案

3.7　本章小结

　　本章主要介绍了 AutoCAD 的二维图形的绘制，介绍了简单二维图形的使用方法，下一章将讲解编辑二维图形的方法，两者结合运用可以取得更好的效果。

第 4 章

编辑二维图形对象

　　在绘图中，往往会遇到一些比较复杂和重复的二维曲线，如在设计流线建筑外形时，需要拟合样条曲线实现。本章向读者讲述如何在绘制了一些基本的二维曲线后，对这些二维图形进行编辑。

4.1　选　择　对　象

使用 AutoCAD 绘图，进行任何一项编辑操作都需要先指定具体的对象，并选中该对象，这样所进行的编辑操作才会有效。在 AutoCAD 中，选择对象的方法有很多，这里将其分为下面两种。

4.1.1　直接拾取法

直接拾取法是最常用的选取方法，也是默认的对象选择方法。选择对象时，单击绘图区对象即可选中，被选中的对象会虚线显示，如果要选取多个对象，只需逐个选择这些对象即可，如图 4-1 所示。

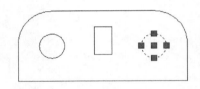

图 4-1　选择部件

4.1.2　窗口选择法

窗口选择是一种确定选取图形对象范围的选取方法。当需要选择的对象较多时，可以使用该选择方式。这种选择方式与 Windows 的窗口选择类似。

(1) 单击并将十字光标沿右下方拖曳，将所选的图形框在一个矩形框内。再次单击，形成选择框，这时所有出现在矩形框内的对象都将被选取，位于窗口外及与窗口边界相交的对象则不会被选中，如图 4-2 所示。

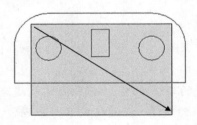
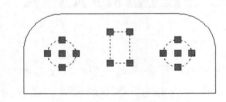

图 4-2　选择方向及选中部件

(2) 另外一种选择方式正好方向相反，鼠标移动从右下角开始往左上角移动，形成选择框，此时只要与交叉窗口相交或者被交叉窗口包容的对象，都将被选中，如图 4-3 所示。

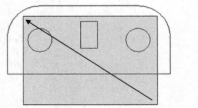
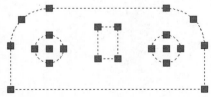

图 4-3　选择方向及选中部件

4.2 修改图形对象

对图形对象的修改操作包括移动、旋转、对齐、拉伸、缩放、延伸、修剪、拉长、打断、倒角、圆角等。

4.2.1 移动

移动图形对象是使某一图形沿着基点移动一段距离，使对象到达合适的位置。

执行移动命令的 4 种方法如下。

● 单击【修改】面板中的【移动】按钮 ✛。
● 在命令输入行中输入 move 命令后按 Enter 键。
● 选择【修改】|【移动】菜单命令。

选择【移动】命令后出现图标"□"，移动鼠标到要移动的图形对象的位置。单击选择需要移动的图形对象后右击，AutoCAD 提示用户选择基点，选择基点后移动鼠标至相应的位置。命令输入行提示如下。

```
命令：_move                                                    //使用移动命令
选择对象：找到 1 个                                            //选择对象
选择对象：
指定基点或 [位移(D)] <位移>： 指定第二个点或 <使用第一个点作为位移>：  //指定基点
```

选取实体后绘图区如图 4-4 所示。

指定基点后绘图区如图 4-5 所示。

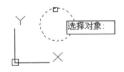

图 4-4　选取实体后绘图区所显示的图形　　图 4-5　指定基点后绘图区所显示的图形

最终绘制的图形如图 4-6 所示。

图 4-6　用移动命令绘制的图形

4.2.2 旋转

旋转对象是指用户将图形对象转一个角度使之符合用户的要求，旋转后的对象与原对象的距离取决于旋转的基点与被旋转对象的距离。

执行旋转命令的 4 种方法。

● 单击【修改】面板中的【旋转】按钮 ⊙。

- 在命令输入行中输入 rotate 命令后按 Enter 键。
- 选择【修改】|【旋转】菜单命令。

选择【旋转】命令后出现图标"口",移动鼠标到要旋转的图形对象的位置。单击选择需要旋转的图形对象后右击,AutoCAD 提示用户选择基点,选择基点后移动鼠标至相应的位置。命令输入行提示如下。

```
命令: _rotate                                    //使用旋转命令
UCS 当前的正角方向: ANGDIR=逆时针  ANGBASE=0
选择对象: 找到 1 个                              //选择对象
选择对象:
指定基点:                                        //指定基点
指定旋转角度, 或 [复制(C)/参照(R)] <0>:          //旋转角度
```

选取实体后绘图区如图 4-7 所示。

指定基点后绘图区如图 4-8 所示。

最终绘制的图形如图 4-9 所示。

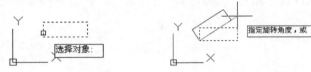

图 4-7　选取实体后绘图区　　　图 4-8　指定基点后绘图区　　　图 4-9　用旋转命令绘制的图形
　　　　　所显示的图形　　　　　　　　　　所显示的图形

4.2.3　对齐

选择【修改】|【三维操作】|【对齐】菜单命令,如图 4-10 所示。

图 4-10　选择【对齐】菜单命令

使如图 4-11 所示的三角形和矩形对齐。按命令输入行的提示进行操作。

命令：_align
选择对象：找到 1 个   //选择矩形，如图 4-12 所示
选择对象：(回车)
指定第一个源点：   //捕捉矩形左边中点
指定第一个目标点：   //捕捉三角形左边的中点，如图 4-13 所示
指定第二个源点：   //捕捉矩形右边的中点，如图 4-14 所示
指定第二个目标点：   //捕捉三角形右边的中点，如图 4-15 所示
指定第三个源点或 <继续>：   //按 Enter 键
是否基于对齐点缩放对象？[是(Y)/否(N)] <否>： //按 Enter 键

效果如图 4-16 所示。

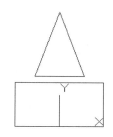

图 4-11　矩形和三角形

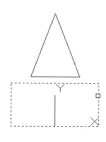

图 4-12　捕捉矩形

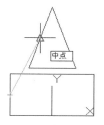

图 4-13　指定第一个目标点

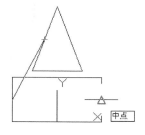

图 4-14　指定第二个源点

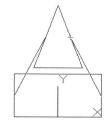

图 4-15　指定第二个目标点

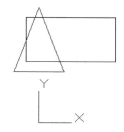

图 4-16　对齐图形

4.2.4　拉伸

拉伸是指按照指定的距离和角度拉长图形，【拉伸】按钮在【修改】面板中的位置如图 4-17 所示。

按命令输入行的提示，把六边形适当拉长。

命令：_stretch   //使用拉伸命令
以交叉窗口或交叉多边形选择要拉伸的对象...
选择对象：指定对角点：找到 1 个   //选择六边形，如图 4-18 所示
选择对象：(回车)
指定基点或[位移(D)]<位移>：   //单击一点
指定第二个点或 <使用第一个点作为位移>：   //适当移动光标，如图 4-19 所示，然后单击

效果如图 4-20 所示。

  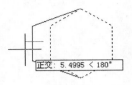 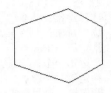

图 4-17　【拉伸】按钮　图 4-18　选择六边形　图 4-19　牵拉图形　图 4-20　拉伸图形

4.2.5　缩放

　　【缩放】按钮圖用于按照指定的比例缩小放大图形。它在【修改】面板中的位置如图 4-21 所示。

　　按命令输入行的提示，以原点为中心，把图 4-22 所示的圆缩小到 0.75 倍。

```
命令: _scale                                    //使用缩放命令
选择对象:找到 1 个                              //选择圆
选择对象:                                       //按 Enter 键
指定基点:0,0                                    //输入原点
指定比例因子或 [复制(C)/参照(R)]<1.0000>: 0.75
```

　　效果如图 4-23 所示。

 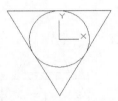 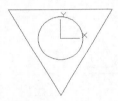

图 4-21　【缩放】按钮　　图 4-22　圆和三角形　　图 4-23　缩小圆

4.2.6　延伸

　　【延伸】按钮在【修改】面板中的位置如图 4-24 所示。

　　按命令输入行的提示在图 4-25 中进行延伸操作。

```
命令: _extend                                   //使用延伸命令
当前设置:投影=UCS,边=无
选择边界的边...
选择对象或<全部选择>:找到 1 个                  //选择如图 4-26 所示的矩形
选择对象:                                       //按 Enter 键
选择要延伸的对象,或按住 Shift 键选择要修剪的对象,或
[栏选(F)/窗交(C)/投影(P)/边(E)/放弃(U)]:        //如图 4-27 所示单击直线右边部分,效果
                                                  如图 4-28 所示
选择要延伸的对象,或按住 Shift 键选择要修剪的对象,或
[栏选(F)/窗交(C)/投影(P)/边(E)/放弃(U)]:        //以下依次单击直线靠近矩形的部分
选择要延伸的对象,或按住 Shift 键选择要修剪的对象,或
[栏选(F)/窗交(C)/投影(P)/边(E)/放弃(U)]:
选择要延伸的对象,或按住 Shift 键选择要修剪的对象,或
[栏选(F)/窗交(C)/投影(P)/边(E)/放弃(U)]:
选择要延伸的对象,或按住 Shift 键选择要修剪的对象,或
```

[栏选(F)/窗交(C)/投影(P)/边(E)/放弃(U)]:
选择要延伸的对象,或按住 Shift 键选择要修剪的对象,或
[栏选(F)/窗交(C)/投影(P)/边(E)/放弃(U)]:　　　　//按 Enter 键

效果如图 4-29 所示。

图 4-24　【延伸】按钮

图 4-25　原始图形

图 4-26　选择矩形

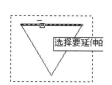

图 4-27　选择一条直线

图 4-28　延伸一条直线

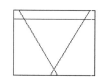

图 4-29　延伸 6 条直线

4.2.7　修剪

【修剪】按钮在【修改】面板中的位置如图 4-30 所示。

图 4-30　【修剪】按钮

修剪图 4-31 所示的六角星内部的线条。按命令输入行的提示操作。

命令: _trim　　　　　　　　　　　　　　　　　//使用修剪命令
当前设置:投影=UCS,边=无
选择剪切边...
选择对象或<全部选择>:找到 1 个　　　　　　　//选择如图 4-32 所示的直线
选择对象:找到 1 个,总计 2 个　　　　　　　　//顺次选择如图 4-33 所示的直线
选择对象:找到 1 个,总计 3 个
选择对象:找到 1 个,总计 4 个
选择对象:找到 1 个,总计 5 个
选择对象:　　　　　　　　　　　　　　　　　//效果如图 4-34 所示
选择要修剪的对象,或按住 Shift 键选择要延伸的对象,或
[栏选(F)/窗交(C)/投影(P)/边(E)/删除(R)/放弃(U)]:　　//选择如图 4-35 所示的直线段作
　　　　　　　　　　　　　　　　　　　　　　　　为修剪掉的线条

选择要修剪的对象,或按住 Shift 键选择要延伸的对象,或
[栏选(F)/窗交(C)/投影(P)/边(E)/删除(R)/放弃(U)]:　　//顺次选择类似的直线段
选择要修剪的对象,或按住 Shift 键选择要延伸的对象,或
　[栏选(F)/窗交(C)/投影(P)/边(E)/删除(R)/放弃(U)]:
选择要修剪的对象,或按住 Shift 键选择要延伸的对象,或

[栏选(F)/窗交(C)/投影(P)/边(E)/删除(R)/放弃(U)]:
选择要修剪的对象,或按住 Shift 键选择要延伸的对象,或
[栏选(F)/窗交(C)/投影(P)/边(E)/删除(R)/放弃(U)]:
选择要修剪的对象,或按住 Shift 键选择要延伸的对象,或
[栏选(F)/窗交(C)/投影(P)/边(E)/删除(R)/放弃(U)]:　　　　　//按 Enter 键

效果如图 4-36 所示。

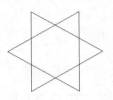

图 4-31　带隔线的六角星

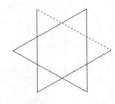

图 4-32　选择第一条修剪边

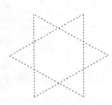

图 4-33　选择所有的修剪边

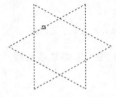

图 4-34　选择第一条隔线

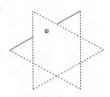

图 4-35　剪去第一条隔线

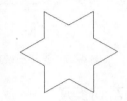

图 4-36　剪去所有隔线

4.2.8　拉长

使用拉长命令可以按照指定的长度拉长图形,如图 4-37 所示为【拉长】按钮 在【修改】面板中的位置。

拉长一个曲线五角星的边。按命令输入行的提示操作。

命令: _lengthen　　　　　　　　　　　//使用拉长命令
选择对象或 [增量(DE)/百分数(P)/全部(T)/动态(DY)]: de
　　　　　　　　　　　　　　　　　　//执行增量选项
输入长度增量或 [角度(A)] <0.0000>: 3　//输入拉长量
选择要修改的对象或 [放弃(U)]:　　　//选择如图 4-38 所
　　　　　　　　　　　示曲边,单击实现拉长,如图 4-39 所示
选择要修改的对象或 [放弃(U)]:　　　//顺次单击需要拉长的曲边
选择要修改的对象或 [放弃(U)]:
选择要修改的对象或 [放弃(U)]:
选择要修改的对象或 [放弃(U)]:
选择要修改的对象或 [放弃(U)]:
选择要修改的对象或 [放弃(U)]: *取消*　//按 Esc 键

图 4-37　【拉长】按钮

效果如图 4-40 所示。

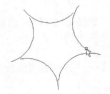

图 4-38　选择需要拉长的对象

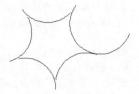

图 4-39　拉长曲边

图 4-40　拉长所有曲边

4.2.9　打断

本命令用于在指定的位置截断线条，如图 4-41 所示为【打断于点】按钮⊟在【修改】面板中的位置。

在右边中点处打断如图 4-42 所示的一个三角形，按命令输入行的提示操作。

```
命令: _break 选择对象:              //选择三角形，如图 4-43 所示
指定第二个打断点或 [第一点(F)]: _f
指定第一个打断点:                  //选择右边中点，如图 4-44 所示
指定第二个打断点: @
```

图 4-41　【打断于点】按钮

单击右边线条，效果如图 4-45 所示，可见确实已经打断。

    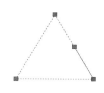

图 4-42　三角形　　　图 4-43　选择三角形　　　图 4-44　选择中点　　　图 4-45　打断线条

4.2.10　倒角

本命令用于使两条直线之间按照指定的倒角距离倒角，【倒角】按钮▱在【修改】面板中的位置如图 4-46 所示。

把三角形的一个角倒角，按命令输入行的提示操作。

```
命令: _chamfer              //("修剪"模式) 当前倒角距离 1 = 0.0000，距离 2 = 0.0000
选择第一条直线或 [放弃(U)/多段线(P)/距离(D)/角度(A)/修剪(T)/方式(E)/多个(M)]: d
                           //执行修改倒角距的选项
指定第一个倒角距离 <0.0000>: 60       //确定新倒角距
指定第二个倒角距离 <60.0000>:         //按 Enter 键
选择第一条直线或 [放弃(U)/多段线(P)/距离(D)/角度(A)/修剪(T)/方式(E)/多个(M)]:
                           //如图 4-47 所示选择第一条直线
选择第二条直线:              //如图 4-48 所示选择第二条直线
```

效果如图 4-49 所示。

   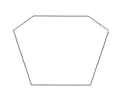

图 4-46　【倒角】按钮　图 4-47　选择第一条直线　图 4-48　选择第二条直线　图 4-49　倒角操作

4.2.11　圆角

本命令用于在两条直线之间按照指定的圆角半径创建圆角，【圆角】按钮□在【修改】面板中的位置如图 4-50 所示。

把五角形的上角倒圆角，按命令输入行的提示操作。

```
命令: _fillet                                          //使用圆角命令
当前设置: 模式 = 修剪, 半径 = 0.0000
选择第一个对象或 [放弃(U)/多段线(P)/半径(R)/修剪(T)/多个(M)]:r  //执行确定新圆角半径
                                                        的选项
指定圆角半径 <10.0000>:50                                //输入新圆角半径
选择第一个对象或[放弃(U)/多段线(P)/半径(R)/修剪(T)/多个(M)]:  //选择如图 4-51 所示
                                                        直线
选择第二个对象，或按住 Shift 键选择要应用角点的对象:          //选择如图 4-52 所示
                                                        直线
```

效果如图 4-53 所示。

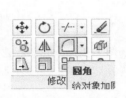　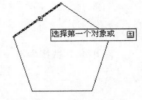　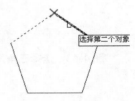　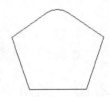

图 4-50　【圆角】按钮　　图 4-51　选择左边直线　　图 4-52　选择右边直线　　图 4-53　矩形圆角

4.3　复制图形对象

AutoCAD 为用户提供了复制命令，把已绘制好的图形复制到其他地方。

执行复制命令的 4 种方法如下。

- 单击【修改】面板上的【复制】按钮。
- 在命令输入行中输入 copy 命令后按 Enter 键。
- 选择【修改】|【复制】菜单命令。

选择【复制】命令后，命令输入行提示如下。

```
命令: _copy
选择对象:
```

在提示下选取实体，如图 4-54 所示，命令输入行也将显示选中一个物体，命令输入行提示如下。

```
选择对象: 找到 1 个
```

选取实体后绘图区如图 4-54 所示。命令输入行提示如下。

```
选择对象:
```

在 AutoCAD 中，此命令默认用户会继续选择下一个实体，右击或按 Enter 键即可结束

选择。

AutoCAD 会提示用户指定基点或位移，在绘图区选择基点。命令输入行提示如下。

指定基点或 [位移(D)/模式(O)] <位移>：

指定基点后绘图区如图 4-55 所示。

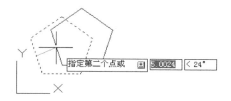

图 4-54　选取实体后绘图区所显示的图形　　　图 4-55　指定基点后绘图区所显示的图形

指定基点后，命令输入行将提示用户指定第二个点或使用第一个点作为位移。命令输入行提示如下。

指定基点或 [位移(D)/模式(O)] <位移>：指定第二个点或 <使用第一个点作为位移>：

指定第二个点后绘图区如图 4-56 所示。

指定完第二个点，命令输入行将提示用户指定第二个点或 [退出(E)/放弃(U)] <退出>，命令输入行提示如下。

指定第二个点或 [退出(E)/放弃(U)] <退出>：

用此命令绘制的图形如图 4-57 所示。

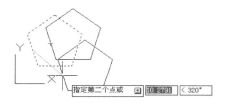

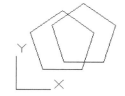

图 4-56　指定第二个点后绘图区所显示的图形　　　图 4-57　用 copy 命令绘制的图形

4.4　镜像和阵列

下面讲解镜像和阵列的操作方法。

4.4.1　镜像

AutoCAD 为用户提供了镜像命令，把已绘制好的图形复制到其他地方。

执行镜像命令的几种方法如下。

- 单击【修改】面板上的【镜像】按钮。
- 在命令输入行中输入 mirror 命令后按 Enter 键。
- 选择【修改】|【镜像】菜单命令。

命令输入行提示如下。

```
命令: _mirror                                    //使用镜像命令
选择对象: 找到 1 个                               //选择对象
选择对象:
  指定镜像线的第一点: 指定镜像线的第二点:          //指定镜像点
  要删除源对象吗? [是(Y)/否(N)] <N>: n
```

选取实体后绘图区如图 4-58 所示。

在 AutoCAD 中，此命令默认用户会继续选择下一个实体，右击或按 Enter 键即可结束选择。然后在提示下选取镜像线的第一点和第二点。

指定镜像线的第一点后绘图区如图 4-59 所示:

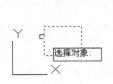 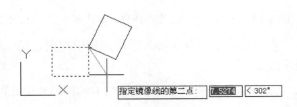

图 4-58　选取实体后绘图区所显示的图形　　　图 4-59　指定镜像线的第一点后绘图区所显示的图形

AutoCAD 会询问用户是否要删除原图形，在此输入 N 后按 Enter 键。

用此命令绘制的图形如图 4-60 所示。

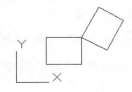

4.4.2　阵列

AutoCAD 为用户提供了阵列命令，把已绘制的图形复制到其他地方，包括矩形阵列、路径阵列和环形阵列。下面分别进行具体介绍。

图 4-60　用镜像命令绘制的图形

1. 矩形阵列

执行矩形阵列命令的 3 种方法如下。

- 单击【修改】工具栏或【修改】面板中的【矩形阵列】按钮▦。
- 在命令输入行中输入 arrayrect 命令后按 Enter 键。
- 选择【修改】|【阵列】|【矩形阵列】菜单命令。

AutoCAD 要求先选择对象，选择对象之后，如图 4-61 所示选择夹点，之后移动指定目标点，如图 4-62 所示；完成之后右击弹出快捷菜单如图 4-63 所示，选择新的命令或者退出。

图 4-61　选择夹点 　　　　图 4-62　移动指定目标点　　　　图 4-63　右键快捷菜单

快捷菜单中的命令含义如下。

【行数】：按单位指定行间距。要向下添加行，指定负值。

【列数】：按单位指定列间距。要向左边添加列，指定负值。

绘制的矩形阵列图形如图 4-64 所示。

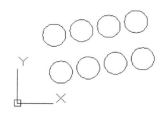

图 4-64　矩形阵列的图形

2. 路径阵列

执行路径阵列命令的 3 种方法如下。

- 单击【修改】工具栏或【修改】面板中的【路径阵列】按钮。
- 在命令输入行中输入 arraypath 命令后按 Enter 键。
- 选择【修改】|【阵列】|【路径阵列】菜单命令。

选择命令之后，系统要求选择路径，如图 4-65 所示；选择之后，选择夹点，如图 4-66 所示。

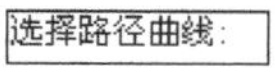

选择路径曲线：

图 4-65　选择路径

选择夹点以编辑阵列或

图 4-66　选择夹点

设置完成之后，右击弹出快捷菜单，选择【退出】选项退出，如图 4-67 所示。绘制的路径阵列图形如图 4-68 所示。

图 4-67　快捷菜单

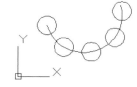

图 4-68　路径阵列的图形

3. 环形阵列

执行环形阵列命令的 3 种方法如下。

- 单击【修改】工具栏或【修改】面板中的【环形阵列】按钮。
- 在命令输入行中输入 arraypolar 命令后按 Enter 键。
- 选择【修改】|【阵列】|【环形阵列】菜单命令。

当选择环形阵列命令后，开始选择中心点，如图 4-69 所示；之后选择夹点，如图 4-70 所示。

指定阵列的中心点或 ⊞ 1591.1805 1744.2997   选择夹点以编辑阵列或 ⊞ 退出

图 4-69　选择中心点　　　　　　　　　　　　　图 4-70　选择夹点

最后，右击弹出快捷菜单，选择相应的命令，或者退出绘制，如图 4-71 所示。

快捷菜单中的部分命令含义如下。

【项目】：设置在结果阵列中显示的对象。

【填充角度】：通过定义阵列中第一个和最后一个元素的基点之间的包含角来设置阵列大小。正值指定逆时针旋转。负值指定顺时针旋转。默认值为 360。不允许值为 0。

【项目间角度】：设置阵列对象的基点和阵列中心之间的包含角。输入一个正值。默认方向值为 90。

【基点】：设置新的 X 和 Y 基点坐标。选择【拾取基点】临时关闭对话框，并指定一个点。指定了一个点后，【阵列】对话框将重新显示。

绘制的环形阵列图形如图 4-72 所示。

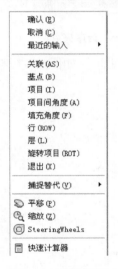

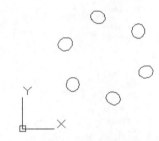

图 4-71　快捷菜单　　　　　　　　　　　　　图 4-72　环形阵列的图形

4.5　修改对象比例

在 AutoCAD 中，可以通过缩放命令来使实际的图形对象放大或缩小。

执行缩放命令有以下几种方法。

- 单击【修改】面板上的【缩放】按钮 ⊡ 。
- 在命令输入行中输入 scale 命令后按 Enter 键。
- 选择【修改】|【缩放】菜单命令。

执行此命令后出现图标"□"，AutoCAD 提示用户选择需要缩放的图形对象后移动鼠标到要缩放的图形对象位置。单击选择需要缩放的图形对象后右击，AutoCAD 提示用户选择基

点。选择基点后在命令输入行中输入缩放比例系数后按 Enter 键，缩放完毕。命令输入行提示
如下。

```
命令：_scale                               //使用缩放命令
选择对象：找到 1 个                         //选择对象
选择对象：
指定基点：                                 //指定基点
指定比例因子或 [复制(C)/参照(R)] <1.5000>:  //缩放比例
```

选取实体后绘图区如图 4-73 所示。

指定基点后绘图区如图 4-74 所示。

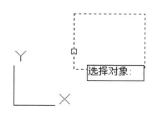

图 4-73　选取实体后绘图区所显示的图形

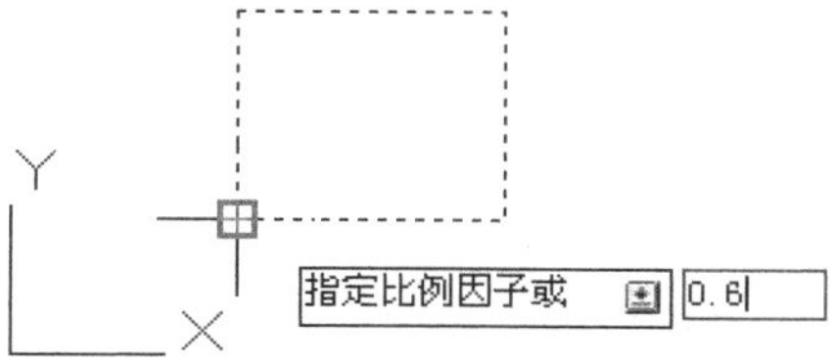

图 4-74　指定基点后绘图区所显示的图形

绘制的图形如图 4-75 所示。

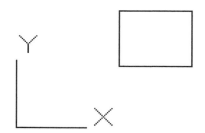

图 4-75　用缩放命令将图形对象缩小的最终效果

4.6　设计范例——绘制卫生间大样图

本范例完成文件：/04/4-1.dwg

多媒体教学路径：光盘→多媒体教学→第 4 章

4.6.1　实例介绍与展示

本章的设计范例主要介绍绘制卫生间大样图的方法。在绘制卫生间大样图时，主要包括绘
制洗手池、马桶和淋浴房。下面进行详细讲解。效果图如图 4-76 所示。

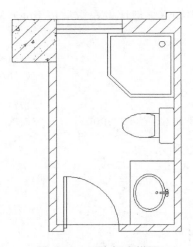

图 4-76　卫生间大样图

4.6.2　绘制卫生间结构图

首先绘制卫生间结构图。

步骤 01　绘制直线

单击【默认】选项卡中【绘图】面板上的【直线】按钮／，绘制直线，如图 4-77 所示。命令输入行提示如下。

```
命令：_line                                \\使用直线命令
指定第一个点：                              \\指定一点
指定下一点或 [放弃(U)]：1800                \\输入距离
指定下一点或 [放弃(U)]：3000
指定下一点或 [闭合(C)/放弃(U)]：1600
指定下一点或 [闭合(C)/放弃(U)]：100
指定下一点或 [闭合(C)/放弃(U)]：200
指定下一点或 [闭合(C)/放弃(U)]：3100
指定下一点或 [闭合(C)/放弃(U)]：           \\按 Enter 键结束
```

步骤 02　偏移直线

单击【默认】选项卡中【修改】面板上的【偏移】按钮▣，偏移直线，如图 4-78 所示。命令输入行提示如下。

```
命令：_offset                                              \\使用偏移命令
当前设置：删除源=否　图层=源　OFFSETGAPTYPE=0             \\系统设置
指定偏移距离或 [通过(T)/删除(E)/图层(L)] <通过>：100     \\输入偏移距离
选择要偏移的对象，或 [退出(E)/放弃(U)] <退出>：          \\选择对象
指定要偏移的那一侧上的点，或 [退出(E)/多个(M)/放弃(U)] <退出>：\\指定偏移一点
选择要偏移的对象，或 [退出(E)/放弃(U)] <退出>：          \\按 Enter 键结束
命令：_offset                                              \\使用偏移命令
当前设置：删除源=否　图层=源　OFFSETGAPTYPE=0             \\系统设置
指定偏移距离或 [通过(T)/删除(E)/图层(L)] <100.0000>：200 \\输入偏移距离
选择要偏移的对象，或 [退出(E)/放弃(U)] <退出>：          \\选择对象
指定要偏移的那一侧上的点，或 [退出(E)/多个(M)/放弃(U)] <退出>：\\指定偏移一点
选择要偏移的对象，或 [退出(E)/放弃(U)] <退出>：          \\按 Enter 键结束
```

图 4-77　绘制直线

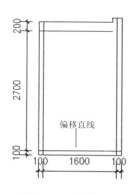

图 4-78　偏移直线

步骤 03　修剪直线

单击【默认】选项卡中【修改】面板上的【修剪】按钮，修剪直线，按住 Shift 键可以延伸选择的对象，如图 4-79 所示。

步骤 04　绘制矩形

单击【默认】选项卡中【绘图】面板上的【矩形】按钮，绘制尺寸为 600mm×600mm 的矩形，如图 4-80 所示。命令输入行提示如下。

```
命令: _rectang                                        \\使用矩形命令
指定第一个角点或 [倒角(C)/标高(E)/圆角(F)/厚度(T)/宽度(W)]:  \\指定一点
指定另一个角点或 [面积(A)/尺寸(D)/旋转(R)]: d            \\输入 d
指定矩形的长度 <10.0000>: 600                          \\输入长度距离
指定矩形的宽度 <10.0000>: 600                          \\输入宽度距离
指定另一个角点或 [面积(A)/尺寸(D)/旋转(R)]:              \\单击结束
```

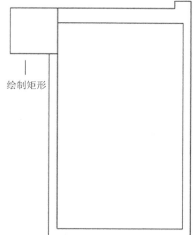

图 4-79　修剪直线　　　　　　　　　　图 4-80　绘制矩形

步骤 05　绘制直线并修剪直线

单击【默认】选项卡中【绘图】面板上的【直线】按钮，绘制直线。单击【默认】选项卡中【修改】面板上的【修剪】按钮，修剪直线，如图 4-81 所示。

步骤 06 设置点样式与定数等分

① 选择【格式】|【点样式】菜单命令。打开【点样式】对话框，选择如图 4-82 所示的点样式。

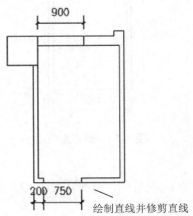

图 4-81 绘制直线并修剪

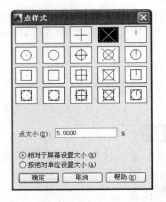

图 4-82 选择点样式

② 选择【绘图】|【点】|【定数等分】菜单命令，进行定数等分，如图 4-83 所示。命令输入行提示如下。

```
命令: _divide                          \\使用定数等分命令
选择要定数等分的对象:                    \\选择对象
输入线段数目或 [块(B)]: 3                \\输入数值，按 Enter 键结束
```

步骤 07 绘制直线

单击【默认】选项卡中【绘图】面板上的【直线】按钮，绘制直线，并删除点，如图 4-84 所示。

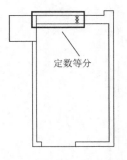

图 4-83 定数等分

图 4-84 绘制直线

步骤 08 绘制矩形

单击【默认】选项卡中【绘图】面板上的【矩形】按钮，绘制矩形，如图 4-85 所示。命令输入行提示如下。

```
命令: _rectang                                                    \\使用矩形命令
指定第一个角点或 [倒角(C)/标高(E)/圆角(F)/厚度(T)/宽度(W)]:        \\指定一点
指定另一个角点或 [面积(A)/尺寸(D)/旋转(R)]: d                      \\输入 d
```

```
指定矩形的长度 <10.0000>: 50                           \\输入长度距离
指定矩形的宽度 <10.0000>: 750                          \\输入宽度距离
指定另一个角点或 [面积(A)/尺寸(D)/旋转(R)]:            \\单击结束
```

步骤 09 绘制圆弧

选择【绘图】|【圆弧】|【圆心、起点、端点】菜单命令。绘制门的开启弧度，如图 4-86
所示。命令输入行提示如下。

```
命令: _arc                                            \\使用圆弧命令
指定圆弧的起点或 [圆心(C)]: _c 指定圆弧的圆心:         \\指定圆心
指定圆弧的起点:                                        \\指定起点
指定圆弧的端点或 [角度(A)/弦长(L)]:                    \\指定端点
```

图 4-85　绘制矩形

图 4-86　绘制圆弧

4.6.3　绘制洗手池

下面绘制洗手池。

步骤 01 绘制洗手池台面

单击【默认】选项卡中【绘图】面板上的【矩形】按钮□，绘制矩形洗手池台面，如
图 4-87 所示。命令输入行提示如下。

```
命令: _rectang                                        \\使用矩形命令
指定第一个角点或 [倒角(C)/标高(E)/圆角(F)/厚度(T)/宽度(W)]:    \\指定一点
指定另一个角点或 [面积(A)/尺寸(D)/旋转(R)]: d          \\输入 d
指定矩形的长度 <10.0000>: 600                          \\输入长度距离
指定矩形的宽度 <10.0000>: 900                          \\输入宽度距离
指定另一个角点或 [面积(A)/尺寸(D)/旋转(R)]:            \\单击结束
```

步骤 02 绘制洗手池

① 单击【默认】选项卡中【绘图】面板上的【椭圆】按钮⬭，绘制椭圆，如图 4-88 所示。
命令输入行提示如下。

```
命令: _ellipse                                        \\使用椭圆命令
指定椭圆的轴端点或 [圆弧(A)/中心点(C)]: _c            \\系统设置
指定椭圆的中心点:                                      \\指定一点
指定轴的端点: 265                                      \\输入数值
指定另一条半轴长度或 [旋转(R)]: 210                    \\输入数值后按 Enter 键结束
```

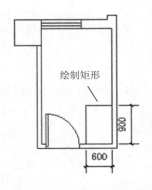

图 4-87　绘制矩形洗手池台面

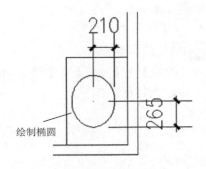

图 4-88　绘制椭圆

②单击【默认】选项卡中【修改】面板上的【偏移】按钮，偏移椭圆，绘制出洗手池，如图 4-89 所示。命令输入行提示如下。

```
命令：_offset                                                \\使用偏移命令
当前设置：删除源=否    图层=源   OFFSETGAPTYPE=0              \\系统设置
指定偏移距离或 [通过(T)/删除(E)/图层(L)] <900.0000>：30       \\输入偏移距离
选择要偏移的对象，或 [退出(E)/放弃(U)] <退出>：               \\选择对象
指定要偏移的那一侧上的点，或 [退出(E)/多个(M)/放弃(U)] <退出>： \\指定偏移一点
选择要偏移的对象，或 [退出(E)/放弃(U)] <退出>：               \\按 Enter 键结束
```

步骤 03　绘制水龙头

单击【默认】选项卡中【绘图】面板上的【圆】按钮，绘制圆形，单击【默认】选项卡中【绘图】面板上的【矩形】按钮，绘制矩形，绘制出水龙头，如图 4-90 所示。命令输入行提示如下。

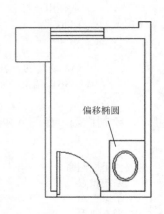

图 4-89　偏移椭圆

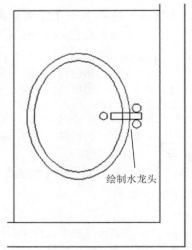

图 4-90　完成绘制的洗手池

4.6.4　绘制马桶

下面绘制马桶。

步骤 01 绘制矩形

单击【默认】选项卡中【绘图】面板上的【矩形】按钮 ▢，绘制矩形，如图 4-91 所示。
命令输入行提示如下。

```
命令: _rectang                                          \\使用矩形命令
指定第一个角点或 [倒角(C)/标高(E)/圆角(F)/厚度(T)/宽度(W)]:    \\指定一点
指定另一个角点或 [面积(A)/尺寸(D)/旋转(R)]: d              \\输入 d
指定矩形的长度 <10.0000>: 200                          \\输入长度距离
指定矩形的宽度 <10.0000>: 500                          \\输入宽度距离
指定另一个角点或 [面积(A)/尺寸(D)/旋转(R)]:              \\单击结束
```

步骤 02 绘制圆角

单击【默认】选项卡中【修改】面板上的【圆角】按钮 ▢，绘制圆角，如图 4-92 所示。
命令输入行提示如下。

```
命令: _fillet                                          \\使用圆角命令
当前设置: 模式 = 修剪，半径 = 50.0000                   \\系统设置
选择第一个对象或 [放弃(U)/多段线(P)/半径(R)/修剪(T)/多个(M)]: r \\输入 r
指定圆角半径 <50.0000>: 30                             \\输入圆角半径
选择第一个对象或 [放弃(U)/多段线(P)/半径(R)/修剪(T)/多个(M)]:   \\选择对象
选择第二个对象，或按住 Shift 键选择对象以应用角点或 [半径(R)]:  \\选择对象并结束
```

图 4-91　绘制矩形

图 4-92　绘制圆角

步骤 03 绘制椭圆并偏移椭圆

① 单击【默认】选项卡中【绘图】面板上的【椭圆】按钮 ⊕，绘制椭圆，如图 4-93 所示。命令输入行提示如下。

```
命令: _ellipse                                        \\使用椭圆命令
指定椭圆的轴端点或 [圆弧(A)/中心点(C)]: _c              \\输入 c
指定椭圆的中心点:                                      \\指定圆心
指定轴的端点: 300                                     \\输入端点距离
指定另一条半轴长度或 [旋转(R)]: 185                     \\指定半轴长度
```

② 单击【默认】选项卡中【修改】面板上的【偏移】按钮 ◬，偏移椭圆，偏移距离为 10mm，单击【默认】选项卡中【修改】面板上的【修剪】按钮 ⊁，修剪直线，如图 4-94 所示。

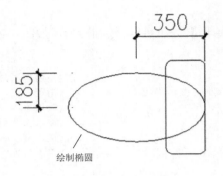

图 4-93   绘制椭圆   图 4-94   偏移修剪椭圆

步骤 04   绘制圆

单击【默认】选项卡中【绘图】面板上的【圆】按钮⊙，绘制马桶按键，完成绘制的马桶如图 4-95 所示。命令输入行提示如下。

```
命令：_circle                                  \\使用圆命令
指定圆的圆心或 [三点(3P)/两点(2P)/切点、切点、半径(T)]：\\指定圆心
指定圆的半径或 [直径(D)] <30.0000>：30          \\输入半径距离后按Enter键结束
```

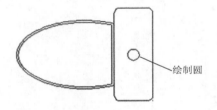

绘制圆

图 4-95   完成绘制的马桶

4.6.5   绘制淋浴房

下面绘制淋浴房。

步骤 01   绘制矩形

单击【默认】选项卡中【绘图】面板上的【矩形】按钮▭，绘制矩形，如图 4-96 所示。命令输入行提示如下。

```
命令：_rectang                                 \\使用矩形命令
指定第一个角点或 [倒角(C)/标高(E)/圆角(F)/厚度(T)/宽度(W)]：   \\指定一点
指定另一个角点或 [面积(A)/尺寸(D)/旋转(R)]：d   \\输入 d
指定矩形的长度 <10.0000>：900                   \\输入长度距离
指定矩形的宽度 <10.0000>：900                   \\输入宽度距离
指定另一个角点或 [面积(A)/尺寸(D)/旋转(R)]：     \\单击结束
```

步骤 02   绘制倒角

单击【默认】选项卡中【绘图】面板上的【倒角】按钮◺，绘制倒角，如图 4-97 所示。命令输入行提示如下。

```
命令：_chamfer                                 \\使用倒角命令
("修剪"模式) 当前倒角距离 1 = 0.0000，距离 2 = 0.0000   \\系统设置
```

选择第一条直线或 [放弃(U)/多段线(P)/距离(D)/角度(A)/修剪(T)/方式(E)/多个(M)]: d
指定 第一个 倒角距离 <0.0000>: 350   \\输入距离
指定 第二个 倒角距离 <30.0000>: 350   \\输入距离
选择第一条直线或 [放弃(U)/多段线(P)/距离(D)/角度(A)/修剪(T)/方式(E)/多个(M)]:
                                                          \\选择外矩形边线
选择第二条直线，或按住 Shift 键选择直线以应用角点或 [距离(D)/角度(A)/方法(M)]:
                                                          \\结束命令

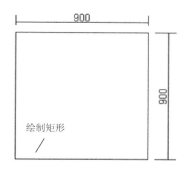

图 4-96　绘制矩形

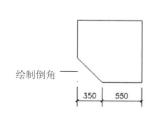

图 4-97　绘制倒角

步骤 03 偏移线条并绘制圆

单击【默认】选项卡中【修改】面板上的【偏移】按钮，偏移线条，偏移距离为 30mm。
单击【默认】选项卡中【绘图】面板上的【圆】按钮，绘制圆，完成淋浴房的绘制，如图 4-98
所示。

步骤 04 图案填充卫生间墙体

图案填充卫生间墙体，完成卫生间大样图绘制，如图 4-99 所示。

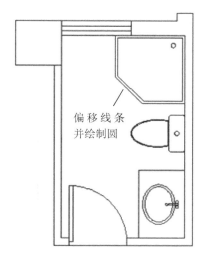

图 4-98　完成的沐浴房

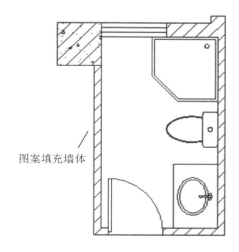

图 4-99　绘制完成的卫生间大样图

4.7　本　章　小　结

　　本章主要介绍了二维平面图形的编辑方法以及选择对象的方法，为以后进行复杂图形的绘制打下基础。

第 5 章

建筑绘图图层的应用

在 AutoCAD 中为了方便管理和控制复杂的图形，提供了图层管理图形。由于一个完整的建筑图形是由多个图元组成的，为了方便管理这些单个的图元，我们将这些图元分别创建在不同的图层，然后组成一个完整的图形，从而便于管理、编辑图形。

5.1 建筑图层通用规则

建筑图绘制有自己的绘制方法和标准，下面介绍基本的建筑图图层和图面的控制规范。

5.1.1 图层控制规范

一般的，在 AutoCAD 当中，图层名称、颜色和线号都有固定的模式标准，如表 5-1 所示为约定俗成的规范，如无特殊要求，一般使用如下标准。

表 5-1 图层规范(一)

图层名称	定 义	线 号	颜 色	备 注
0		7	白色	辅助作图层
AXIS	轴线尺寸	1	红色	轴线尺寸标注
AXIS_TEXT	轴号	1	红色	轴号
DOTE	轴线	1	红色	辅助作图层
COLUMN	柱	7	白色	实心柱，空心柱
PUB_DIM	公共标注层	1	红色	尺寸标注，文字引线
PUB_HATCH	公共填充层	8	深灰	填充图案
PUB_TEXT	公共文字层	1	红色	文字
STAIR	楼梯层	3	绿色	室外散水，斜坡
DOOR	门层	4	湖蓝色	所有门
WINDOW	窗层	4	湖蓝色	所有窗
WALL	墙线层	7	白色	包括间墙，阳台，管道间
WLL1	辅助墙线层	2	黄色	包括间墙，管道间
WLL2	辅助墙线层	4	黄色	包括玻璃间墙，屏风
TK	图框层	4	湖蓝色	
TK-TEXT	图框文字层	1	红色	

在建筑设计的其他方面，如平面布局、天花板和地板等的图层规范如表 5-2 所示。

表 5-2 图层规范(二)

图层名称	定 义	线 号	颜 色	备 注
1平—尺寸	平面尺寸层	1	红色	标注细部尺寸
1平—文字	平面文字层	1	红色	空间功能说明
1平—洁具	平面洁具层	6	粉色	厨房、卫生间
1平—栏杆	平面栏杆层	5	蓝色	走廊或楼梯栏杆

续表

图层名称	定　义	线　号	颜　色	备　注
1平—地面	平面地花层	1	红色	地面材料拼缝
1平—家具	平面家具层	5	蓝色	
索引	文字标注引线	1	红色	
地—界限	地面材料分界层	6	粉色	
地—地材填充	辅助填充层	8	灰色	
地—文字	地材文字标注	1	红色	
天—灯具	天花灯具层	6	粉色	
天—设备、空调	天花设备、空调	6	粉色	天花排气扇、空调风口
天—造型	天花外轮廓线	5	蓝色	
天—尺寸	天花细部尺寸标注	1	红色	
天—文字	天花文字标注	1	红色	
制位—文字	配电箱文字说明	1	红色	
制位—线位	配电箱	2	黄色	
Equip	插座	6	粉色	
Wire	电源线	7	白色	
给排水—水位	水管线条	2	黄色	
给排水—文字	水管文字编号	1	红色	

建筑立面和剖面有特定的图层规范，如表 5-3 所示。

表 5-3　图层规范(三)

图层名称	定　义	线　号	颜　色
立—elev1	立面墙线	7	白色
立—elev2	立面天花轮廓线	2	黄色
立—elev3	立面柱角、墙角转角线	2	黄色
立—elev4_dim	立面尺寸标注	1	红色
立—elev5_txt	立面标注引线及文字说明	1	红色
立—elev5_lscape	立面填充	8	灰色
立—家具	立面家具	3	绿色
剖—sect1	剖面墙线	7	白色
剖—sect2	剖面天花轮廓线	2	黄色
剖—sect3	剖面柱角、墙角转角线	2	黄色
剖—sect4_dim	剖面尺寸标注	1	红色
剖—sect5_txt	剖面标注引线及文字说明	1	红色
剖—sect5_lscape	剖面填充	8	灰色

5.1.2 图面控制规范

不同的建筑结构有不同的线条样式和颜色，如表 5-4 所示为样式图例和规范。

表 5-4 线条样式和规范

线条样式	名 称	颜 色	备 注
	粗实线	7	结构剖断线或某细部，墙线
	中实线	2、5、6	立面、家具、外轮廓线
	细实线	1、3、4	尺寸线、地面填充、拼缝等
	虚线	(8)灰色	表示被遮的折体或不可见轮廓，立面中门开启方向
	长点划线	11	柱、墙轴线、中心线等
	短点划线	(1)红色	标示活动设备
	二点划线	(1)红色	可弹性使用
	粗虚线	(1)红色	卷帘、防火帘
	截断线	(1)红色	断开面

在文字的高度及标注方面，也有一般的规范，如表 5-5 所示为文字高度规范，其中 S 表示当前比例，H 表示高度，R 表示半径。

表 5-5 文字规范

材料标注文字、数字、字母	H=S×3
尺寸标注	H=S×3
图名	H=S×3
索引标志	R=S×5
文字底线	W=S×1

在后期打印中，也有相对的规范，如表 5-6 所示为打印的线宽规范。

表 5-6 打印线宽规范

颜 色	英文名称	线 宽
红	(1)RED	0.1
黄	(2)YELLOW	0.27
绿	(3)GREEN	0.05
湖蓝	(4)CYAN	0.05
蓝	(5)BLUE	0.22
粉	(6)MAGENTA	0.15
白	(7)WHITE	0.4
灰	(8,9)	0.05
其他		0.05

5.2 新 建 图 层

在这一节里，我们将介绍创建新图层的方法，在图层创建的过程中涉及图层的命名、图层颜色、线型和线宽的设置。

图层可以具有颜色、线型和线宽等特性。如果某个图形对象的这几种特性均设为"ByLayer(随层)"，则各特性与其所在图层的特性保持一致，并且可以随着图层特性的改变而改变。例如图层"Center"的颜色为"黄色"，在该图层上绘有若干直线，其颜色特性均为"ByLayer"，则直线颜色也为黄色。

5.2.1 创建图层

在绘图设计中，用户可以为设计概念相关的一组对象创建和命名图层，并为这些图层指定通用特性。对于一个图形可创建的图层数和在每个图层中创建的对象数都是没有限制的，只要将对象分类并置于各自的图层中，即可方便、有效地对图形进行编辑和管理。

通过创建图层，可以将类型相似的对象指定给同一个图层使其相关联。例如，可以将构造线、文字、标注和标题栏置于不同的图层上，然后进行控制。本小节就来讲述如何创建新图层。

创建图层的具体步骤如下。

(1) 在【默认】选项卡中的【图层】面板中单击【图层特性】按钮，将打开【图层特性管理器】对话框，图层列表中将自动添加名称为"0"的图层，所添加的图层呈被选中即高亮显示状态。

(2) 在【名称】列为新建的图层命名。图层名最多可包含 255 个字符，其中包括字母、数字和特殊字符，如"￥"符号等，但图层名中不可包含空格。

(3) 如果要创建多个图层，可以多次单击【新建图层】按钮，并以同样的方法为每个图层命名，按名称的字母顺序来排列图层，创建完成的图层如图 5-1 所示。

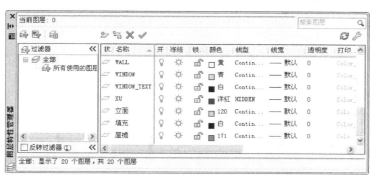

图 5-1 创建完成的图层

每个新图层的特性都被指定为默认设置，即在默认情况下，新建图层与当前图层的状态、颜色、线型、线宽等设置相同。当然用户既可以使用默认设置，也可以给每个图层指定新的颜色、线型、线宽和打印样式，其概念和操作将在后面的讲解中涉及。

在绘图过程中，为了更好地描述图层，用户还可以随时对图层进行重命名，但对于图层 0

和依赖外部参照的图层不能重命名。

5.2.2 图层管理器细节

【图层特性管理器】对话框用来显示图形中的图层列表及其特性。在 AutoCAD 中，使用【图层特性管理器】对话框不仅可以创建图层，设置图层的颜色、线型和线宽，还可以对图层进行更多的设置与管理，如图层的切换、重命名、删除及图层的显示控制、修改图层特性或添加说明。利用以下 3 种方法中的任意一种方法都可以打开【图层特性管理器】对话框。

- 单击【图层】面板中的【图层特性】按钮圖。
- 在命令输入行输入 layer 命令后按 Enter 键。
- 在菜单栏中选择【格式】|【图层】菜单命令。

【图层特性管理器】对话框如图 5-2 所示。

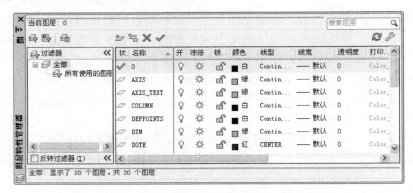

图 5-2　【图层特性管理器】对话框

【图层特性管理器】对话框的各项功能如下。

【新建特性过滤器】按钮圖：显示【图层过滤器特性】对话框，从中可以基于一个或多个图层特性创建图层过滤器。

【新建组过滤器】按钮圖：用来创建一个图层过滤器，其中包含用户选定并添加到该过滤器的图层。

【图层状态管理器】按钮圖：显示【图层状态管理器】对话框，从中可以将图层的当前特性设置保存到命名图层状态中，以后可以再恢复这些设置。

【新建图层】按钮圖：用来创建新图层。列表中将显示名为"图层 1"的图层。该名称处于选中状态，从而用户可以直接输入一个新图层名。新图层将继承图层列表中当前选定图层的特性(颜色、开/关状态等)。

【在所有视口中都被冻结的新图层视口】按钮圖：创建新图层，然后在所有现有布局视口中将其冻结。

【删除图层】按钮×：用来删除已经选定的图层。但是只能删除未被参照的图层，参照图层包括图层 0 和 DEFPOINTS、包含对象(包括块定义中的对象)的图层、当前图层和依赖外部参照的图层。局部打开图形中的图层也被视为参照并且不能被删除。

注 意

如果处理的是共享工程中的图形或基于一系列图层标准的图形，删除图层时要特别小心。

【置为当前】按钮 ✔：用来将选定图层设置为当前图层。用户创建的对象将被放置到当前图层中。

【当前图层】：显示当前图层的名称。

【搜索图层】：当输入字符时，按名称快速过滤图层列表。关闭图层特性管理器时并不保存此过滤器。

状态行：显示当前过滤器的名称、列表图中所显示图层的数量和图形中图层的数量。

【反转过滤器】复选框：显示所有不满足选定图层特性过滤器中条件的图层。

【图层特性管理器】对话框中还有两个窗格。

- 树状图：显示图形中图层和过滤器的层次结构列表。顶层节点"全部"显示了图形中的所有图层。过滤器按字母顺序显示。"所有使用的图层"过滤器是只读过滤器。
- 列表图：显示图层和图层过滤器状态及其特性和说明。如果在树状图中选定了某一个图层过滤器，则列表图仅显示该图层过滤器中的图层。树状图中的"所有"过滤器用来显示图形中的所有图层和图层过滤器。当选定了某一个图层特性过滤器且没有符合其定义的图层时，列表图将为空。用户可以使用标准的键盘选择方法。要修改选定过滤器中某一个选定图层或所有图层的特性，可以单击该特性的图标。当图层过滤器中显示了混合图标或"多种"时，表明在过滤器的所有图层中，该特性互不相同。

5.2.3 图层颜色

图层颜色也就是为选定图层指定颜色或修改颜色。颜色在图形中具有非常重要的作用，可用来表示不同的组件、功能和区域。图层的颜色实际上是图层中图形对象的颜色，每个图层都拥有自己的颜色，对不同的图层既可以设置相同的颜色，也可以设置不同的颜色，所以对于绘制复杂图形时就可以很容易区分图形的各个部分。

当我们要设置图层颜色时，可以通过以下几种方式。

(1) 在【视图】选项卡中的【选项板】面板中单击【特性】按钮 ，打开【特性】面板(见图 5-3)，在【常规】选项组中的【颜色】下拉列表框中选择需要的颜色。

(2) 在【图层特性管理器】对话框中设置，选中要指定修改颜色的图层，单击其【颜色】图标，即可打开【选择颜色】对话框，如图 5-4 所示。

图 5-3 【特性】面板

图 5-4 【选择颜色】对话框

下面介绍图 5-4 中的 3 种颜色模式。

索引颜色模式，也叫作映射颜色。在这种模式下，只能存储一个 8bit 色彩深度的文件，即最多 256 种颜色，而且颜色都是预先定义好的。一幅图像所有的颜色都在它的图像文件里定义，也就是将所有色彩映射到一个色彩盘里，这就叫色彩对照表。因此，当打开图像文件时，色彩对照表也一同被读入了 Photoshop 中，Photoshop 由色彩对照表找到最终的色彩值。若要转换为索引颜色，必须从每通道 8 位的图像以及灰度或 RGB 图像开始。通常索引颜色模式用于保存 GIF 格式等网络图像。

索引颜色是 AutoCAD 中使用的标准颜色。每一种颜色用一个 AutoCAD 颜色索引编号 (1～255 之间的整数)标识。标准颜色名称仅适用于 1～7 号颜色。颜色指定如下：1 红、2 黄、3 绿、4 青、5 蓝、6 洋红、7 白/黑。

真彩色(true-color)是指图像中的每个像素值都分成 R、G、B 三个基色分量，每个基色分量直接决定其基色的强度，这样产生的色彩称为真彩色。例如图像深度为 24，用 R：G：B=8：8：8 来表示色彩，则 R、G、B 各占用 8 位来表示各自基色分量的强度，每个基色分量的强度等级为 2^8=256 种。图像可容纳 2^{24} 种色彩。这样得到的色彩可以反映原图的真实色彩，故称真彩色。如果使用 HSL 颜色模式，则可以指定颜色的色调、饱和度和亮度要素。

真彩色图像把颜色的种类提高了一大步，它为制作高质量的彩色图像带来了不少便利。真彩色也可以说是 RGB 的另一种叫法。从技术程度上来说，真彩色是指写到磁盘上的图像类型。而 RGB 颜色是指显示器的显示模式。不过这两个术语常常被当作同义词，因为从结果上来看它们是一样的，都有同时显示 16 余万种颜色的能力。RGB 图像是非映射的，它可以从系统的颜色表中自由获取所需的颜色，这种颜色直接与 PC 上显示颜色对应。

配色系统包括几个标准 Pantone 配色系统，也可以输入其他配色系统，例如 DIC 颜色指南或 RAL 颜色集。输入用户定义的配色系统可以进一步扩充可供使用的颜色选择。这种模式需要具有很深的专业色彩知识，所以在实际操作中不必使用。

我们根据需要在对话框的不同选项卡中选择需要的颜色，然后单击【确定】按钮，应用选择颜色。

(3) 在【默认】选项卡【特性】面板中的【选择颜色】下拉列表 ByLayer 中选择系统自定的几种颜色或自定义颜色。

注　意

如果 AutoCAD 系统的背景色设置为白色，则"白色"颜色显示为黑色。

5.2.4　图层线型

线型是指图形基本元素中线条的组成和显示方式，如虚线和实线等。在 AutoCAD 中既有简单线型，也有由一些特殊符号组成的复杂线型，以满足不同国家或行业标准的要求。

在图层中绘图时，使用线型可以有效地传达视觉信息。它是由直线、横线、点或空格等组合成的不同图案。给不同图层指定不同的线型，可达到区分线型的目的。如果为图形对象指定某种线型，则对象将根据此线型的设置进行显示和打印。

在【图层特性管理器】对话框中选择一个图层，然后在【线型】列单击与该图层相关联的线型，打开【选择线型】对话框，如图 5-5 所示。

用户可以从该对话框的列表中选择一种线型，也可以单击【加载】按钮，打开【加载或重载线型】对话框，如图 5-6 所示。

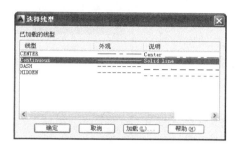

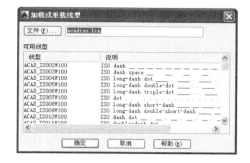

图 5-5　【选择线型】对话框　　　　　　图 5-6　【加载或重载线型】对话框

在该对话框中选择要加载的线型，单击【确定】按钮，所加载的线型即可显示在【选择线型】对话框中，用户可以从中选择需要的线型，最后单击【确定】按钮，关闭【选择线型】对话框。

在设置线型时，也可以采用其他途径。

(1) 在【视图】选项卡中的【选项板】面板中单击【特性】按钮 ，打开【特性】面板，在【常规】选项组的【线型】下拉列表框中选择线的类型。

在这里我们需要知道一些"线型比例"的知识。通过全局修改或单个修改每个对象的线型比例因子，可以以不同的比例使用同一个线型。

在默认情况下，全局线型和单个线型比例均设置为 1.0。比例越小，每个绘图单位中生成的重复图案就越多。例如，设置为 0.5 时，每一个图形单位在线型定义中显示重复两次的同一图案。不能显示完整线型图案的短线段显示为连续线。对于太短，甚至不能显示一个虚线小段的线段，可以使用更小的线型比例。

(2) 也可以在【特性】面板的【选择线型】下拉列表框 中选择。

ByLayer(随层)：逻辑线型，表示对象与其所在图层的线型保持一致。

ByBlock(随块)：逻辑线型，表示对象与其所在块的线型保持一致。

Continuous(连续)：连续的实线。

当然，用户可使用的线型远不止这几种。AutoCAD 系统提供了线型库文件，其中包含了数十种的线型定义。用户可随时加载该文件，并使用其定义各种线型。如果这些线型仍不能满足用户的需要，则用户可以自行定义某种线型，并在 AutoCAD 中使用。

关于线型应用的几点说明如下。

- 当前线型：如果某种线型被设置为当前线型，则新创建的对象(文字和插入的块除外)将自动使用该线型。
- 线型的显示：可以将线型与所有 AutoCAD 对象相关联，但是它们不随同文字、点、视口、参照线、射线、三维多段线和块一起显示。如果一条线过短，不能容纳最小的点划线序列，则显示为连续的直线。
- 如果图形中的线型显示过于紧密或过于疏松，用户可设置比例因子来改变线型的显示比例。改变所有图形的线型比例，可使用全局比例因子；而对于个别图形的修改，则应使用对象比例因子。

5.2.5 图层线宽

线宽设置就是改变线条的宽度，可用于除 TrueType 字体、光栅图像、点和实体填充(二维实体)之外的所有图形对象，通过更改图层和对象的线宽设置来更改对象显示于屏幕和纸面上的宽度特性。在 AutoCAD 中，使用不同宽度的线条表现对象的大小或类型，可以提高图形的表达能力和可读性。如果为图形对象指定线宽，则对象将根据此线宽的设置进行显示和打印。

在【图层特性管理器】对话框中选择一个图层，然后在【线宽】列单击与该图层相关联的线宽，打开【线宽】对话框，如图 5-7 所示。

用户可以从中选择合适的线宽，单击【确定】按钮退出【线宽】对话框。

图 5-7 【线宽】对话框

在 AutoCAD 中可用的线宽预定义值包括 0.00mm、0.05mm、0.09mm、0.13mm、0.15mm、0.18mm、0.20mm、0.25mm、0.30mm、0.35mm、0.40mm、0.50mm、0.53mm、0.60mm、0.70mm、0.80mm、0.90mm、1.00mm、1.06mm、1.20mm、1.40mm、1.58mm、2.00mm 和 2.11mm 等。

同理在设置线宽时，也可以采用其他途径。

(1) 在【视图】选项卡的【选项板】面板中单击【特性】按钮，打开【特性】面板，在【常规】选项组的【线宽】下拉列表框中选择线的宽度。

(2) 也可以在【特性】面板的【选择线宽】下拉列表框中选择。

ByLayer(随层)：逻辑线宽，表示对象与其所在图层的线宽保持一致。

ByBlock(随块)：逻辑线宽，表示对象与其所在块的线宽保持一致。

【默认】：创建新图层时的默认线宽设置，其默认值为 0.25mm(0.01")。

关于线宽应用的几点说明如下。

- 如果需要精确表示对象的宽度，应使用指定宽度的多段线，而不要使用线宽。
- 如果对象的线宽值为 0，则在模型空间显示为 1 个像素宽，并将以打印设备允许的最细宽度打印。如果对象的线宽值为 0.25mm(0.01")或更小，则将在模型空间中以 1 个像素显示。
- 具有线宽的对象以超过一个像素的宽度显示时，可能会增加 AutoCAD 的重生成时间，因此关闭线宽显示或将显示比例设成最小可优化显示性能。

> **注 意**
>
> 图层特性(如线型和线宽)可以通过【图层特性管理器】对话框和【特性】面板来设置，但对重命名图层来说，只能在【图层特性管理器】对话框中修改，而不能在【特性】面板中修改。

对于块引用所使用的图层也可以进行保存和恢复，但外部参照的保存图层状态不能被当前图形所使用。如果使用 wblock 命令创建外部块文件，则只有在创建时选择 Entire Drawing(整个图形)选项，才能将保存的图层状态信息包含在内，并且仅涉及那些含有对象的图层。

5.3　修改图层属性

图层管理包括图层的创建、图层过滤器的命名、图层的保存、恢复等。下面将对图层的管理进行详细的讲解。

5.3.1　命名图层过滤器

绘制一个图形时，可能需要创建多个图层，当只需列出部分图层时，通过【图层特性管理器】对话框的过滤图层设置，可以按一定条件对图层进行过滤，最终只列出满足要求的部分图层。

在过滤图层时，可依据图层名称、颜色、线型、线宽、打印样式或图层的可见性等条件过滤图层。这样，可以更加方便地选择或清除具有特定名称或特性的图层。

单击【图层特性管理器】对话框中的【新建特性过滤器】按钮，打开【图层过滤器特性】对话框，如图 5-8 所示。

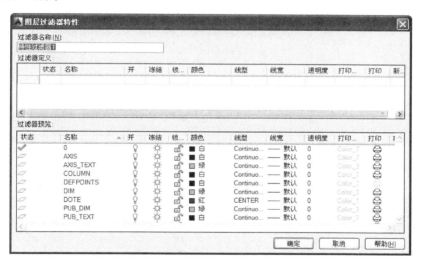

图 5-8　【图层过滤器特性】对话框

在该对话框中可以选择或输入图层状态、特性设置，包括状态、名称、开、冻结、锁定、颜色、线型、线宽、打印样式、打印、新视口冻结等。

【过滤器名称】文本框：提供用于输入图层特性过滤器名称的空间。

【显示样例】按钮：显示了图层特性过滤器定义样例。

【过滤器定义】列表：显示图层特性。可以使用一个或多个特性定义过滤器。例如，可以将过滤器定义为显示所有红色或蓝色且正在使用的图层。若用户想要包含多种颜色、线型或线宽，可以在下一行复制该过滤器，然后选择一种不同的设置。

【过滤器预览】列表：显示根据用户定义进行过滤的结果。它显示选定此过滤器后将在图层特性管理器的图层列表中显示的图层。

如果在【图层特性管理器】对话框中启用【反转过滤器】复选框，则可反向过滤图层。这样，可以方便地查看未包含某个特性的图层。使用图层过滤器的反转功能，可只列出被过滤的图层。例如，如果图形中所有的场地规划信息均包括在名称中包含字符 site 的多个图层中，则可以先创建一个以名称(*site*)过滤图层的过滤器定义，然后使用"反向过滤器"选项。这样，该过滤器就包括了除场地规划信息以外的所有信息。

5.3.2 删除图层

可以通过从【图层特性管理器】对话框中删除图层来从图形中删除不使用的图层。但是只能删除未被参照的图层。被参照的图层包括图层 0 及 Defpoints、包含对象(包括块定义中的对象)的图层、当前图层和依赖外部参照的图层。其操作步骤如下。

在【图层特性管理器】对话框中选择图层，单击【删除图层】按钮×，如图 5-9 所示，则选定的图层被删除，效果如图 5-10 所示。继续单击【删除图层】按钮×，可以连续删除不需要的图层。

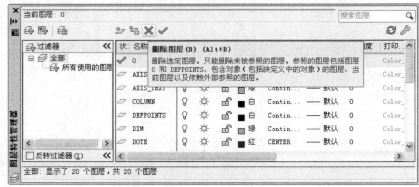

图 5-9　选择图层后单击【删除图层】按钮

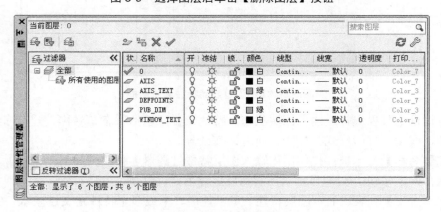

图 5-10　删除图层后的图层状态

5.3.3 设置当前图层

绘图时，新创建的对象将置于当前图层上。当前图层可以是默认图层(0)，也可以是用户自己创建并命名的图层。通过将其他图层置为当前图层，可以从一个图层切换到另一个图层；随后创建的任何对象都与新的当前图层关联并采用其颜色、线型和其他特性。但是不能将冻结的图层或依赖外部参照的图层设置为当前图层。其操作步骤如下。

在【图层特性管理器】对话框中选择图层，单击【置为当前】按钮 ✔，则选定的图层被设置为当前图层。

5.3.4 保存、恢复、管理图层状态

可以通过单击【图层特性管理器】对话框中的【图层状态管理器】按钮 🖳，打开【图层状态管理器】对话框，该对话框可以用来保存、恢复和管理命名图层状态，如图 5-11 所示。

下面介绍【图层状态管理器】对话框中的各项功能。

【图层状态】列表框：列出了保存在图形中的命名图层状态、保存它们的空间及可选说明等。

【新建】按钮：单击此按钮，显示【要保存的新图层状态】对话框，如图 5-12 所示，从中可以输入新命名图层状态的名称和说明。

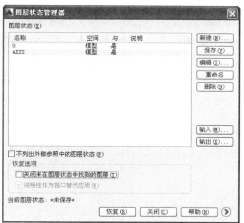

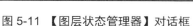

图 5-11 【图层状态管理器】对话框　　　图 5-12 【要保存的新图层状态】对话框

【保存】按钮：单击此按钮，保存选定的命名图层状态。

【编辑】按钮：单击此按钮，显示【编辑图层状态】对话框，如图 5-13 所示，从中可以修改选定的命名图层状态。

【重命名】按钮：单击此按钮，在位编辑图层状态名。

【删除】按钮：单击此按钮，删除选定的命名图层状态。

【输入】按钮：单击此按钮，显示【输入图层状态】对话框，从中可以将上一次输出的图层状态(LAS)文件加载到当前图形。输入图层状态文件可能导致创建其他图层。

【输出】按钮：单击此按钮，显示【输出文件状态】对话框，从中可以将选定的命名图层状态保存到图层状态(LAS)文件中。

【不列出外部参照中的图层状态】复选框：控制是否显示外部参照中的图层状态。

【恢复选项】选项组：指定恢复选定命名图层状态时所要恢复的图层状态设置和图层特性。

【关闭未在图层状态中找到的图层】复选框：用于恢复命名图层状态时，关闭未保存设置

的新图层，以便图形的外观与保存命名图层状态时一样。

【将特性作为视口替代应用】复选框：视口替代将恢复为恢复图层状态时为当前的视口。

【恢复】按钮：将图形中所有图层的状态和特性设置恢复为先前保存的设置。仅恢复保存该命名图层状态时选定的那些图层状态和特性设置。

【关闭】按钮：关闭【图层状态管理器】对话框并保存所做更改。

单击【更多恢复选项】按钮，打开如图 5-14 所示的【图层状态管理器】对话框，以显示更多的恢复设置选项。

图 5-13 【编辑图层状态】对话框

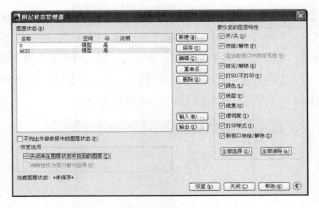

图 5-14 【图层状态管理器】对话框

【要恢复的图层特性】选项组：指定恢复选定命名图层状态时所要恢复的图层状态设置和图层特性。在【模型】选项卡上保存命名图层状态时，【在当前视口中的可见性】和【新视口冻结/解冻】复选框不可用。

【全部选择】按钮：选择所有设置。

【全部清除】按钮：从所有设置中删除选定设置。

单击【更少恢复选项】按钮，打开如图 5-11 所示的【图层状态管理器】对话框，以显示更少的恢复设置选项。

图层在实际应用中有极大优势。当一幅图过于复杂或图形中各部分干扰较大时，可以按一定的原则将一幅图分解为几个部分，然后分别将每一部分按照相同的坐标系和比例画在不同的层中，最终组成一幅完整的图形。当需要修改其中某一部分时，只需要将要修改的图层抽取出来单独进行修改，而不会影响到其他部分。在默认情况下，对象是按照创建时的次序进行绘制的。但在某些特殊情况下，如两个或更多对象相互覆盖时，常需要修改对象的绘制和打印顺序来保证正确的显示和打印输出。AutoCAD 提供了 draworder 命令来修改对象的次序，该命令提示如下。

```
命令：draworder
选择对象：找到 1 个
选择对象：
输入对象排序选项 [对象上(A)/对象下(U)/最前(F)/最后(B)] <最后>：B
```

该命令各选项的作用如下。

- 最前：将选定的对象移到图形次序的最前面。
- 最后：将选定的对象移到图形次序的最后面。
- 对象上：将选定的对象移动到指定参照对象的上面。
- 对象下：将选定的对象移动到指定参照对象的下面。

如果我们一次选中多个对象进行排序，则被选中对象之间的相对显示顺序并不改变，而只改变与其他对象的相对位置。

5.4 设计范例——图层的应用

本范例源文件：/05/5-1.dwg

本范例完成文件：/05/5-2.dwg

多媒体教学路径：光盘→多媒体教学→第 5 章

5.4.1 实例介绍与展示

本章的设计范例介绍图层的应用，包括新建图层、修改图层的一些过程，下面进行具体讲解。应用的建筑立面图，如图 5-15 所示。

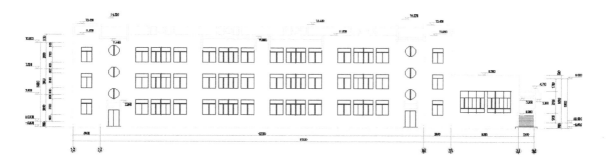

图 5-15　建筑立面图

5.4.2 添加新图层

步骤 01　图层特性

① 打开 5-1.dwg 文件，单击【默认】选项卡中【图层】面板上的【图层特性】按钮，打开【图层特性管理器】对话框，如图 5-16 所示。

② 单击【图层特性管理器】对话框中【新建图层】按钮，图层列表中自动添加名称为【图层 1】的图层，在【名称】列输入新建的图层名称为"墙面"，如图 5-17 所示。

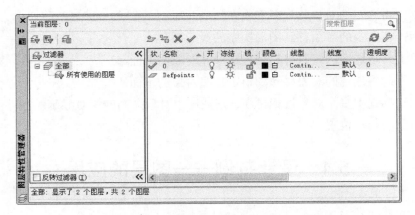

图 5-16 【图层特性管理器】对话框

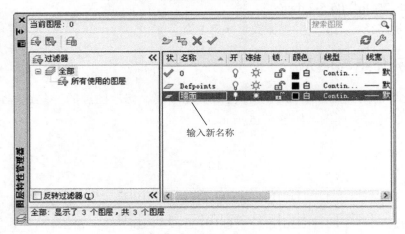

图 5-17 新建图层

③ 选择【墙面】图层，单击【颜色】图标，打开【选择颜色】对话框，输入颜色为 41，如图 5-18 所示。然后单击【确定】按钮。

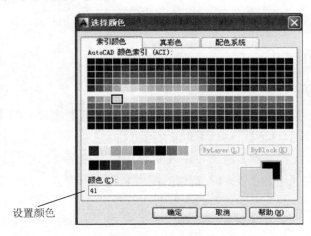

图 5-18 【选择颜色】对话框

④新建图层并更改名称和颜色，依次是【窗户】颜色为 154，【墙线】颜色为 61，【标注线】颜色为【绿】，【文字】颜色为【白】，【开门线】颜色为 8，如图 5-19 所示。

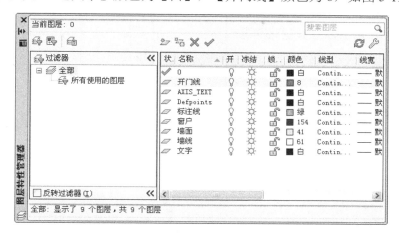

图 5-19　新建、更改图层特性

步骤 02　更改图层
将图形依次改为相应图层，效果如图 5-20 所示。

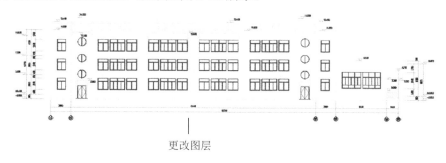

图 5-20　更改图层

5.4.3　更改线型

步骤 01　选择加载文字线型
①单击【图层特性管理器】对话框中【新建图层】按钮 ，打开【图层特性管理器】对话框，单击【文字层】图层中的线型，打开【选择线型】对话框，如图 5-21 所示。
②单击【加载】按钮，打开【加载或重载线型】对话框，选择 DASHDOT 线型，如图 5-22 所示。

步骤 02　选择线型
①单击【确定】按钮，选择门的开启线，按 Ctrl+1 快捷键，打开【特性】对话框，如图 5-23 所示。
②在【线型】下拉列表框中选择 DASHDOT 线型，如图 5-24 所示。

图 5-21 【选择线型】对话框

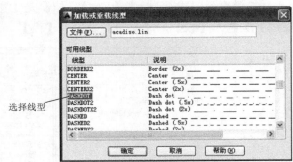

图 5-22 【加载或重载线型】对话框

图 5-23 【特性】对话框

图 5-24 选择线型

步骤 03 更改线型

图层设置完成后的效果，如图 5-25 所示。

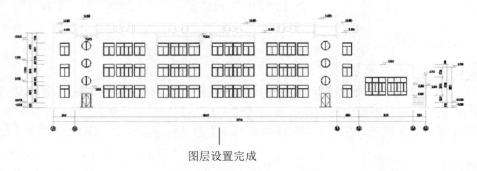

图层设置完成

图 5-25 图层设置完成

5.5　本　章　小　结

　　本章主要介绍了建筑绘图当中图层的运用方法，包括图层的新建和修改。通过范例的详细介绍，用户应该熟练掌握图层的运用方法，这样在绘图当中使用起来才会得心应手。

第6章

建筑图面域与图案填充的应用

在 AutoCAD 中，面域指的是具有边界的平面区域，它是一个面对象，内部可以包含孔。从外观来看，面域和一般的封闭线框没有区别，但实际上面域就像是一张没有厚度的纸，除了包括边界外，还包括边界内的平面。

图案填充则是一种使用指定线条图案来充满指定区域的图形对象，常常用于表达剖切面和不同类型物体对象的外观纹理等，被广泛应用在绘制机械图、建筑图及地质构造图等各类图形中。

6.1 建筑图面域应用

在 AutoCAD 2014 中，用户可以将由某些对象围成的封闭区域转换为面域。这些封闭区域可以是圆、椭圆、封闭的二维多段线或封闭的样条曲线等对象，也可以是由圆弧、直线、二维多段线、椭圆弧、样条曲线等对象构成的封闭区域。

6.1.1 创建面域

选择【绘图】|【面域】菜单命令，或在命令输入行输入 region 命令，或在【绘图】工具栏中单击【面域】按钮 ◎ ，可以将图形转化为面域。执行 REGION 命令后，AutoCAD 提示如下。

选择对象：

用户在选择要将其转换为面域的对象后，按 Enter 键即可将该图形转换为面域。

此外，用户还可以选择【绘图】|【边界】菜单命令，使用打开的如图 6-1 所示的【边界创建】对话框来定义面域。此时，若在该对话框的【对象类型】下拉列表框中选择【面域】选项，那么创建的图形将是一个面域，而不是边界。

在 AutoCAD 2014 中创建面域时，应注意以下几点。

● 面域总是以线框的形式显示，用户可以对面域进行复制、移动等编辑操作。

● 在创建面域时，如果系统变量 DELOBJ 的值为 1，AutoCAD 在定义了面域后将删除原始对象；如果 DELOBJ 的值为 0，则在定义面域后不删除原始对象。

● 如果要分解面域，可以选择【修改】|【分解】菜单命令，将面域的各个环转换成相应的线、圆等对象。

图 6-1 【边界创建】对话框

6.1.2 面域的布尔运算

布尔运算是数学上的一种逻辑运算。在 AutoCAD 中绘图时使用布尔运算，可以大大提高绘图效率，尤其是在绘制比较复杂的图形时。布尔运算的对象只包括实体和共面的面域，而对于普通的线条图形对象，则无法使用布尔运算。

在 AutoCAD 2014 中，用户可以对面域执行【并集】、【差集】及【交集】3 种布尔运算。各种运算效果如图 6-2 所示。

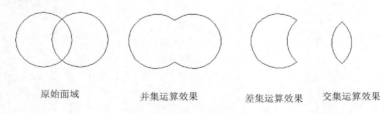

原始面域   并集运算效果   差集运算效果   交集运算效果

图 6-2 布尔运算

1．并集运算

选择【修改】|【实体编辑】|【并集】菜单命令，或在命令输入行中输入 UNION 命令，可以执行面域的并集运算。执行 UNION 命令后，AutoCAD 提示如下。

选择对象：

用户在选择需要进行并集运算的面域后按 Enter 键，AutoCAD 即可对所选择的面域执行并集运算，将其合并为一个图形。

2．差集运算

选择【修改】|【实体编辑】|【差集】菜单命令，或在命令输入行输入 subtract 命令，可以执行面域的差集运算，即使用一个面域减去另一个面域。执行 SUBTRACT 命令后，AutoCAD 提示如下。

选择要从中减去的实体或面域：
选择对象：

在选择要从中减去的实体或面域后按 Enter 键，AutoCAD 提示如下。

选择要减去的实体或面域：
选择对象：
选择要减去的实体或面域后按 Enter 键，AutoCAD 将从第一次选择的面域中减去第二次选择的面域。

3．交集运算

选择【修改】|【实体编辑】|【交集】菜单命令，或在命令输入行输入 intersect 命令，可以创建多个面域的交集，即各个面域的公共部分。只需在执行 intersect 命令后，选择要执行交集运算的面域，然后按 Enter 键即可。

利用面域的布尔运算，绘制如图 6-3 所示的面域。

(1) 在【绘图】工具栏中单击【圆】按钮⊘，在窗口中绘制一个半径为 90 的圆。

(2) 在【绘图】工具栏中单击【正多边形】按钮⌂，以所绘圆的圆心为中心点，创建一个内接于半径为 40 的圆的正八边形。

(3) 在【绘图】工具栏中单击【圆】按钮⊘，并在【对象捕捉】工具栏中单击【捕捉到象限点】按钮◈，然后将指针移动到圆上，当显示"象限点"提示时单击，从而以大圆的象限点为圆心，绘制一个半径为 25 的圆，如图 6-4 所示。

(4) 采用同样的方法，绘制其他几个圆，如图 6-5 所示。

(5) 选择【绘图】|【面域】菜单命令，并在绘图窗口中选择大圆和 5 个小圆，然后按 Enter 键，将其转换为面域。

(6) 选择【修改】|【实体编辑】|【差集】菜单命令，选择大圆作为要从中减去的面域，按 Enter 键后，依次单击 5 个小圆作为被减去的面域，然后再按 Enter 键，即可得到经过差集运算后的新面域，如图 6-3 所示。

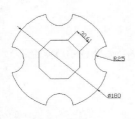

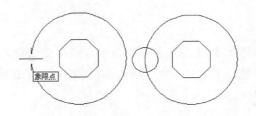

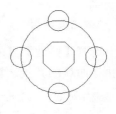

图 6-3　绘制面域　　　　　　　　　图 6-4　绘制圆　　　　　　　图 6-5　绘制圆

6.2　建筑图案填充应用

在 AutoCAD 中，图案填充是指用图案去填充图形中的某个区域，以表达该区域的特征。图案填充的应用非常广泛。例如，在机械工程图中，图案填充用于表达一个剖切的区域，并且不同的图案填充表达不同的零部件或者材料。

许多绘图软件都可以通过一个图案填充的过程填充图形的某些区域。AutoCAD 也不例外，它用图案填充来区分工程的部件或表现组成对象的材质。例如，对建筑装潢制图中的地面或建筑断层面用特定的图案填充来表现。

6.2.1　建立图案填充

在对图形进行图案填充时，可以使用预定义的填充图案，也可以使用当前线型定义简单的线图案，还可以创建更复杂的填充图案。有一种图案类型叫作实体，它使用实体颜色填充区域。

此外，还可以创建渐变填充。渐变填充在一种颜色的不同灰度之间或两种颜色之间使用过渡。　渐变填充提供光源反射到对象上的外观，可用于增强演示图形。

执行图案填充的方法如下。

● 单击【绘图】面板上的【图案填充】按钮。
● 在命令输入行中输入 bhatch 命令后按 Enter 键。
● 在菜单栏中，选择【绘图】|【图案填充】菜单命令。

执行此命令后，弹出【图案填充创建】选项卡，在其【选项】面板中单击【图案填充设置】按钮，将打开如图 6-6 所示的【图案填充和渐变色】对话框。在默认情况下对话框中显示【图案填充】选项卡。

此选项卡的作用是定义要应用的填充图案的外观。下面介绍其具体功能。

(1)【类型和图案】指定图案填充的类型和图案。

【类型】设置图案类型。用户定义的图案基于图形中的当前线型。自定义图案是在任何自定义 PAT 文件中定义的图案，这些文件已添加到搜索路径中。可以控制任何图案的角度和比例。

图 6-6 【图案填充和渐变色】对话框

预定义图案存储在产品附带的 acad.pat 或 acadiso.pat 文件中。
【类型】下拉列表框如图 6-7 所示。

图 6-7 【类型】下拉列表框

【图案】列出可用的预定义图案。最近使用的 6 个用户预定义
图案出现在列表顶部。 HATCH 将选定的图案存储在 HPNAME
系统变量中。只有将【类型】设置为【预定义】，该【图案】选项才可用。【图案】下拉列表
框如图 6-8 所示。

□按钮，显示【填充图案选项板】对话框，从中可以同时查看所有预定义图案的预览图像，
这将有助于用户做出选择，如图 6-9 所示。

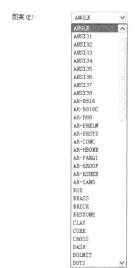

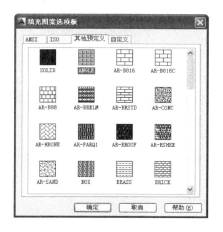

图 6-8 【图案】下拉列表框   图 6-9 【填充图案选项板】对话框

【填充图案选项板】对话框显示所有预定义和自定义图案的预览图像。此对话框在 4 个选项卡中组织图案，每个选项卡中的预览图像按字母顺序排列。单击要选择的填充图案，然后单击【确定】按钮。

ANSI 选项卡：显示产品附带的所有 ANSI 图案，如图 6-10 所示。

ISO 选项卡：显示产品附带的所有 ISO 图案，如图 6-11 所示。

图 6-10　ANSI 选项卡　　　　　　　　图 6-11　ISO 选项卡

【其他预定义】选项卡：显示产品附带的除 ISO 和 ANSI 之外的所有其他图案。

【自定义】选项卡：显示已添加到搜索路径(在【选项】对话框的【文件】选项卡上设置)中的自定义 PAT 文件列表。

【样例】显示选定图案的预览图像。可以单击【样例】以显示【填充图案选项板】对话框。选择 SOLID 图案后，可以单击右箭头显示颜色列表或【选择颜色】对话框。

【自定义图案】列出可用的自定义图案。6 个最近使用的自定义图案将出现在列表顶部。选定图案的名称存储在 HPNAME 系统变量中。只有在【类型】中选择了【自定义】，此选项才可用。

□按钮：显示【填充图案选项板】对话框，从中可以同时查看所有自定义图案的预览图像，这将有助于用户做出选择。

(2)　【角度和比例】指定选定填充图案的角度和比例。

【角度】指定填充图案的角度(相对当前 UCS 坐标系的 X 轴)。HATCH 将角度存储在 HPANG 系统变量中。【角度】下拉列表框如图 6-12 所示。

【比例】放大或缩小预定义或自定义图案。HATCH 将比例存储在 HPSCALE 系统变量中。只有将【类型】设置为【预定义】或【自定义】，此选项才可用。【比例】下拉列表框如图 6-13 所示。

【双向】对于用户定义的图案，将绘制第二组直线，这些直线与原来的直线成 90 度角，从而构成交叉线。只有在【图案填充】选项卡上将【类型】设置为【用户定义】时，此选项才可用。(HPDOUBLE 系统变量)

【相对图纸空间】相对于图纸空间单位缩放填充图案。使用此选项，可很容易地做到以适合于布局的比例显示填充图案。该选项仅适用于布局。

图 6-12　【角度】下拉列表框　　　　　图 6-13　【比例】下拉列表框

【间距】指定用户定义图案中的直线间距。HATCH 将间距存储在 HPSPACE 系统变量中。只有将【类型】设置为【用户定义】，此选项才可用。

【ISO 笔宽】基于选定笔宽缩放 ISO 预定义图案。只有将【类型】设置为【预定义】，并将【图案】设置为可用的 ISO 图案的一种，此选项才可用。

(3)　【图案填充原点】控制填充图案生成的起始位置。某些图案填充(例如砖块图案)需要与图案填充边界上的一点对齐。在默认情况下，所有图案填充原点都对应于当前的 UCS 原点。

【使用当前原点】使用存储在 HPORIGINMODE 系统变量中的设置。在默认情况下，原点设置为(0,0)。

【指定的原点】指定新的图案填充原点。单击此选项可使以下选项可用。

【单击以设置新原点】直接指定新的图案填充原点。

【默认为边界范围】基于图案填充的矩形范围计算出新原点。可以选择该范围的 4 个角点及其中心。(HPORIGINMODE 系统变量)

【存储为默认原点】将新图案填充原点的值存储在 HPORIGIN 系统变量中。

(4)　【边界】设置填充图形的边界。

【添加：拾取点】根据围绕指定点构成封闭区域的现有对象确定边界。对话框将暂时关闭，系统将会提示您拾取一个点。

　　拾取内部点或 [选择对象(S)/删除边界(B)]:

在要进行图案填充或填充的区域内单击，或者指定选项、输入 u 或 undo 命令放弃上一个选择，或按 Enter 键返回对话框。

使用【添加：拾取点】进行的图案填充如图 6-14 所示。

拾取内部点时，可以随时在绘图区域右击以显示包含多个选项的快捷菜单。

如果打开了【孤岛检测】，最外层边界内的封闭区域对象将被检测为孤岛。HATCH 使用此选项检测对象的方式取决于用户在对话框的其他选项区域选择的孤岛检测方法。

【添加：选择对象】根据构成封闭区域的选定对象确定边界。 对话框将暂时关闭，系统将会提示您选择对象。

　　选择对象或[拾取内部点(K)/删除边界(B)]:

选择定义图案填充或填充区域的对象，或者指定选项、输入 u 或 undo 命令放弃上一个选择，或按 Enter 键返回对话框。

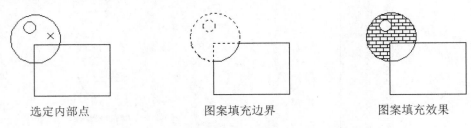

选定内部点　　　　　　图案填充边界　　　　　　图案填充效果

图 6-14　使用【添加：拾取点】进行的图案填充

使用【添加：选择对象】进行的图案填充如图 6-15 所示。

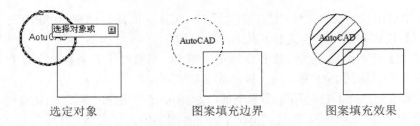

选定对象　　　　　　图案填充边界　　　　　　图案填充效果

图 6-15　使用【添加:选择对象】进行的图案填充

使用【添加：选择对象】时，HATCH 不会自动检测内部对象。用户必须选定边界内的对象，以按照当前的孤岛检测样式填充那些对象。

选定边界内的对象后图案填充效果如图 6-16 所示。

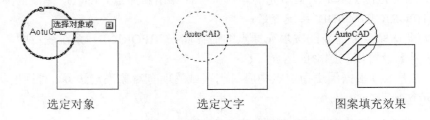

选定对象　　　　　　选定文字　　　　　　图案填充效果

图 6-16　选定边界内的对象后图案填充效果

每次单击【添加：选择对象】时，HATCH 都会清除上一个选择集。

选择对象时，可以随时在绘图区域右击以显示快捷菜单。可以利用此快捷菜单放弃最后一个或选定对象、更改选择方式、更改孤岛检测样式或预览图案填充或渐变填充。

【删除边界】从边界定义中删除以前添加的任何对象。

单击【删除边界】时，对话框将暂时关闭。命令输入行将提示如下。

　选择对象或 ［添加边界(A)］:选择要从边界定义中删除的对象、指定选项或按 ENTER 键返回对话框。

【重新创建边界】围绕选定的图案填充或填充对象创建多段线或面域，并使其与图案填充对象相关联(可选)。

单击【重新创建边界】时，对话框暂时关闭，命令输入行将提示如下。

输入边界对象类型 [面域(R)/多段线(P)] <当前>:输入 r 创建面域或输入 p 创建多段线
要重新关联图案填充与新边界吗？ [是(Y)/否(N)] <当前>:输入 y 或 n

【查看选择集】暂时关闭对话框，并使用当前的图案填充或填充设置显示当前定义的边界。如果未定义边界，则此选项不可用。

(5)【选项】控制几个常用的图案填充或填充选项。

【关联】控制图案填充或填充的关联。关联的图案填充或填充在用户修改其边界时将会更新。(HPASSOC 系统变量)

【创建独立的图案填充】控制当指定了几个独立的闭合边界时，是创建单个图案填充对象，还是创建多个图案填充对象。(HPSEPARATE 系统变量)

【绘图次序】为图案填充或填充指定绘图次序。图案填充可以放在所有其他对象之后、所有其他对象之前、图案填充边界之后或图案填充边界之前。(HPDRAWORDER 系统变量)
【绘图次序】下拉列表框如图 6-17 所示。

图 6-17 【绘图次序】下拉列表

(6)【继承特性】从其他图案填充对象指定图案填充或填充特性。HPINHERIT 将控制是由 HPORIGIN 还是由源对象来决定结果图案填充的图案填充原点。在选定图案填充要继承其特性的图案填充对象之后，可以在绘图区域中右击，并使用快捷菜单在【选择对象】和【拾取内部点】选项之间进行切换以创建边界。

单击【继承特性】时，对话框将暂时关闭，命令输入行将显示提示。

选择图案填充对象：在某个图案填充或填充区域内单击，以选择新的图案填充对象要使用其特性的图案填充。

(7)【预览】按钮：关闭对话框，并使用当前图案填充设置显示当前定义的边界。单击图形或按 Esc 键返回对话框。右击或按 Enter 键接受该图案填充。如果没有指定用于定义边界的点，或没有选择用于定义边界的对象，则此选项不可用。

如图 6-18 所示为【渐变色】选项卡。下面介绍【渐变色】选项卡中的内容。

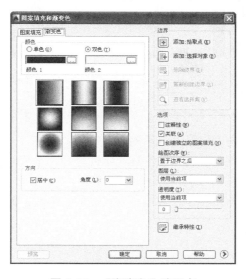

图 6-18 【渐变色】选项卡

① 【渐变色】选项卡定义要应用的渐变填充的外观。

【颜色】包含单色和双色渐变。

【单色】指定使用从较深着色到较浅色调平滑过渡的单色填充。选中【单色】单选按钮时，HATCH 将显示带有【浏览】按钮和【着色】与【渐浅】滑块的颜色样本。

【双色】指定在两种颜色之间平滑过渡的双色渐变填充。选中【双色】单选按钮时，HATCH 将分别为颜色 1 和颜色 2 显示带有浏览按钮的颜色样本。

【颜色样本】指定渐变填充的颜色。单击浏览按钮□，以显示【选择颜色】对话框，如图 6-19 所示。从中可以选择 AutoCAD 颜色索引(ACI)颜色、真彩色或配色系统颜色。 显示的默认颜色为图形的当前颜色。

② 【选择颜色】对话框，定义对象的颜色。可以从 255 种 AutoCAD 颜色即索引(ACI)颜色、真彩色和配色系统颜色中选择颜色。

【索引颜色】使用 255 种 AutoCAD 颜色索引(ACI)颜色指定颜色设置。

【真彩色】使用真彩色(24 位颜色)指定颜色设置【使用色调、饱和度和亮度(HSL)颜色模式或红、绿、蓝(RGB)颜色模式】。使用真彩色功能时，可以使用 1600 多万种颜色。【真彩色】选项卡上的可用选项取决于指定的颜色模式(HSL 或 RGB)。

【配色系统】使用第三方配色系统(例如 PANTONE[®])或用户定义的配色系统指定颜色。选择配色系统后，【配色系统】选项卡将显示选定配色系统的名称。

【着色】和【渐浅】滑块指定一种颜色的渐浅(选定颜色与白色的混合)或着色(选定颜色与黑色的混合)，用于渐变填充。

【渐变图案】显示用于渐变填充的 9 种固定图案。这些图案包括线性扫掠状、球状和抛物面状图案，如图 6-20 所示。

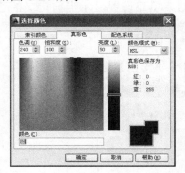

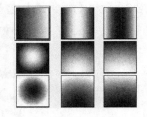

图 6-19 【选择颜色】对话框　　　　　　图 6-20 渐变图案

【方向】指定渐变色的角度以及其是否对称。

【置中】指定对称的渐变配置。如果没有选定此选项，渐变填充将朝左上方变化，创建光源在对象左边的图案。

【角度】指定渐变填充的角度。相对当前 UCS 指定角度。此选项与指定给图案填充的角度互不影响。

6.2.2 修改图案填充

可以修改填充图案和填充边界；也可以修改实体填充区域，使用的方法取决于实体填充区域是实体图案、二维实面，还是宽多段线或圆环；还可以修改图案填充的绘制顺序。

1. 控制填充图案密度

图案填充可以生成大量的线和点对象。尽管存储为图案填充对象，这些线和点对象使用磁盘空间并要花一定时间才能生成。 如果在填充区域时使用很小的比例因子，图案填充需要成千上万的线和点，因此要花很长时间完成并且很可能耗尽可用资源。通过限定单个 HATCH 命令创建的对象数，可以避免此问题。如果特定图案填充所需对象的大概数量(考虑边界范围、图案和比例)超过了此界限，HATCH 会显示一条信息，指明由于填充比例太小或虚线太短，此图案填充要求被拒绝。 如果出现这种情况，请仔细检查图案填充设置。 比例因子可能不合理，需要调整。

填充对象限制由存储在系统注册表中的 MaxHatch 环境设置设置。其默认值是 10000。 通过使用(setenv"MaxHatch" "n")设置 MaxHatch 系统注册表变量可以修改此界限，其中 n 是 100～10 000 000(一千万)之间的数字。

更改现有图案填充的填充特性有以下 3 种方法。

(1) 可以修改特定图案填充的特性，例如现有图案填充的图案、比例和角度。可以使用以下方式。

● 【图案填充编辑】对话框(建议)

● 【特性】选项板

(2) 可以将特性从一个图案填充复制到另一个图案填充。使用【图案填充编辑】对话框中的【继承特性】按钮，可以将所有特定图案填充的特性(包括图案填充原点)从一个图案填充复制到另一个图案填充。使用【特性匹配】对话框将基本特性和特定图案填充的特性(除了图案填充原点之外)从一个图案填充复制到另一个图案填充。

(3) 可以使用 EXPLODE 将图案填充分解为其部件对象。

2. 修改填充边界

图案填充边界可以被复制、移动、拉伸和修剪等。像处理其他对象一样，使用夹点可以拉伸、移动、旋转、缩放和镜像填充边界以及和它们关联的填充图案。如果所做的编辑保持边界闭合，关联填充会自动更新。如果编辑中生成了开放边界，图案填充将失去任何边界关联性，并保持不变。如果填充图案文件在编辑时不可用，则在编辑填充边界的过程中可能会失去关联性。

> **注 意**
>
> 如果修剪填充区域以在其中创建一个孔，则该孔与填充区域内的孤岛不同，且填充图案失去关联性。而要创建孤岛，请删除现有填充区域，用新的边界创建一个新的填充区域。此外，如果修剪填充区域而填充图案文件(PAT)文件不再可用，则填充区域将消失。

图案填充的关联性取决于是否在【图案填充和渐变色】和【图案填充编辑】对话框中启用【关联】复选框。当原边界被修改时，非关联图案填充将不被更新。

可以随时删除图案填充的关联，但一旦删除了现有图案填充的关联，就不能再重建。要恢复关联性，必须重新创建图案填充或者必须创建新的图案填充边界，并且边界与此图案填充关联。

要在非关联或无限图案填充周围创建边界，请在【图案填充和渐变色】对话框中使用【重新创建边界】选项。也可以使用此选项指定新的边界与此图案填充关联。

实体填充区域可以表示为：

- 图案填充(使用实体填充图案)
- 二维实体
- 渐变填充
- 宽多段线或圆环

修改这些实体填充对象的方式与修改任何其他图案填充、二维实面、宽多段线或圆环的方式相同。除了 PROPERTIES 外，还可以使用 HATCHEDIT 进行实体填充和渐变填充、为二维实面编辑夹点，使用 PEDIT 编辑宽多段线和圆环。

3. 修改图案填充的绘制顺序

编辑图案填充时，可以更改其绘制顺序，使其显示在图案填充边界后面、图案填充边界前面、所有其他对象后面或所有其他对象前面。

修改图案填充有以下几种方法。

- 在命令输入行中输入 hatchedit 命令后按 Enter 键。
- 在菜单栏中，选择【修改】|【对象】|【图案填充】菜单命令。
- 单击【修改】面板上的【编辑图案填充】按钮。

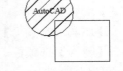

图 6-21　要进行图案填充修改的图形

下面对图 6-21 进行图案填充修改。

执行以上任意一种操作方法，都能打开如图 6-22 所示的【图案填充和渐变色】对话框。

图 6-22　【图案填充和渐变色】对话框

设置【样例】选项，打开如图 6-23 所示的【填充图案选项板】对话框，选择 CROSS 图案，单击【确定】按钮。将角度改为 15 度。

修改的图形如图 6-24 所示。

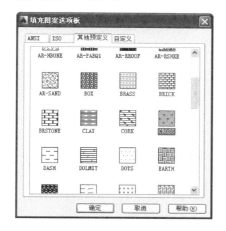

图 6-23　【填充图案选项板】对话框

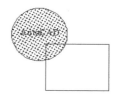

图 6-24　图案填充修改后的效果

6.3　设计范例——填充建筑剖面图

本范例完成文件：/06/6-1.dwg

多媒体教学路径：光盘→多媒体教学→第 6 章

6.3.1　实例介绍与展示

本章的设计范例介绍建筑图纸的图案填充设计方法。图案填充后的建筑剖面图如图 6-25 所示。

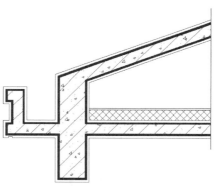

图 6-25　建筑剖面图

6.3.2　绘制建筑剖面图

步骤 01　绘制直线

单击【默认】选项卡中【绘图】面板上的【直线】按钮，绘制直线，如图 6-26 所示。命令输入行提示如下。

```
命令：_line
指定第一个点：
指定下一点或 [放弃(U)]： <正交 开> 3190
指定下一点或 [放弃(U)]： 1195
指定下一点或 [闭合(C)/放弃(U)]： 890
指定下一点或 [闭合(C)/放弃(U)]： 1195
指定下一点或 [闭合(C)/放弃(U)]： 1125
指定下一点或 [闭合(C)/放弃(U)]： 30
指定下一点或 [闭合(C)/放弃(U)]： 105
指定下一点或 [闭合(C)/放弃(U)]： 30
指定下一点或 [闭合(C)/放弃(U)]： 130
指定下一点或 [闭合(C)/放弃(U)]： 470
指定下一点或 [闭合(C)/放弃(U)]： 150
指定下一点或 [闭合(C)/放弃(U)]： 445
指定下一点或 [闭合(C)/放弃(U)]： 150
指定下一点或 [闭合(C)/放弃(U)]： 465
指定下一点或 [闭合(C)/放弃(U)]： 615
指定下一点或 [闭合(C)/放弃(U)]： 900
指定下一点或 [闭合(C)/放弃(U)]： 745
指定下一点或 [闭合(C)/放弃(U)]： 1230
指定下一点或 [闭合(C)/放弃(U)]：
```

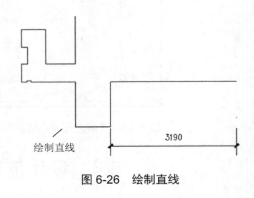

图 6-26　绘制直线

步骤 02 设置极轴追踪

单击【极轴追踪】按钮，右击并在弹出的快捷菜单中选择【设置】命令，打开【草图设置】对话框，切换到【极轴追踪】选项卡，启用【启用极轴追踪】复选框，设置【增量角】为 20，如图 6-27 所示。

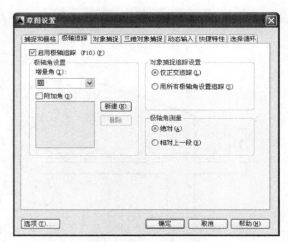

图 6-27　【草图设置】对话框参数设置

步骤 03 绘制直线

单击【默认】选项卡中【绘图】面板上的【直线】按钮，绘制直线，如图 6-28 所示。

步骤 04 偏移线条

① 单击【默认】选项卡中【修改】面板上的【偏移】按钮，选择直线，偏移距离为 480mm、890mm、510mm，如图 6-29 所示。命令输入行提示如下。

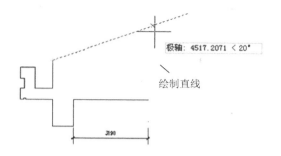

图 6-28　按照极轴追踪绘制直线

命令：_offset   \\使用偏移命令
当前设置：删除源=否　图层=源　OFFSETGAPTYPE=0   \\系统设置
指定偏移距离或 [通过(T)/删除(E)/图层(L)] <35.0000>：480   \\输入偏移距离
选择要偏移的对象，或 [退出(E)/放弃(U)] <退出>：   \\选择矩形下边线
指定要偏移的那一侧上的点，或 [退出(E)/多个(M)/放弃(U)] <退出>：   \\指定偏移一点
选择要偏移的对象，或 [退出(E)/放弃(U)] <退出>：   \\按 Enter 键结束
命令：_offset   \\使用偏移命令
当前设置：删除源=否　图层=源　OFFSETGAPTYPE=0   \\系统设置
指定偏移距离或 [通过(T)/删除(E)/图层(L)] <480.0000>：890   \\输入偏移距离
选择要偏移的对象，或 [退出(E)/放弃(U)] <退出>：   \\选择矩形下边线
指定要偏移的那一侧上的点，或 [退出(E)/多个(M)/放弃(U)] <退出>：   \\指定偏移一点
选择要偏移的对象，或 [退出(E)/放弃(U)] <退出>：   \\按 Enter 键结束
命令：_offset   \\使用偏移命令
当前设置：删除源=否　图层=源　OFFSETGAPTYPE=0   \\系统设置
指定偏移距离或 [通过(T)/删除(E)/图层(L)] <890.0000>：510   \\输入偏移距离
选择要偏移的对象，或 [退出(E)/放弃(U)] <退出>：   \\选择矩形下边线
指定要偏移的那一侧上的点，或 [退出(E)/多个(M)/放弃(U)] <退出>：   \\指定偏移一点
选择要偏移的对象，或 [退出(E)/放弃(U)] <退出>：   \\按 Enter 键结束

② 单击【默认】选项卡中【修改】面板上的【偏移】按钮 ，选择直线，向内偏移距离依次为 60mm、50mm。单击【默认】选项卡中【修改】面板上的【修剪】按钮 ，修剪图形，如图 6-30 所示。

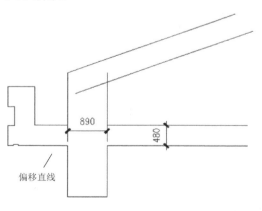

图 6-29　偏移直线

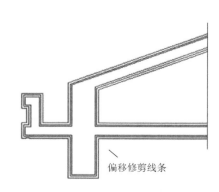

图 6-30　偏移修剪图形

③ 单击【默认】选项卡中【修改】面板上的【偏移】按钮 ，选择直线，设置偏移距离

分别为 280mm、40mm。绘制的建筑剖面如图 6-31 所示。命令输入行提示如下。

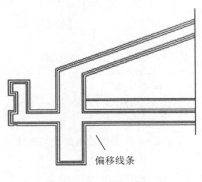

偏移线条

图 6-31　偏移直线

6.3.3　绘制图案填充

步骤 01　图案填充

① 单击【默认】选项卡中【绘图】面板上的【图案填充】按钮，弹出【图案填充创建】选项卡，在其【选项】面板中单击【图案填充设置】按钮，打开【图案填充和渐变色】对话框，如图 6-32 所示。

图 6-32　【图案填充和渐变色】对话框

② 在【图案填充】选项卡中单击【图案】右侧的按钮，打开【填充图案选项板】对话框，切换到【其他预定义】选项卡，选择 AR-CONC 图案，如图 6-33 所示。

③ 在【图案填充和渐变色】对话框的【图案填充】选项卡中设置【比例】为 80，单击【添加：拾取点】按钮，选择需要填充图案的位置，如图 6-34 所示。

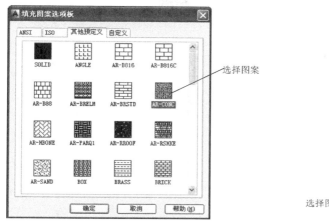

图 6-33　【填充图案选项板】对话框

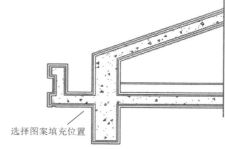

图 6-34　拾取内部点

④ 按 Enter 键，打开【图案填充和渐变色】对话框，单击【确定】按钮，完成填充。

⑤ 选择 SOLID 图案，继续进行图案填充，如图 6-35 所示。

⑥ 选择 ANSI31 图案，设置【比例】为 2300，填充图案，如图 6-36 所示。

⑦ 选择 ANSI37 图案，设置【比例】为 1000，填充其他区域图案。至此，完成建筑剖面图的图案填充，最终效果如图 6-37 所示。

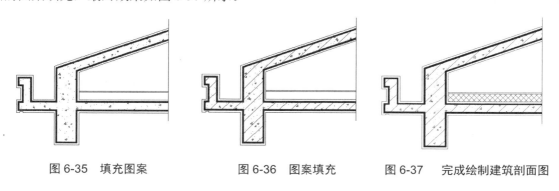

图 6-35　填充图案　　　　　图 6-36　图案填充　　　　　图 6-37　完成绘制建筑剖面图

6.4　本 章 小 结

本章主要介绍了建筑图的面域和图案填充，这两个工具在建筑制图当中要经常用到。用户结合实例进行学习后，应该可以轻松掌握。

第7章

常用建筑绘图辅助工具

　　CAD 绘图当中要用到多种工具，以使绘图的效率增高，本章主要介绍建筑绘图中常用到的辅助绘图工具，内容包括精确定位、图块、面积长度计算和外部参照。

7.1 精 确 定 位

7.1.1 栅格和捕捉

要提高绘图的速度和效率，可以显示并捕捉栅格点的矩阵。还可以控制其间距、角度和对齐。【捕捉模式】和【栅格显示】开关按钮位于主窗口底部的状态栏，如图 7-1 所示。

1. 栅格和捕捉

栅格是点的矩阵，遍布指定为图形栅格界限的整个区域。使用栅格类似于在图形下放置一张坐标纸。利用栅格可以对齐对象并直观显示对象之间的距离。不打印栅格。如果放大或缩小图形，可能需要调整栅格间距，使其更适合新的放大比例。如图 7-2 所示为打开栅格绘图区的效果。

图 7-1 【捕捉模式】和【栅格显示】开关按钮

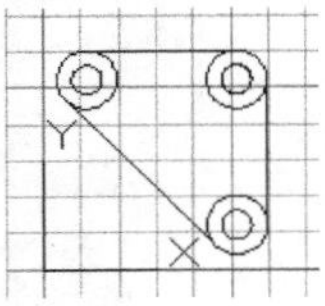

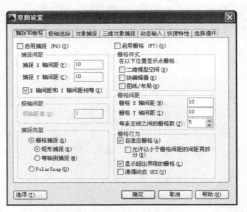

图 7-2 打开栅格绘图区的效果

捕捉模式用于限制十字光标，使其按照用户定义的间距移动。当捕捉模式打开时，光标似乎附着或捕捉到不可见的栅格。捕捉模式有助于使用箭头键或定点设备来精确地定位点。

2. 栅格和捕捉的应用

【栅格】显示和【捕捉】模式各自独立，但经常同时打开。

选择【工具】|【草图设置】菜单命令，或者在命令输入行中输入 dsettings 命令，都将打开【草图设置】对话框，单击【捕捉和栅格】标签，切换到【捕捉和栅格】选项卡，可以对栅格捕捉属性进行设置，如图 7-3 所示。

图 7-3 【草图设置】对话框中的【捕捉和栅格】选项卡

下面详细介绍【捕捉和栅格】选项卡的设置。

(1)【启用捕捉】复选框：用于打开或关闭捕捉模式。我们也可以通过单击状态栏上的【捕捉】按钮，或按 F9 键，或使用 SNAPMODE 系统变量，来打开或关闭捕捉模式。

(2)【捕捉间距】选项组：用于控制捕捉位置处的不可见矩形栅格，以限制光标仅在指定的 X 和 Y 间隔内移动。

【捕捉 X 轴间距】文本框：指定 X 方向的捕捉间距。间距值必须为正实数。

【捕捉 Y 轴间距】文本框：指定 Y 方向的捕捉间距。间距值必须为正实数。

【X 轴间距 和 Y 轴间距相等】复选框：为捕捉间距和栅格间距强制使用同一间距值。 捕捉间距可以与栅格间距不同。

(3)【极轴间距】选项组：用于控制极轴捕捉增量距离。

【极轴距离】文本框：在选中【捕捉类型】选项组下的 PolarSnap 单选按钮后，可以设置捕捉增量距离。如果该值为 0，则极轴捕捉距离采用【捕捉 X 轴间距】的值。

注意

【极轴距离】的设置须与极坐标追踪和对象捕捉追踪结合使用。如果两个追踪功能都未选择，则【极轴距离】设置无效。

(4)【捕捉类型】选项组：用于设置捕捉样式和捕捉类型。

【栅格捕捉】单选按钮：设置栅格捕捉类型。如果指定点，光标将沿垂直或水平栅格点进行捕捉。

【矩形捕捉】单选按钮：将捕捉样式设置为标准"矩形"捕捉模式。当捕捉类型设置为"栅格"并且打开"捕捉"模式时，光标将捕捉矩形捕捉栅格。

【等轴测捕捉】单选按钮：将捕捉样式设置为"等轴测"捕捉模式。当捕捉类型设置为"栅格"并且打开"捕捉"模式时，光标将捕捉等轴测捕捉栅格。

PolarSnap 单选按钮：将捕捉类型设置为"PolarSnap"。如果打开了"捕捉"模式并在极轴追踪打开的情况下指定点，光标将沿在【极轴追踪】选项卡上相对于极轴追踪起点设置的极轴对齐角度进行捕捉。

(5)【启用栅格】复选框：用于打开或关闭栅格。我们也可以通过单击状态栏上的【栅格】按钮，或按 F7 键，或使用 GRIDMODE 系统变量，来打开或关闭栅格模式。

(6)【栅格间距】选项组：用于控制栅格的显示，有助于形象化显示距离。

注意

LIMITS 命令和 GRIDDISPLAY 系统变量控制栅格的界限。

【栅格 X 轴间距】文本框：指定 X 方向上的栅格间距。如果该值为 0，则栅格采用【捕捉 X 轴间距】的值。

【栅格 Y 轴间距】文本框：指定 Y 方向上的栅格间距。如果该值 为 0，则栅格采用【捕捉 Y 轴间距】的值。

【每条主线之间的栅格数】微调框：指定主栅格线相对于次栅格线的频率。VSCURRENT 设置为除二维线框之外的任何视觉样式时，将显示栅格线而不是栅格点。

(7)【栅格行为】选项组：用于控制当 VSCURRENT 设置为除二维线框之外的任何视觉样式时，所显示栅格线的外观。

【自适应栅格】复选框：栅格间距缩小时，限制栅格密度。

【允许以小于栅格间距的间距再拆分】复选框：栅格间距放大时，生成更多间距更小的栅

格线。主栅格线的频率决定这些栅格线的频率。

【显示超出界限的栅格】复选框：用于显示超出 LIMITS 命令指定区域的栅格。

【遵循动态 UCS】：用于更改栅格平面以遵循动态 UCS 的 XY 平面。

3. 正交

正交是指在绘制线型图形对象时，线型对象的方向只能为水平或垂直，即当指定第一点时，第二点只能在第一点的水平方向或垂直方向。

7.1.2 对象捕捉

当绘制精度要求非常高的图纸时，细小的差错也许会造成重大的失误，为尽可能提高绘图的精度，AutoCAD 提供了对象捕捉功能，这样可快速、准确地绘制图形。

使用对象捕捉功能可以迅速指定对象上的精确位置，而不必输入坐标值或绘制构造线。该功能可将指定点限制在现有对象的确切位置上，如中点或交点等。例如，使用对象捕捉功能可以绘制到圆心或多段线中点的直线。

选择【工具】|【工具栏】|AutoCAD|【对象捕捉】菜单命令，如图 7-4 所示，打开【对象捕捉】工具栏，如图 7-5 所示。

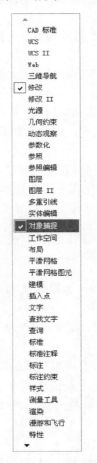

图 7-4　选择的菜单命令

图 7-5　【对象捕捉】工具栏

对象捕捉名称和捕捉功能如表 7-1 所示。

表 7-1　对象捕捉列表

图　标	命令缩写	对象捕捉名称
	TT	临时追踪点
	FROM	捕捉自
	ENDP	捕捉到端点
	MID	捕捉到中点
	INT	捕捉到交点
	APPINT	捕捉到外观交点
	EXT	捕捉到延长线
	CEN	捕捉到圆心
	QUA	捕捉到象限点
	TAN	捕捉到切点
	PER	捕捉到垂足
	PAR	捕捉到平行线
	INS	捕捉到插入点
	NOD	捕捉到节点
	NEA	捕捉到最近点
	NON	无捕捉
	OSNAP	对象捕捉设置

1. 使用对象捕捉

如果需要对【对象捕捉】属性进行设置，可选择【工具】|【草图设置】菜单命令，或者
在命令输入行中输入 dsettings 命令，这都会打开【草图设置】对话框，单击【对象捕捉】标签，
切换到【对象捕捉】选项卡，如图 7-6 所示。

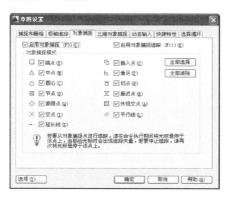

图 7-6　【草图设置】对话框中的【对象捕捉】选项卡

对象捕捉有以下两种方式。

● 如果在运行某个命令时设置对象捕捉，则当该命令结束时，捕捉也结束，这叫单点捕
捉。这种捕捉形式一般是单击对象捕捉工具栏的相关命令按钮。

● 如果在运行绘图命令前设置捕捉，则该捕捉在绘图过程中一直有效，该捕捉形式在【草
图设置】对话框的【对象捕捉】选项卡中进行设置。

下面将详细介绍有关【对象捕捉】选项卡的内容。

- 【启用对象捕捉】复选框打开或关闭执行对象捕捉。当对象捕捉打开时，在【对象捕捉模式】下选定的对象捕捉处于活动状态。(OSMODE 系统变量)
- 【启用对象捕捉追踪】复选框打开或关闭对象捕捉追踪。使用对象捕捉追踪，在命令中指定点时，光标可以沿基于其他对象捕捉点的对齐路径进行追踪。要使用对象捕捉追踪，必须打开一个或多个对象捕捉。(AUTOSNAP 系统变量)
- 【对象捕捉模式】选项组：列出可以在执行对象捕捉时打开的对象捕捉模式。

【端点】复选框捕捉到圆弧、椭圆弧、直线、多线、多段线线段、样条曲线、面域或射线最近的端点，或捕捉宽线、实体或三维面域的最近角点，如图 7-7 所示。

【中点】复选框捕捉到圆弧、椭圆、椭圆弧、直线、多线、多段线线段、面域、实体、样条曲线或参照线的中点，如图 7-8 所示。

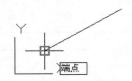

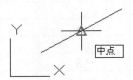

图 7-7　选择【对象捕捉模式】中的【端点】　　　　图 7-8　选择【对象捕捉模式】中的
　　　　　选项后捕捉的效果　　　　　　　　　　　　　　　　【中点】选项后捕捉的效果

【圆心】复选框捕捉到圆弧、圆、椭圆或椭圆弧的圆点，如图 7-9 所示。

【节点】复选框捕捉到点对象、标注定义点或标注文字起点，如图 7-10 所示。

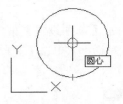

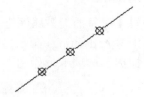

图 7-9　选择【对象捕捉模式】中的【圆心】　　　　图 7-10　选择【对象捕捉模式】中的
　　　　　选项后捕捉的效果　　　　　　　　　　　　　　　　 【节点】选项后捕捉的效果

【象限点】复选框捕捉到圆弧、圆、椭圆或椭圆弧的象限点，如图 7-11 所示。

【交点】复选框捕捉到圆弧、圆、椭圆、椭圆弧、直线、多线、多段线、射线、面域、样条曲线或参照线的交点。【延长线交点】不能用作执行对象捕捉模式。【交点】和【延长线交点】不能和三维实体的边或角点一起使用，如图 7-12 所示。

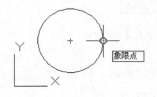

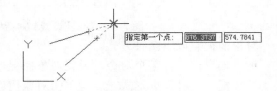

图 7-11　选择【对象捕捉模式】中的【象限点】　　　图 7-12　选择【对象捕捉模式】中的
　　　　　选项后捕捉的效果　　　　　　　　　　　　　　　　 【交点】选项后捕捉的效果

如果同时打开【交点】和【外观交点】执行对象捕捉，可能会得到不同的结果。

【延长线】复选框当光标经过对象的端点时，显示临时延长线或圆弧，以便用户在延长线或圆弧上指定点。

【插入点】复选框捕捉到属性、块、形或文字的插入点。

【垂足】复选框捕捉圆弧、圆、椭圆、椭圆弧、直线、多线、多段线、射线、面域、实体、样条曲线或参照线的垂足。当正在绘制的对象需要捕捉多个垂足时，将自动打开【递延垂足】捕捉模式。可以用直线、圆弧、圆、多段线、射线、参照线、多线或三维实体的边作为绘制垂直线的基础对象。可以用【递延垂足】在这些对象之间绘制垂直线。当靶框经过【递延垂足】捕捉点时，将显示 AutoSnap 工具栏提示和标记，如图 7-13 所示。

【切点】复选框捕捉到圆弧、圆、椭圆、椭圆弧或样条曲线的切点。当正在绘制的对象需要捕捉多个垂足时，将自动打开【递延垂足】捕捉模式。例如，可以用【递延切点】来绘制与两条弧、两条多段线弧或两条圆相切的直线。当靶框经过【递延切点】捕捉点时，将显示标记和 AutoSnap 工具栏提示，如图 7-14 所示。

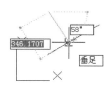

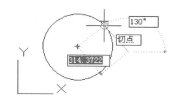

图 7-13　启用【对象捕捉模式】选项组中的　　图 7-14　启用【对象捕捉模式】选项组中的
　　　　　　【垂足】复选框后捕捉的效果图　　　　　　　　　【切点】复选框后捕捉的效果

当用【自】选项结合"切点"捕捉模式来绘制除开始于圆弧或圆的直线以外的对象时，第一个绘制的点是与在绘图区域最后选定的点相关的圆弧或圆的切点。

【最近点】复选框捕捉到圆弧、圆、椭圆、椭圆弧、直线、多线、点、多段线、射线、样条曲线或参照线的最近点。

【外观交点】复选框捕捉到不在同一平面但是可能看起来在当前视图中相交的两个对象的外观交点。"延伸外观交点"不能用作执行对象捕捉模式。"外观交点"和"延伸外观交点"不能和三维实体的边或角点一起使用。

如果同时打开【交点】和【外观交点】执行对象捕捉，可能会得到不同的结果。

【平行】复选框无论何时提示用户指定矢量的第二个点时，都要绘制与另一个对象平行的矢量。　指定矢量的第一个点后，如果将光标移动到另一个对象的直线段上，即可获得第二个点。　如果创建的对象的路径与这条直线段平行，将显示一条对齐路径，可用它创建平行对象。

- 【全部选择】按钮：打开所有对象捕捉模式。

- 【全部清除】按钮：关闭所有对象捕捉模式。

2. 自动捕捉

指定许多基本编辑选项。控制使用对象捕捉时显示的形象化辅助工具(称作自动捕捉)的相关设置。AutoSnap 设置保存在注册表中。 如果光标或靶框处在对象上，可以按 Tab 键遍历该对象的所有可用捕捉点。

3. 自动捕捉设置

如果需要对【自动捕捉】属性进行设置，可选择【工具】|【选项】菜单命令，打开如图 7-15 所示的【选项】对话框，单击【绘图】标签，切换到【绘图】选项卡。

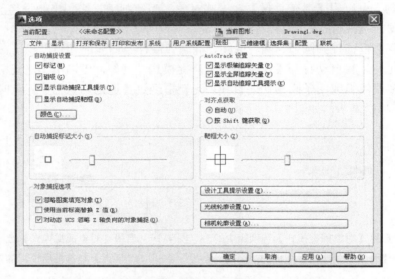

图 7-15 【选项】对话框中的【绘图】选项卡

【自动捕捉设置】选项组中的内容如下。

- 【标记】复选框：控制自动捕捉标记的显示。该标记是当十字光标移到捕捉点上时显示的几何符号。(AUTOSNAP 系统变量)
- 【磁吸】复选框：打开或关闭自动捕捉磁吸。磁吸是指十字光标自动移动并锁定到最近的捕捉点上。(AUTOSNAP 系统变量)
- 【显示自动捕捉工具提示】复选框：控制自动捕捉工具栏提示的显示。工具栏提示是一个标签，用来描述捕捉到的对象部分。(AUTOSNAP 系统变量)
- 【显示自动捕捉靶框】复选框：控制自动捕捉靶框的显示。靶框是捕捉对象时出现在十字光标内部的方框。(APBOX 系统变量)
- 【颜色】按钮：指定自动捕捉标记的颜色。单击【颜色】按钮后，打开【图形窗口颜色】对话框，在【界面元素】列表框中选择【二维自动捕捉标记】，在【颜色】下拉列表框中可以任意选择一种颜色，如图 7-16 所示。

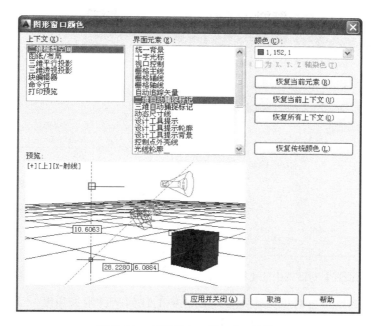

图 7-16　【图形窗口颜色】对话框

7.1.3　极轴追踪

控制自动追踪设置。创建或修改对象时，可以使用"极轴追踪"以显示由指定的极轴角度所定义的临时对齐路径。可以使用"PolarSnap"沿对齐路径按指定距离进行捕捉。

1. 使用极轴追踪

使用极轴追踪，光标将按指定角度进行移动。

例如，在图 7-17 中绘制一条从点 1 到点 2 的两个单位的直线，然后绘制一条到点 3 的两个单位的直线，并与第一条直线成 45°角。如果打开了 45°极轴角增量，当光标跨过 0°或 45°角时，将显示对齐路径和工具栏提示。当光标从该角度移开时，对齐路径和工具栏提示消失。

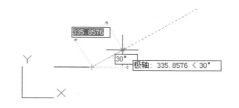

图 7-17　使用【极轴追踪】命令所示的图形

如果需要对【极轴追踪】属性进行设置，可选择【工具】|【草图设置】菜单命令，或者在命令输入行中输入 dsettings 命令，打开【草图设置】对话框，单击【极轴追踪】标签，切换到【极轴追踪】选项卡，如图 7-18 所示。

【极轴追踪】选项卡的内容如下。

(1)【启用极轴追踪】打开或关闭极轴追踪。也可以按 F10 键或使用 AUTOSNAP 系统变量来打开或关闭极轴追踪。

(2)【极轴角设置】选项组设置极轴追踪的对齐角度。(POLARANG 系统变量)

【增量角】组合框设置用来显示极轴追踪对齐路径的极轴角增量。可以输入任何角度，也可以从列表中选择 90、45、30、22.5、18、15、10 或 5 这些常用角度。(POLARANG 系统变量)【增量角】下拉列表框如图 7-19 所示。

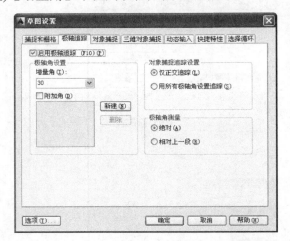

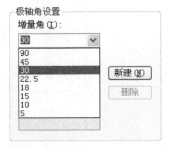

图 7-18　【草图设置】对话框中的【极轴追踪】选项卡　　图 7-19　【增量角】下拉列表框

　　【附加角】复选框：可对极轴追踪使用列表中的任何一种附加角度。【附加角】复选框受 POLARMODE 系统变量控制。【附加角】列表也受 POLARADDANG 系统变量控制。

> **注 意**
>
> 　　附加角度是绝对的，而非增量的。

　　如果选中【附加角】复选框，要添加新的角度，则单击【新建】按钮。要删除现有的角度，则单击【删除】按钮。(POLARADDANG 系统变量)

　　【新建】按钮：最多可以添加 10 个附加极轴追踪对齐角度。

> **注 意**
>
> 　　添加分数角度之前，必须将 AUPREC 系统变量设置为合适的十进制精度以防止不需要的舍入。例如，如果 AUPREC 的值为 0(默认值)，则所有输入的分数角度将舍入为最接近的整数。

　　【删除】按钮：删除选定的附加角度。

　　(3) 【对象捕捉追踪设置】选项组设置对象捕捉追踪选项。

　　【仅正交追踪】单选按钮：当对象捕捉追踪打开时，仅显示已获得的对象捕捉点的正交(水平/垂直)对象捕捉追踪路径。(POLARMODE 系统变量)

　　【用所有极轴角设置追踪】单选按钮：将极轴追踪设置应用于对象捕捉追踪。使用对象捕捉追踪时，光标将从获取的对象捕捉点起沿极轴对齐角度进行追踪。(POLARMODE 系统变量)

> **注 意**
>
> 　　单击状态栏上的【极轴】和【对象追踪】也可以打开或关闭极轴追踪和对象捕捉追踪。

　　(4) 【极轴角测量】选项组设置测量极轴追踪对齐角度的基准。

　　【绝对】单选按钮：根据当前用户坐标系(UCS)确定极轴追踪角度。

【相对上一段】单选按钮：根据上一个绘制线段确定极轴追踪角度。

2. 自动追踪

可以使用户在绘图的过程中按指定的角度绘制对象，或绘制与其他对象有特殊关系的对象。当此模式处于打开状态时，临时的对齐虚线有助于用户精确地绘图。用户还可以通过一些设置来更改对齐路线以适合自己的需求，这样就可以达到精确绘图的目的。

选择【工具】|【选项】菜单命令，打开如图 7-20 所示的【选项】对话框，在【AutoTrack设置】选项组中进行【自动追踪】的设置。

图 7-20 【选项】对话框

- 【显示极轴追踪矢量】复选框当极轴追踪打开时，将沿指定角度显示一个矢量。使用极轴追踪，可以沿角度绘制直线。极轴角是 90°的约数，如 45°、30°和 15°。可以通过将 TRACKPATH 设置为 2 来禁用【显示极轴追踪矢量】。
- 【显示全屏追踪矢量】复选框控制追踪矢量的显示。追踪矢量是辅助用户按特定角度或与其他对象特定关系绘制对象的构造线。如果选择此选项，对齐矢量将显示为无限长的线。 可以通过将 TRACKPATH 设置为 1 来禁用【显示全屏追踪矢量】。
- 【显示自动追踪工具提示】复选框控制自动追踪工具提示的显示。工具提示是一个标签，它显示追踪坐标。(AUTOSNAP 系统变量)

7.2 使 用 图 块

7.2.1 创建并编辑块

在绘制图形时，如果图形中有大量相同或相似的内容，或者所绘制的图形与已有的图形文件相同，则可以把要重复绘制的图形创建成块(也称为图块)，并根据需要为块创建属性，指定块的名称、用途及设计者等信息，在需要时直接插入它们。当然，用户也可以把已有的图形文件以参照的形式插入到当前图形中(即外部参照)，或是通过 AutoCAD 设计中心浏览、查找、

预览、使用和管理 AutoCAD 图形、块、外部参照等不同的资源文件。块的广泛应用是由它本身的特点所决定的。

一般来说，块具有以下几个特点。

(1) 提高绘图速度。

用 AutoCAD 绘图时，常常要绘制一些重复出现的图形。如果把这些经常要绘制的图形定义成块保存起来，绘制它们时就可以用插入块的方法实现，即把绘图变成了拼图，避免了重复性工作，同时又提高了绘图速度。

(2) 节省存储空间。

AutoCAD 要保存图中每一个对象的相关信息，如对象的类型、位置、图层、线型、颜色等，这些信息都要占用存储空间。如果一幅图中绘有大量相同的图形，则会占据较大的磁盘空间。但如果把相同图形事先定义成一个块，绘制它们时就可以直接把块插入到图中的各个相应位置。这样既满足了绘图要求，又可以节省磁盘空间。因为虽然在块的定义中包含了图形的全部对象，但系统只需要一次这样的定义。对块的每次插入，AutoCAD 仅需要记住这个块对象的有关信息(如块名、插入点坐标、插入比例等)，从而节省了磁盘空间。对于复杂但需多次绘制的图形，这一特点表现得更为显著。

(3) 便于修改图形。

一张工程图纸往往需要多次修改。例如在建筑设计中，修改多个门时，需要重复进行修改，既费时又不方便。但如果原来的门是通过插入块的方法绘制的，那么，只要简单地进行再定义块等操作，图中插入的所有该块均会自动进行修改。

(4) 加入属性。

很多块还要求有文字信息以进一步解释、说明。AutoCAD 允许为块定义这些文字属性，而且还可以在插入的块中显示或不显示这些属性；从图中提取这些信息并将它们传送到数据库中。

块是一个或多个对象组成的对象集合，常用于绘制复杂、重复的图形。一旦一组对象组合成块，就可以根据作图需要将这组对象插入到图中任意指定的位置，而且还可以按不同的比例和旋转角度插入。

概括地讲，块操作是指通过操作达到用户使用块的目的，如创建块、保存块、块插入等对块进行的一系列操作。

1. 创建块

创建块是把一个或是一组实体定义为一个整体"块"。可以通过以下几种方式来创建块。

- 单击【块】面板中的【创建】按钮。
- 在命令输入行输入 block 命令后按 Enter 键。
- 在命令输入行输入 bmake 命令后按 Enter 键。
- 在菜单栏中，选择【绘图】|【块】|【创建】菜单命令。

执行上述任意一种操作后，AutoCAD 会打开如图 7-21 所示的【块定义】对话框。

该对话框中各选项的主要功能如下。

(1)【名称】下拉列表框：指定块的名称。如果将系统变量 EXTNAMES 设置为 1，块名最长可达 255 个字符，包括字母、数字、空格以及 Microsoft Windows 和 AutoCAD 没有用于其他用途的特殊字符。

图 7-21   【块定义】对话框

块名称及块定义保存在当前图形中。

(2)【基点】选项组：指定块的插入基点。默认值是(0，0，0)。

【拾取点】按钮：用户可以通过单击此按钮暂时关闭对话框以便能在当前图形中拾取插入基点，然后利用鼠标直接在绘图区选取。

X 文本框：指定 X 坐标值。

Y 文本框：指定 Y 坐标值。

Z 文本框：指定 Z 坐标值。

(3)【对象】选项组：指定新块中要包含的对象，以及创建块之后是保留或删除选定的对象还是将它们转换成块引用。

【选择对象】按钮：用户可以通过单击此按钮，暂时关闭【块定义】对话框。这时用户可以在绘图区选择图形实体作为将要定义的块实体。完成对象选择后，按 Enter 键重新显示【块定义】对话框。

【快速选择】按钮：显示【快速选择】对话框，如图 7-22 所示，该对话框定义选择集。

【保留】单选按钮：创建块以后，将选定对象保留在图形中作为区别对象。

【转换为块】单选按钮：创建块以后，将选定对象转换成图形中的块引用。

【删除】单选按钮：创建块以后，从图形中删除选定的对象。

【未选定对象】单选按钮：创建块以后，显示选定对象的数目。

(4)【设置】选项组：用于指定块的设置。

【块单位】下拉列表框：指定块参照插入单位。

【超链接】按钮：打开【插入超链接】对话框，如图 7-23 所示。可以使用该对话框将某个超链接与块定义相关联。

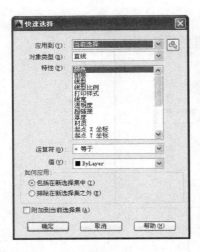

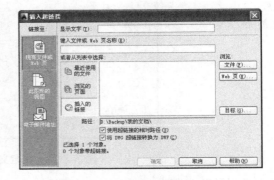

图 7-22　【快速选择】对话框　　　　图 7-23　【插入超链接】对话框

(5)【方式】选项组。

【注释性】复选框：指定块为 annotative。单击信息图标以了解有关注释性对象的更多信息。

【使块方向与布局匹配】复选框：指定在图纸空间视口中的块参照的方向与布局的方向匹配。如果取消启用【注释性】复选框，则该复选框不可用。

【按统一比例缩放】复选框：指定是否阻止块参照不按统一比例缩放。

【允许分解】复选框：指定块参照是否可以被分解。

(6)【说明】文本框：指定块的文字说明。

(7)【在块编辑器中打开】复选框：启用此复选框后单击【块定义】对话框中的【确定】按钮，则在块编辑器中打开当前的块定义。

当需要重新创建块时，用户可以在命令输入行输入 block 命令后按 Enter 键。命令输入行提示如下。

```
命令：_block
输入块名或 [?]：                    //输入块名
指定插入基点：                      //确定插入基点位置
选择对象：                          //选择将要被定义为块的图形实体
```

提示

　　如果用户输入的是以前存在的块名，AutoCAD 会提示用户此块已经存在，用户是否需要重新定义它。命令输入行提示如下。

　　块"w"已存在。是否重定义？[是(Y)/否(N)] <N>：

当用户输入 n 后按 Enter 键，AutoCAD 会自动退出此命令。当用户输入 y 后按 Enter 键，AutoCAD 会提示用户继续插入基点位置。

下面通过绘制两个同心圆来了解制作过程。

绘制两个同心圆，圆心为(50，50)，半径分别为 20、30。然后将这两个同心圆创建为块，块的名称为圆，基点为(50，50)，其余用默认值。

(1) 利用圆命令绘制两个圆心为(50，50)，半径分别为 20、30 的圆。

(2) 选择【绘图】|【块】|【创建】菜单命令。

(3) 在打开的【块定义】对话框中的【名称】文本框中输入 circle。

(4) 在【基点】选项组下的 X 后输入 20，Y 后输入 50。

(5) 单击【对象】选项组中的【选择对象】按钮，然后在绘图区选择两个圆形图形后按 Enter 键。

(6) 单击【块定义】对话框中的【确定】按钮，则定义了块。

2．将块保存为文件

用户创建的块会保存在当前图形文件的块的列表中。当保存图形文件时，块的信息和图形一起保存。当再次打开该图形时，块信息同时也被载入。但是当用户需要将所定义的块应用于另一个图形文件时，就需要先将定义的块保存，然后再调出使用。

使用 WBLOCK 命令，块就会以独立的图形文件(.dwg)的形式保存。同样，任何.dwg 图形文件也可以作为块来插入。执行保存块的操作步骤如下。

● 在命令输入行输入 wblock 命令后按 Enter 键。

● 在打开的如图 7-24 所示的【写块】对话框中完成设置后，单击【确定】按钮即可。

图 7-24　【写块】对话框

【写块】对话框中的具体参数设置如下。

(1) 【源】选项组中有 3 个选项供用户选择。

【块】单选按钮：选择此项，用户就可以通过后面的下拉列表框选择将要保存的块名或是可以直接输入将要保存的块名。

【整个图形】单选按钮：选择此项，AutoCAD 会认为用户选择整个图形作为块来保存。

【对象】选项组：在该选项组中用户可以选择一个图形实体作为块来保存。选择此项后，用户才可以进行下面的设置，如选择基点、选择实体等。这部分内容与前面定义块的内容相同，在此就不再赘述了。

(2) 【目标】选项组：指定文件的新名称和新位置以及插入块时所用的测量单位。用户可以将此块保存至相应的文件夹中。可以在【文件名和路径】下拉列表框中选择路径或是单击

按钮来设定路径。【插入单位】下拉列表框用来指定从设计中心拖曳新文件并将其作为块插入到使用不同单位的图形中时自动缩放所使用的单位值。如果用户希望插入时不自动缩放图形，则选择"无单位"。

注 意

用户在执行 WBLOCK 命令时，不必先定义一个块，只要直接将所选图形实体作为一个图块保存在磁盘上即可。当所输入的块不存在时，AutoCAD 会显示【AutoCAD 提示信息】对话框，提示块不存在，是否要重新选择。在多视窗中，wblock 命令只适用于当前窗口。存储后的块可以重复使用，而不需要从提供这个块的原始图形中选取。

WBLOCK 命令操作如下。

保存上一步所定义的块至 D 盘 Temp 文件夹下，名字为"同心圆"。

(1) 打开"同心圆"图形。

(2) 在命令输入行输入 wblock 后按 Enter 键，打开【写块】对话框。

(3) 选择【源】选项组中的【块】选项，在后面的下拉列表框中选择 circle。

(4) 在【目标】选项组中【文件名和路径】下的文本框中输入"D:\Temp\圆"，单击【确定】按钮。

3. 插入块

定义块和保存块的目的是为了使用块，可以使用插入命令来将块插入到当前的图形中。

图块是 AutoCAD 操作中比较核心的工作，许多程序员与绘图工作者都建立了各种各样的图块。由于他们的工作给我们带来了简便，我们能像砖瓦一样使用这些图块。例如，工程制图中建立各个规格的齿轮与轴承，建筑制图中建立一些门、窗、楼梯、台阶等以便在绘制时方便调用。

当用户插入一个块到图形中，用户必须指定插入的块名、插入点的位置、插入的比例系数以及图块的旋转角度。插入可以分为两类：单块插入和多重插入。下面就分别来讲述这两类插入命令。

(1) 单块插入。

● 在命令输入行输入 insert 或 ddinsert 命令后按 Enter 键。

● 在菜单栏中选择【插入】|【块】菜单命令。

● 单击【块】面板中的【插入】按钮。

打开如图 7-25 所示的【插入】对话框。下面来讲解其中的参数设置。

图 7-25 【插入】对话框

在【插入】对话框中，在【名称】文本框中输入块名或是单击文本框后的【浏览】按钮来浏览文件，从而从中选择块。

在【插入点】选项组中，当用户启用【在屏幕上指定】复选框时，插入点可以用鼠标动态选取；当用户不启用【在屏幕上指定】复选框时，可以在下面的 X、Y、Z 后的文本框中输入用户所需的坐标值。

在【比例】选项组中，如果用户启用【在屏幕上指定】复选框时，则比例会在插入时动态缩放；当用户不启用【在屏幕上指定】复选框时，可以在下面的 X、Y、Z 后的文本框中输入用户所需的比例值。在此处如果用户启用【统一比例】复选框，则只能在 X 后的文本框中输入统一的比例因子表示缩放系数。

在【旋转】选项组中，如果用户启用【在屏幕上指定】复选框时，则旋转角度在插入时确定。当用户不启用【在屏幕上指定】复选框时，可以在下面的【角度】后的文本框中输入图块的旋转角度。

在【块单位】选项组中，显示有关块单位的信息。【单位】指定插入快的单位值。【比例】显示单位比例因子，该比例因子是根据块的单位值和图形单位计算的。

【分解】复选框，用户可以通过启用它分解块并插入该块的单独部分。

设置完毕后，单击【确定】按钮，完成插入块的操作。

块的插入操作：新建一个图形文件，插入块"同心圆"，插入点为(100，100)，X、Y、Z 方向的比例分别为 2、1、1，旋转角度为 60 度。

① 在命令输入行输入 insert 后按 Enter 键。

② 在打开的【插入】对话框中的【名称】组合框中输入"圆"。

③ 禁用【插入点】选项组中的【在屏幕上指定】复选框，然后在下面的 X、Y 文本框中分别输入"100"。

④ 禁用【缩放比例】选项组中的【在屏幕上指定】复选框，然后在下面的 X、Y，Z 文本框中分别输入"2"、"1"、"1"。

⑤ 禁用【旋转】选项组中的【在屏幕上指定】复选框，在下面的【角度】文本框中输入"60"后，单击【确定】按钮，将块插入图中，插入后的图形如图 7-26 所示。

图 7-26　插入后图形

(2) 多重插入。

有时同一个块在一幅图中要插入多次，并且这种插入有一定的规律性。如阵列方式，这时可以直接采用多重插入命令。这种方法不但大大节省绘图时间，提高绘图速度，而且节约磁盘空间。

多重插入的步骤如下。

在命令输入行输入 minsert 命令后按 Enter 键。命令输入行提示如下。

```
命令: _minsert
输入块名或 [?] <新块>:                              //输入将要被插入的块名
单位: 毫米    转换:    1.0000
指定插入点或 [基点(B)/比例(S)/X/Y/Z/旋转(R)]:       //输入插入块的基点
输入 X 比例因子, 指定对角点, 或 [角点(C)/XYZ(XYZ)] <1>:  //输入 X 方向的比例
输入 Y 比例因子或 <使用 X 比例因子>:                 //输入 Y 方向的比例
指定旋转角度 <0>:                                  //输入旋转块的角度
输入行数 (---) <1>:                                //输入阵列的行数
```

```
输入列数 (||||) <1>:                                           //输入阵列的列数
输入行间距或指定单位单元 (---):                                //输入行间距
指定列间距 (||||):                                            //输入列间距
```

按照提示进行相应的操作即可。

4. 分解块

块是作为一个整体被插入到图形实体中的，但是有时要对构成块的单个图形实体进行编辑，这就要求对块进行分解，AutoCAD 提供了块分解的命令。

在菜单栏中，选择【修改】|【分解】菜单命令，或者单击【修改】面板中的【分解】按钮，或者在命令输入行输入 explode 命令后按 Enter 键。

命令输入行提示如下。

```
命令: _explode
选择对象:                                                    //选择图中的块
选择对象:
```

这样就完成了块的分解操作。

5. 设置基点

要设置当前图形的插入基点，可以选用下列 3 种方法。

● 单击【块】面板中的【设置基点】按钮。
● 在菜单栏中，选择【绘图】|【块】|【基点】菜单命令。
● 在命令输入行输入 base 命令后按 Enter 键。

命令输入行提示如下。

```
命令: _base
输入基点 <0.0000,0.0000,0.0000>:                             //指定点，或按 Enter 键
```

基点是用当前 UCS 中的坐标来表示的。当向其他图形插入当前图形或将当前图形作为其他图形的外部参照时，此基点将被用作插入基点。

7.2.2 块属性

在一个块中，附带有很多信息，这些信息就称为属性。它是块的一个组成部分，从属于块，可以随块一起保存并随块一起插入到图形中。它为用户提供了一种将文本附于块的交互式标记。每当用户插入一个带有属性的块时，AutoCAD 就会提示用户输入相应的数据。

属性在第一次建立块时可以被定义，或者是在块插入时增加属性，AutoCAD 还允许用户自定义一些属性。属性具有以下几个特点。

(1) 一个属性包括属性标志和属性值两个方面。

(2) 在定义块之前，每个属性要用命令进行定义。由它来具体规定属性默认值、属性标志、属性提示以及属性的显示格式等的具体信息。属性定义后，该属性在图中显示出来，并把有关信息保留在图形文件中。

(3) 在插入块之前，AutoCAD 将通过属性提示要求用户输入属性值。插入块后，属性以属性值表示。因此同一个定义块，在不同的插入点可以有不同的属性值。如果在定义属性时，把

属性值定义为常量，则 AutoCAD 将不询问属性值。

1. 创建块属性

块属性是附属于块的非图形信息，是块的组成部分，可包含在块定义中的文字对象。在定义一个块时，属性必须预先定义而后选定。通常属性用于在块的插入过程中进行自动注释。

要创建一个块的属性，用户可以使用 **ddattdef** 或 **attdef** 命令先建立一个属性定义来描述属性特征，包括标记、提示符、属性值、文本格式、位置以及可选模式等。创建属性的步骤如下。

(1) 选用下列其中一种方法打开【属性定义】对话框。

① 在命令输入行中输入 ddattdef 或 attdef 命令后按 Enter 键。

② 在菜单栏中，选择【绘图】|【块】|【定义属性】菜单命令。

③ 单击【块】面板中的【定义属性】按钮 。

(2) 然后在打开的如图 7-27 所示的【属性定义】对话框中，设置块的一些插入点及属性标记等。然后单击【确定】按钮即可完成块属性的创建。

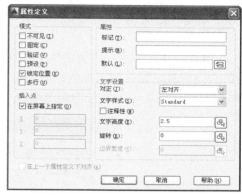

图 7-27 【属性定义】对话框

下面介绍【属性定义】对话框中的参数设置。

① 【模式】选项组。

在此选项组中，有以下几个复选框，用户可以任意组合这几种模式作为用户的设置。

【不可见】复选框：当该模式被启用时，属性为不可见。当用户只想把属性数据保存到图形中，而不想显示或输出时，应将该选项启用。反之则禁用。

【固定】复选框：当该模式被启用时，属性用固定的文本值设置。如果用户插入的是常数模式的块时，则在插入后，如果不重新定义块，则不能编辑块。

【验证】复选框：在该模式下把属性值插入图形文件前可检验可变属性的值。在插入块时，AutoCAD 显示可变属性的值，等待用户按 Enter 键确认。

【预设】复选框：启用该模式可以创建自动可接受默认值的属性。插入块时，不再提示输入属性值，但它与常数不同，块在插入后还可以进行编辑。

【锁定位置】复选框：锁定块参照中属性的位置。解锁后，属性可以相对于使用夹点编辑的块的其他部分移动，并且可以调整多行属性的大小。

【多行】复选框：指定属性值可以包含多行文字。选定此选项后，可以指定属性的边界宽度。

> **注 意**
>
> 在动态块中，由于属性的位置包括在动作的选择集中，因此必须将其锁定。

② 【属性】选项组。

在该选项组中，有以下 3 组设置。

【标记】文本框：每个属性都有一个标记，作为属性的标识符。属性标签可以是除了空格和 ! 号之外的任意字符。

　　【默认】文本框：可变属性一般将默认的属性默认为"未输入"状态。插入带属性的块时，AutoCAD 显示默认的属性值，如果用户按 Enter 键，则将接受默认值。单击右侧的 Insert Filed 按钮可以插入一个字段作为属性的全部或部分值，如图 7-28 所示。

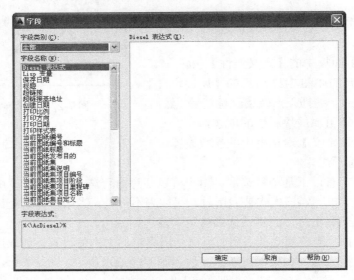

图 7-28　　【字段】对话框

　　③　【插入点】选项组。
　　在此选项组中，用户可以通过启用【在屏幕上指定】复选框，利用鼠标在绘图区选择某一点，也可以直接在下面的 X、Y、Z 文本框中输入用户将设置的坐标值。
　　④　【文字设置】选项组。
　　在此选项组中，用户可以对以下几项进行设置。
　　【对正】下拉列表框：此选项可以设置块属性的文字对齐情况。用户可以在如图 7-29 所示的下拉列表框中选择某项作为用户设置的对齐方式。
　　【文字样式】下拉列表框：此选项可以设置块属性的文字样式。用户可以通过在如图 7-30 所示的下拉列表框中选择某项作为用户设置的文字样式。
　　【注释性】复选框：使用此特性，用户可以自动完成缩放注释的过程，从而使注释能够以正确的大小在图纸上打印或显示。
　　【文字高度】下拉列表框：如果用户设置的文字样式中已经设置了文字高度，则此项为灰色，表示用户不可设置；否则用户可以通过单击按钮来利用鼠标在绘图区动态地选取或是直接在此后的文本框中输入文字高度。

图 7-29　【对正】下拉列表框　　图 7-30　【文字样式】下拉列表框

【旋转】文本框：如果用户设置的文字样式中已经设置了文字旋转角度，则此项为灰色，表示用户不可设置；否则，用户可以通过单击按钮 来利用鼠标在绘图区动态地选取角度或是直接在此后的文本框中输入文字旋转角度。

【边界宽度】文本框：换行前，请指定多线属性中文字行的最大长度。值 0.000 表示对文字行的长度没有限制。此选项不适用于单线属性。

⑤　【在上一个属性定义下对齐】复选框。

此选项组用来将属性标记直接置于定义的上一个属性的下面。如果之前没有创建属性定义，则此选项不可用。

2. 定义带属性的块

创建完属性后，就可以定义带属性的块。定义带属性的块可以按照如下步骤来进行。

(1) 在命令输入行中输入 block 命令后按 Enter 键；或是在菜单栏中，选择【绘图】|【块】|【创建】菜单命令。

(2) 下面的操作和创建块基本相同，步骤可以参考创建块步骤，在此就不再赘述。

注　意

先创建"块"，再给这个"块"加上"定义属性"，最后再把两者创建成一个"块"。

3. 编辑块属性

定义带属性的块后，用户需要插入此块，在插入带有属性的块后，还能再次用 attedit 或是 ddatte 命令来编辑块的属性。可以通过如下方法来编辑块的属性。

(1) 在命令输入行中输入 attedit 或 ddatte 命令后按 Enter 键，用鼠标选取某块，打开【编辑属性】对话框。

(2) 选择【修改】|【对象】|【属性】|【块属性管理器】菜单命令，打开【块属性管理器】对话框，单击其中的【编辑】按钮，打开【编辑属性】对话框，如图 7-31 所示。用户可以在此对话框中修改块的属性。

【编辑属性】对话框中各选项卡的功能如下。

(1)【属性】选项卡。

定义将值指定给属性的方式以及已指定的值在绘图区域是否可见，然后设置提示用户输入值的字符串。【属性】选项卡也显示标识该属性的标签名称。

(2) 【文字选项】选项卡。

设置用于定义图形中属性文字的显示方式的特性。在【文字选项】选项卡上修改属性文字的颜色。

(3) 【特性】选项卡。

定义属性所在的图层，以及属性行的颜色、线宽和线型。如果图形使用打印样式，可以使用【特性】选项卡为属性指定打印样式。

4. 使用【块属性管理器】

前面已经运用【块属性管理器】对话框中的选项编辑块属性，下面将对其功能作具体的讲解。

选择【修改】|【对象】|【属性】|【块属性管理器】菜单命令，打开【块属性管理器】对话框，如图 7-32 所示。

图 7-31 【编辑属性】对话框　　　图 7-32 【块属性管理器】对话框

【块属性管理器】对话框用于管理当前图形中块的属性定义。用户可以通过它在块中编辑属性定义、从块中删除属性以及更改插入块时系统提示用户输入属性值的顺序。

选定块的属性显示在属性列表中，在默认的情况下，【标记】、【提示】、【默认】和【模式】属性特性显示在属性列表中。单击【设置】按钮，用户可以指定想要在列表中显示的属性特性。

对于每一个选定块，属性列表下的说明都会标识在当前图形和在当前布局中相应块的实例数目。

下面讲解此对话框各选项、按钮的功能。

- 【选择块】按钮：用户可以使用定点设备从图形区域选择块。当选择【选择块】时，在用户从图形中选择块或按 Esc 键取消之前，对话框将一直关闭。

如果修改了块的属性，并且未保存所做的更改就选择一个新块，系统将提示在选择其他块之前先保存更改。

- 【块】下拉列表框：可以列出具有属性的当前图形中的所有块定义，用户从中选择要修改属性的块。
- 【属性列表】：显示所选块中每个属性的特征。
- 【在图形中找到】：当前图形中选定块的实例数。
- 【在模型空间中找到】：当前模型空间或布局中选定块的实例数。
- 【设置】按钮：用来打开【块属性设置】对话框，如图 7-33 所示。从中可以自定义【块属性管理器】对话框中属性信息的列出方式，控制【块属性管理器】中属性列表的外观。

【在列表中显示】选项指定要在属性列表中显示的特性。此列表中仅显示选定的特性。其中的【标记】特性总是选定的。【全部选择】按钮用来选择所有特性。【全部清除】按钮用来

清除所有特性。【突出显示重复的标记】复选框用于打开
和关闭复制标记强调。如果选择此选项，在属性列表中，
复制属性标记显示为红色。如果不选择此选项，则在属性
列表中不突出显示重复的标记。【将修改应用到现有参照】
复选框指定是否更新正在修改其属性的块的所有现有实
例。如果选择该选项，则通过新属性定义更新此块的所有
实例。如果不选择该选项，则仅通过新属性定义更新此块
的新实例。

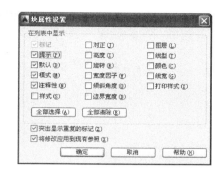

图 7-33　【块属性设置】对话框

- 【应用】按钮：应用用户所做的更改，但不关闭
  对话框。

- 【同步】按钮：用来更新具有当前定义的属性特性的选定块的全部实例。此项操作不
  会影响每个块中赋给属性的值。

- 【上移】按钮：在提示序列的早期阶段移动选定的属性标签。当选定固定属性时，【上
  移】按钮不可用。

- 【下移】按钮：在提示序列的后期阶段移动选定的属性标签。当选定常量属性时，【下
  移】按钮不可用。

- 【编辑】按钮：用来打开【编辑属性】对话框，此对话框的功能已在第 3 小节中
  做了介绍。

- 【删除】按钮：从块定义中删除选定的属性。如果在选择【删除】按钮之前已启用了
  【设置】对话框中的【将修改应用到现有参照】复选框，将删除当前图形中全部块实
  例的属性。对于仅具有一个属性的块，【删除】按钮不可用。

7.3　面积长度计算

7.3.1　面积计算

在 AutoCAD 2014 中，提供了可以计算面积的工具，如图 7-34 为【实用工具】面板上的【测
量】下拉列表的工具，可以进行距离、半径、角度、面积和体积的测量。

单击【实用工具】面板上的【测量】下拉列表中的【面积】按钮，在绘图区依次单击需要
测量的图形的顶点，如图 7-35 所示。单击最后一个定位点后按 Enter 键，即可计算出面积，
如图 7-36 所示。

图 7-34　实用工具

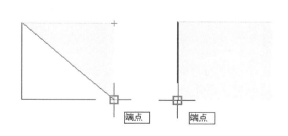

图 7-35　依次单击图形顶点

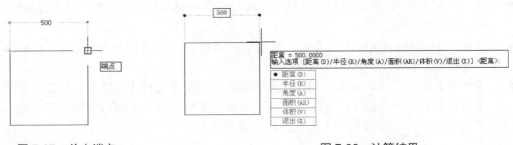

图 7-36　计算结果

7.3.2　长度计算

单击【实用工具】面板上【测量】下拉列表中的【距离】按钮，在绘图区依次单击需要测量距离的端点，如图 7-37 所示。单击最后一个定位点后按 Enter 键，即可计算出距离，如图 7-38 所示。

图 7-37　单击端点　　　　　　　　　　　　　　图 7-38　计算结果

7.4　外　部　参　照

在前述的内容中我们曾讲述如何以块的形式将一个图形插入到另一个图形之中。如果把图形作为块插入时，块定义和所有相关联的几何图形都将存储在当前图形数据库中，并且修改原图形后，块不会随之更新。

7.4.1　外部参照概述

外部参照(External Reference，Xref)提供了另一种更为灵活的图形引用方法。使用外部参照可以将多个图形链接到当前图形中，并且作为外部参照的图形会随着源图形的修改而更新。此外，外部参照不会明显地增加当前图形的文件大小，从而可以节省磁盘空间，也利于保持系统的性能。

当一个图形文件被作为外部参照插入到当前图形中时，外部参照中每个图形的数据仍然分别保存在各自的源图形文件中，当前图形中所保存的只是外部参照的名称和路径。无论一个外部参照文件多么复杂，AutoCAD 都会把它作为一个单一对象来处理，而不允许进行分解。用户可对外部参照进行比例缩放、移动、复制、镜像或旋转等操作，还可以控制外部参照的显示状态，但这些操作都不会影响到源图形文件。

AutoCAD 允许在绘制当前图形的同时，显示多达 32000 个图形参照，并且可以对外部参照进行嵌套，嵌套的层次可以为任意多层。当打开或打印附着有外部参照的图形文件时，AutoCAD 自动对每一个外部参照图形文件进行重载，从而确保每个外部参照图形文件反映的都是它们的最新状态。

7.4.2　使用外部参照

以外部参照方式将图形插入到某一图形(称为主图形)后，被插入图形文件的信息并不直接加入到主图形中，主图形只是记录参照的关系，例如参照图形文件的路径等信息。如果外部参照中包含有任何可变块属性，它们将被忽略。另外，对主图形的操作不会改变外部参照图形文件的内容。当打开具有外部参照的图形时，系统会自动把各外部参照图形文件重新调入内存并在当前图形中显示出来。

选择【插入】|【外部参照】菜单命令，打开【外部参照】面板，如图 7-39 所示。

在 AutoCAD 中，用户可以在【外部参照】对话框中对外部参照进行编辑和管理。用户单击对话框上方的【附着】按钮，可以添加不同格式的外部参照文件，如图 7-40 所示。在对话框下方的外部参照列表框中显示当前图形中各个外部参照文件名称。选择任意一个外部参照文件后，在下方【详细信息】选项组中显示该外部参照的名称、状态、文件大小、参照类型、参照日期及参照文件的存储路径等内容。

图 7-39　【外部参照】面板

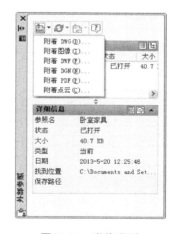

图 7-40　附着类型

例如选择【附着 DWG】选项，就会出现【选择参照文件】对话框，从中选择一个.dwg 文件，单击【打开】按钮，则弹出如图 7-41 所示的【附着外部参照】对话框。单击【确定】按钮，就为外部参照附着了一个.dwg 文件。

事物总在变化着，当插入的外部参照不能满足我们的需求时，则需要我们对外部参照进行修改。最直接的方法莫过于对外部源文件的修改，如果这样那我们就必须首先查找源文件，然后打开。不过还好，AutoCAD 给我们提供简便方式。

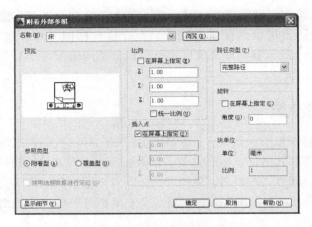

图 7-41　文件的外部参照参数设置

选择【工具】|【外部参照和块在位编辑】菜单命令，既可以选择"打开参照"方式，也可以选择"在位编辑参照"的方法。

(1) 打开参照。

编辑外部参照最简单、最直接的方法是在单独的窗口中打开参照的图形文件，而无须使用【选择文件】对话框浏览该外部参照。如果图形参照中包含嵌套的外部参照，则将打开选定对象嵌套层次最深的图形参照。这样，用户可以访问该参照图形中的所有对象。

(2) 在位编辑参照。

通过在位编辑参照，可以在当前图形的可视上下文中修改参照。一般说来，每个图形都包含一个或多个外部参照和多个块参照。在使用块参照时，可以选择块并进行修改，查看并编辑其特性，以及更新块定义。不能编辑使用 minsert 命令插入的块参照。

在使用外部参照时，可以选择要使用的参照，修改其对象，然后将修改保存到参照图形。进行较小修改时，不需要在图形之间来回切换。

> **注 意**
>
> 如果打算对参照进行较大修改，请打开参照图形直接修改。如果使用在位参照编辑进行较大修改，会使在位参照编辑任务期间当前图形文件的大小明显增加。

7.4.3　参照管理器

AutoCAD 图形可以参照多种外部文件，包括图形、文字字体、图像和打印配置。这些参照文件的路径保存在每个 AutoCAD 图形中。有时可能需要将图形文件或它们参照的文件移动到其他文件夹或其他磁盘驱动器中，这时就需要更新保存的参照路径。打开每个图形文件然后手动更新保存的每个参照路径是一个冗长乏味的过程。

但我们是幸运的，AutoCAD 给我们提供了有效的工具。

Autodesk 参照管理器提供了多种工具，可以列出选定图形中的参照文件，可以修改保存的参照路径而不必打开 AutoCAD 中的图形文件。利用参照管理器，可以轻松地标识并修复包含未融入参照的图形。但它依然有其限制。参照管理器当前并非对图形所参照的所有文件都提供支持。不受支持的参照包括与文字样式无关联的文字字体、OLE 链接、超级链接、数据库文件链接、PMP 文件以及 Web 上的 URL 的外部参照。如果参照管理器遇到 URL 的外部参照，它会将参照报告为"未找到"。

参照管理器是单机应用程序，可以从桌面工具栏的【开始】|【程序】菜单的 Autodesk 程序组中访问，打开【参照管理器】窗口，如图 7-42 所示。

当我们添加一个新的文件后，双击右侧信息条，将会出现【编辑选定的路径】对话框，如图 7-43 所示。

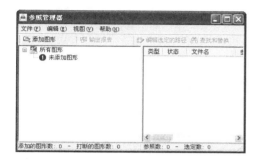

图 7-42 【参照管理器】窗口

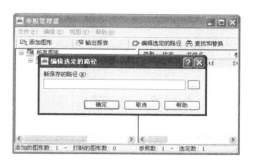

图 7-43 设置新路径

选择存储路径并单击【确定】按钮后，【参照管理器】的可应用选项发生改变，如图 7-44 所示。

单击【应用修改】按钮后，打开【概要】对话框，如图 7-45 所示。

图 7-44 部分功能按钮启用

图 7-45 【概要】对话框

单击【详细信息】按钮，打开【详细信息】对话框，可以查看具体内容，如图 7-46 所示。

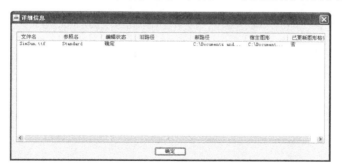

图 7-46 【详细信息】对话框

7.5 设计范例——楼梯间平面图绘制及面积查询

本范例完成文件：/07/7-1.dwg

多媒体教学路径：光盘→多媒体教学→第 7 章

7.5.1 实例介绍与展示

本章的设计范例是绘制楼梯间平面图，计算楼梯间建筑面积的查询，如图 7-47 所示。下面进行详细介绍。

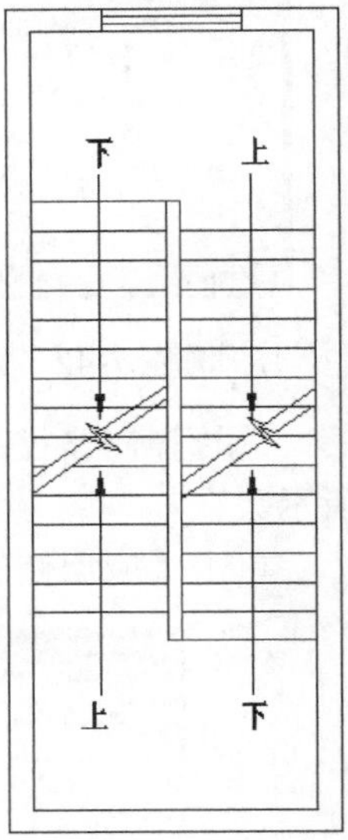

7.5.2 绘制楼梯间平面图

步骤 01 绘制矩形

单击【默认】选项卡中【绘图】面板上的【矩形】按钮▭，绘制矩形，如图 7-48 所示。命令输入行提示如下。

```
命令: _rectang                                   \\使用矩形命令
指定第一个角点或 [倒角(C)/标高(E)/圆角(F)/厚度(T)/宽度(W)]:
                                                 \\指定一点
指定另一个角点或 [面积(A)/尺寸(D)/旋转(R)]: d   \\输入 d
指定矩形的长度 <10.0000>: 2800                   \\输入长度距离
指定矩形的宽度 <10.0000>: 7300                   \\输入宽度距离
指定另一个角点或 [面积(A)/尺寸(D)/旋转(R)]:      \\单击结束
```

步骤 02 偏移矩形

单击【默认】选项卡中【修改】面板上的【偏移】按钮⬚，偏移矩形，如图 7-49 所示。命令输入行提示如下。

```
命令: _offset                                              \\使用偏移命令
当前设置: 删除源=否   图层=源   OFFSETGAPTYPE=0           \\系统设置
指定偏移距离或 [通过(T)/删除(E)/图层(L)] <通过>: 200      \\输入偏移距离
选择要偏移的对象，或 [退出(E)/放弃(U)] <退出>:           \\选择对象
指定要偏移的那一侧上的点，或 [退出(E)/多个(M)/放弃(U)] <退出>:  \\指定偏移一点
选择要偏移的对象，或 [退出(E)/放弃(U)] <退出>:           \\按 Enter 键结束
```

步骤 03 绘制直线

① 单击【默认】选项卡中【绘图】面板上的【直线】按钮╱，绘制直线，如图 7-50 所示。

② 单击【默认】选项卡中【绘图】面板上的【直线】按钮╱，绘制直线楼梯，楼梯的宽度为 260mm，如图 7-51 所示。

图 7-47 楼梯间平面图

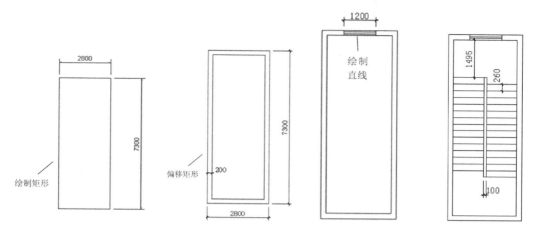

图 7-48　绘制矩形　　　图 7-49　偏移矩形　　　图 7-50　绘制直线　　图 7-51　绘制直线楼梯

③ 单击【默认】选项卡中【绘图】面板上的【直线】按钮╱，绘制出折断线，如图 7-52 所示。

④ 单击【默认】选项卡中【修改】面板上的【修剪】按钮┵，修剪线条，如图 7-53 所示。

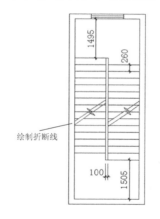

图 7-52　绘制折断线

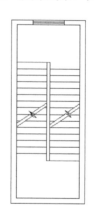

图 7-53　修剪线条

步骤 04　绘制多段线

单击【默认】选项卡中【绘图】面板上的【多段线】按钮⌐つ，绘制多段线箭头，如图 7-54 所示。命令输入行提示如下。

```
命令：_pline                                              \\使用多段线命令
指定起点：                                                \\指定一点
当前线宽为 0.0000                                          \\系统设置
指定下一个点或 [圆弧(A)/半宽(H)/长度(L)/放弃(U)/宽度(W)]：h   \\输入 h
指定起点半宽 <0.0000>：30                                  \\输入距离
指定端点半宽 <30.0000>：0                                  \\输入距离
指定下一个点或 [圆弧(A)/半宽(H)/长度(L)/放弃(U)/宽度(W)]：     \\指定一点
指定下一点或 [圆弧(A)/闭合(C)/半宽(H)/长度(L)/放弃(U)/宽度(W)]：\\指定一点
```

步骤 05 绘制文字

在菜单栏中，选择【绘图】|【文字】|【单行文字】命令，绘制文字如图 7-55 所示。
命令输入行提示如下。

```
命令：_text                                        \\使用单行文字命令
当前文字样式：  "Standard"  文字高度： 200.0000  注释性： 否   \\系统设置
指定文字的起点或 [对正(J)/样式(S)]：                    \\指定一点
指定高度 <200.0000>: 200                            \\输入距离
指定文字的旋转角度 <0>: 0                            \\输入距离
```

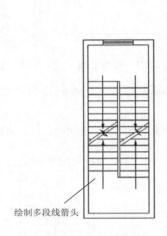

绘制多段线箭头

图 7-54　绘制多段线箭头

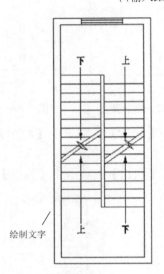

绘制文字

图 7-55　绘制文字

步骤 06 创建块

① 单击【默认】选项卡中【块】面板上的【创建】按钮，打开【块定义】对话框，在
【名称】组合框中输入"楼梯间平面图"，如图 7-56 所示。

② 单击【选择对象】按钮，选择"楼梯间平面图"，如图 7-57 所示。

图 7-56　【块定义】对话框

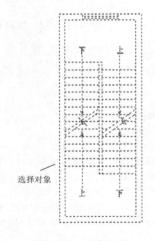

选择对象

图 7-57　选择对象

③按 Enter 键，打开【块定义】对话框，单击【确定】按钮，创建块。

7.5.3　查询面积

选择【工具】|【查询】|【面积】菜单命令，选择所要查询面积的端点，查询面积，如图 7-58 所示。命令输入行提示如下。

```
命令：_MEASUREGEOM                                        \\使用查询面积命令
输入选项 [距离(D)/半径(R)/角度(A)/面积(AR)/体积(V)] <距离>：_area      \\系统设置
指定第一个角点或 [对象(O)/增加面积(A)/减少面积(S)/退出(X)] <对象(O)>：    \\指定一点
指定下一个点或 [圆弧(A)/长度(L)/放弃(U)]：                        \\指定一点
指定下一个点或 [圆弧(A)/长度(L)/放弃(U)]：                        \\指定一点
指定下一个点或 [圆弧(A)/长度(L)/放弃(U)/总计(T)] <总计>：          \\指定一点
指定下一个点或 [圆弧(A)/长度(L)/放弃(U)/总计(T)] <总计>：          \\按 Enter 键结束
区域 = 16560000.0000，周长 = 18600.0000                     \\显示查询数据
```

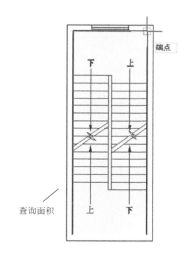

图 7-58　查询面积

7.6　本 章 小 结

本章主要介绍了绘图当中的一些基本命令和工具，包括精确定位、使用图块，其中使用图块可以极大提高绘图效率；面积和长度计算是 CAD 绘图当中的一个常用工具，另外介绍了外部参照。通过这些方法的学习，用户可以很好地配合基本绘图进行建筑绘图。

第8章

尺寸标注

　　尺寸标注是图形绘制的一个重要组成部分。它是图形的测量注释，可以测量和显示对象的长度、角度等测量值。详细的尺寸标注是建筑绘图中非常重要的一个环节。它能够使建筑施工者准确无误地获得图形对象之间的具体尺寸，从而精确地按照图纸来进行施工。在建筑绘图过程中，经常用到的尺寸标注命令有线性标注、连续标注、对齐标注等。另外，还应知道尺寸标注样式的创建、修改、删除及编辑尺寸标注等操作方法。

8.1 设置建筑图标注样式

在 AutoCAD 中，要使标注的尺寸符合要求，就必须先设置尺寸样式，即确定 4 个基本元素的大小及相互之间的基本关系。本节将对尺寸标注样式管理、创建及其具体设置作详尽的讲解。

8.1.1 标注样式的管理

设置尺寸标注样式可以用以下几种方法。

- 在菜单栏中，选择【标注】|【标注样式】菜单命令。
- 在命令输入行中输入 ddim 命令后按 Enter 键。
- 单击【标注】工具栏中的【标注样式】按钮。

无论使用上述任何一种方法，AutoCAD 都会打开如图 8-1 所示的【标注样式管理器】对话框。在其中，显示当前可以选择的尺寸样式名，可以查看所选择样式的预览图。

【标注样式管理器】对话框的各项功能具体介绍如下。

- 【置为当前】按钮：用于建立当前尺寸标注类型。
- 【新建】按钮：用于新建尺寸标注类型。单击该按钮，将打开【创建新标注样式】对话框，其具体应用将在后面作介绍。
- 【修改】按钮：用于修改尺寸标注类型。单击该按钮，将打开如图 8-2 所示的【修改标注样式】对话框，此图显示的是对话框中【线】选项卡的内容。

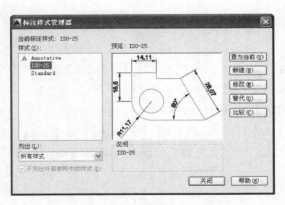

图 8-1　【标注样式管理器】对话框

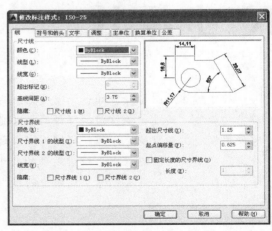

图 8-2　【修改标注样式】对话框中的【线】选项卡

- 【替代】按钮：替代当前尺寸标注类型。单击该按钮，将打开【替代当前样式】对话框，其中的选项与【修改标注样式】对话框中的内容一致。
- 【比较】按钮：比较尺寸标注样式。单击该按钮，将打开如图 8-3 所示的【比较标注样式】对话框。比较功能可以帮助用户快速地比较几个标注样式在参数上不同。

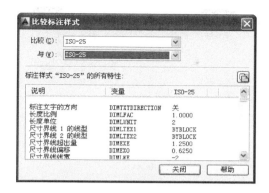

图 8-3 　【比较标注样式】对话框

8.1.2 创建新标注样式

单击【标注样式管理器】对话框中的【新建】按钮，出
现如图 8-4 所示的【创建新标注样式】对话框。

在其中，可以进行以下设置。

(1) 在【新样式名】文本框中输入新的尺寸样式名。

(2) 在【基础样式】下拉列表框中选择相应的标准。

(3) 在【用于】下拉列表框中选择需要将此尺寸样式应
用到相应尺寸标注上。

图 8-4 　【创建新标注样式】对话框

设置完毕后单击【继续】按钮即可进入【新建标注样式】对话框进行各项设置，其内容与
【修改标注样式】对话框中的内容一致。

AutoCAD 中存在标注样式的导入、导出功能，可以用标注样式的导入、导出功能实现在
新建图形中引用当前图形中的标注样式或者导入样式应用标注，后缀名为.dim。

8.1.3 标注样式的设置

单击【标注样式管理器】对话框中的【新建】按钮将打开【创建新标注样式】对话框，在
【新样式名】文本框中输入"副本 ISO-25"，单击【继续】按钮。 弹出【新建标注样式：副
本 ISO-25】对话框，如图 8-5 所示。

【新建标注样式】对话框、【修改标注样式】对话框与【替代当前样式】对话框中的内容
是一致的，包括 7 个选项卡，在此对其设置作详细的讲解。

1.【线】选项卡

此选项卡用来设置尺寸线和尺寸界线的格式和特性。

单击【标注样式】对话框中的【线】标签，切换到【线】选项卡。在此选项卡中，用户可
以设置尺寸的几何变量。

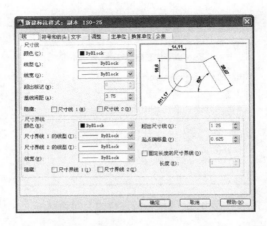

图 8-5 【新建标注样式：副本 ISO-25】对话框

此选项卡各选项内容如下。

(1)【尺寸线】选项组：设置尺寸线的特性。在此选项组中，AutoCAD 为用户提供了以下
   6 项内容供用户设置。

- 【颜色】下拉列表框：显示并设置尺寸线的颜色。用户可以选择【颜色】下拉列表框
  中的某种颜色作为尺寸线的颜色，或在列表框中直接输入颜色名来获得尺寸线的颜
  色。如果单击【颜色】下拉列表框中的【选择颜色】选项，则会打开【选择颜色】对
  话框，用户可以从 288 种 AutoCAD 颜色索引(ACI)颜色、真彩色和配色系统颜色中
  选择颜色，如图 8-6 所示。

图 8-6 【选择颜色】对话框

- 【线型】下拉列表框：设置尺寸线的线型。用户可以选择【线型】下拉列表框中的某
  种线型作为尺寸线的线型。
- 【线宽】下拉列表框：设置尺寸线的线宽。用户可以选择【线宽】下拉列表框中的某
  种属性来设置线宽，如 ByLayer(随层)、ByBlock(随块)及默认或一些固定的线宽等。
- 【超出标记】微调框：显示的是当用短斜线代替尺寸箭头使用倾斜、建筑标记、积分
  和无标记时尺寸线超过尺寸界线的距离，用户可以在此输入自己的预定值。默认情况
  下为 0。如图 8-7 所示为预定值设定为 3 时尺寸线超出尺寸界线的距离。

图 8-7　输入【超出标记】预定值的前后对比

- 【基线间距】微调框：显示的是两尺寸线之间的距离，用户可以在此输入自己的预定值。该值将在进行连续和基线尺寸标注时用到。
- 【隐藏】选项：不显示尺寸线。当标注文字在尺寸线中间时，如果启用【尺寸线 1】复选框，将隐藏前半部分尺寸线，如果启用【尺寸线 2】复选框，则隐藏后半部分尺寸线，如图 8-8 所示。如果同时启用两个复选框，则尺寸线将被全部隐藏。

隐藏前半部分尺寸线的尺寸标注　　　　　隐藏后半部分尺寸线的尺寸标注

图 8-8　隐藏部分尺寸线的尺寸标注

(2) 【尺寸界线】选项组：控制尺寸界线的外观。在此选项组中，AutoCAD 为用户提供了以下 8 项内容供用户设置。

- 【颜色】下拉列表框：显示并设置尺寸界线的颜色。用户可以选择【颜色】下拉列表框中的某种颜色作为尺寸界线的颜色，或在列表框中直接输入颜色名来获得尺寸界线的颜色。如果单击【颜色】下拉列表框中的【选择颜色】选项，则会打开【选择颜色】对话框，用户可以从 288 种 AutoCAD 颜色索引(ACI)颜色、真彩色和配色系统颜色中选择颜色。
- 【尺寸界线 1 的线型】下拉列表框及【尺寸界线 2 的线型】下拉列表框：设置尺寸界线的线型。用户可以选择其下拉列表框中的某种线型作为尺寸界线的线型。
- 【线宽】下拉列表框：设置尺寸界线的线宽。用户可以选择【线宽】下拉列表框中的某种属性来设置线宽，如 ByLayer(随层)、ByBlock(随块)及默认或一些固定的线宽等。
- 【隐藏】选项：不显示尺寸界线。如果启用【尺寸界线 1】复选框，将隐藏第一条尺寸界线，如果启用【尺寸界线 2】复选框，则隐藏后第二条尺寸界线，如图 8-9 所示。如果同时启用两个复选框，则尺寸界线将被全部隐藏。

隐藏第一条尺寸界线的尺寸标注　　　　　隐藏第二条尺寸界线的尺寸标注

图 8-9　隐藏部分尺寸界线的尺寸标注

- 【超出尺寸线】微调框：显示的是尺寸界线超过尺寸线的距离。用户可以在此输入自

己的预定值。如图 8-10 所示为预定值设定为 3 时尺寸界线超出尺寸线的距离。

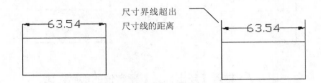

图 8-10　输入【超出尺寸线】预定值的前后对比

- 【起点偏移量】微调框：用于设置自图形中定义标注的点到尺寸界线的偏移距离。一般来说，尺寸界线与所标注的图形之间有间隙，该间隙即为起点偏移量。即在【起点偏移量】微调框中所显示的数值，用户也可以把它设为另外一个值。
- 【固定长度的尺寸界线】复选框：用于设置尺寸界线从尺寸线开始到标注原点的总长度。如图 8-11 所示为设定固定长度的尺寸界线前后的对比。无论是否设置了固定长度的尺寸界线，尺寸界线偏移都将设置从尺寸界线原点开始的最小偏移距离。

设定固定长度的尺寸界线前　　　　　设定固定长度的尺寸界线后

图 8-11　设定固定长度的尺寸界线前后

2. 【符号和箭头】选项卡

此选项卡用来设置箭头、圆心标记、折断标注、弧长符号、半径折弯标注和线性弯折标注的格式和位置。

单击【新建标注样式：副本 ISO-25】对话框中的【符号和箭头】标签，切换到【符号和箭头】选项卡。如图 8-12 所示。

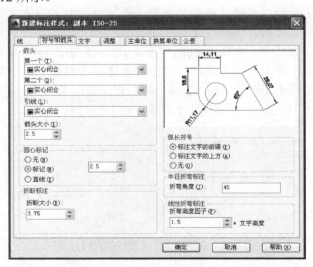

图 8-12　【符号和箭头】选项卡

此选项卡各选项内容如下。

(1)【箭头】：控制标注箭头的外观。在此选项中，AutoCAD 为用户提供了以下 4 项内容供用户设置。

- 【第一个】下拉列表框：用于设置第一条尺寸线的箭头。当改变第一个箭头的类型时，第二个箭头将自动改变以便同第一个箭头相匹配。
- 【第二个】下拉列表框：用于设置第二条尺寸线的箭头。
- 【引线】下拉列表框：用于设置引线尺寸标注的指引箭头类型。

若用户要指定自己定义的箭头块，可分别单击上述 3 项下拉列表框中的【用户箭头】选项，则显示【选择自定义箭头块】对话框。用户选择自己定义的箭头块的名称(该块必须在图形中)。

- 【箭头大小】微调框：在此微调框中显示的是箭头的大小值，用户可以单击上下移动的箭头选择相应的值，或直接在微调框中输入数值以确定箭头的大小值。

另外，在 AutoCAD 2014 版本中新增了【翻转箭头】的功能，用户可以更改标注上每个箭头的方向。如图 8-13 所示，先选择要改变其方向的箭头，然后右击，在弹出的快捷菜单中选择【翻转箭头】命令。翻转后的箭头如图 8-14 所示。

图 8-13　翻转箭头

翻转一个箭头　　　　　　　翻转两个箭头

图 8-14　翻转后的箭头

(2)【圆心标记】选项组：控制直径标注和半径标注的圆心标记和中心线的外观。在此选项中，AutoCAD 为用户提供了以下 3 项内容供用户设置。

- 【无】单选按钮：不创建圆心标记或中心线，其存储值为 0。
- 【标记】单选按钮：创建圆心标记，其大小存储为正值。
- 【直线】单选按钮：创建中心线，其大小存储为负值。

(3)【折断标注】选项组：在此微调框中显示和设置圆心标记或中心线的大小。

用户可以在【折断大小】微调框中通过上下箭头选择一个数值或直接在微调框中输入相应的数值来表示圆心标记的大小。

(4)【弧长符号】选项组：控制弧长标注中圆弧符号的显示。在此选项中，AutoCAD 为用户提供了以下 3 项内容供用户设置。

- 【标注文字的前缀】单选按钮：将弧长符号放置在标注文字的前面。
- 【标注文字的上方】单选按钮：将弧长符号放置在标注文字的上方。
- 【无】单选按钮：不显示弧长符号。

(5)【半径折弯标注】选项组：控制折弯(Z 字形)半径标注的显示。折弯半径标注通常在中心点位于页面外部时创建。

【折弯角度】文本框：用于确定连接半径标注的尺寸界线和尺寸线的横向直线的角度，如图 8-15 所示。

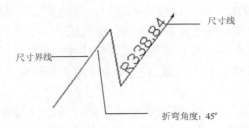

图 8-15　折弯角度

(6)【线性折弯标注】选项组：控制线性标注折弯的显示。

用户可以在【折弯高度因子】微调框中通过上下箭头选择一个数值或直接在微调框中输入相应的数值来表示文字高度的大小。

3.【文字】选项卡

此选项卡用来设置标注文字的外观、位置和对齐。

单击【新建标注样式：副本 ISO-25】对话框中的【文字】标签，切换到【文字】选项卡，如图 8-16 所示。

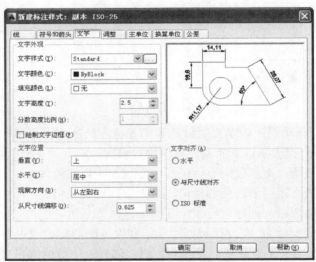

图 8-16　【文字】选项卡

此选项卡各选项的内容如下。

(1)【文字外观】选项组：设置标注文字的样式、颜色和大小等属性。在此选项中，AutoCAD 为用户提供了以下 6 项内容供用户设置。

- 【文字样式】下拉列表框：用于显示和设置当前标注文字样式。用户可以从该下拉列表框中选择一种样式。若用户要创建和修改标注文字样式，可以单击下拉列表框旁边的【文字样式】按钮，打开【文字样式】对话框，如图 8-17 所示，从中进行标注文字样式的创建和修改。

- 【文字颜色】下拉列表框：用于设置标注文字的颜色。用户可以选择其下拉列表框中的某种颜色作为标注文字的颜色，或在列表框中直接输入颜色名来获得标注文字的颜色。如果单击该下拉列表框中的【选择颜色】选项，则会打开【选择颜色】对话框，用户可以从 288 种 AutoCAD 颜色索引(ACI)颜色、真彩色和配色系统颜色中选择颜色。

图 8-17　【文字样式】对话框

- 【填充颜色】下拉列表框：用于设置标注文字背景的颜色。用户可以选择该下拉列表框中的某种颜色作为标注文字背景的颜色，或在下拉列表框中直接输入颜色名来获得标注文字背景的颜色。如果单击该下拉列表框中的【选择颜色】选项，则会打开【选择颜色】对话框，用户可以从 288 种 AutoCAD 颜色索引(ACI)颜色、真彩色和配色系统颜色中选择颜色。

- 【文字高度】微调框：用于设置当前标注文字样式的高度。用户可以直接在微调框中输入需要的数值。如果用户在【文字样式】选项中将文字高度设置为固定值(即文字样式高度大于 0)，则该高度将替代此处设置的文字高度。如果要使用在【文字】选项卡上设置的高度，必须确保【文字样式】中的文字高度设置为 0。

- 【分数高度比例】微调框：用于设置相对于标注文字的分数比例，用在公差标注中，当公差样式有效时可以设置公差的上下偏差文字与公差的尺寸高度的比例值。另外，只有在【主单位】选项卡上选择【分数】作为【单位格式】时，此选项才可应用。在此微调框中输入的值乘以文字高度，可确定标注分数相对于标注文字的高度。

- 【绘制文字边框】复选框：某种特殊的尺寸需要使用文字边框。例如基本公差，如果启用此复选框将在标注文字周围绘制一个边框。如图 8-18 所示为有文字边框和无文字边框的尺寸标注效果。

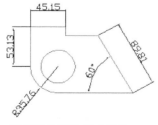

无文字边框的尺寸标注

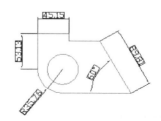

有文字边框的尺寸标注

图 8-18　有无文字边框尺寸标注的比较

(2)【文字位置】选项组：用于设置标注文字的位置。在此选项中，AutoCAD 为用户提供了以下 4 项内容供用户设置。

- 【垂直】下拉列表框：用来调整标注文字与尺寸线在垂直方向的位置。用户可以在此下拉列表框中选择当前的垂直对齐位置，此下拉列表框中共有以下 5 个选项供用户选择。
  - ◆ 【居中】选项：将文本置于尺寸线的中间。
  - ◆ 【上】选项：将文本置于尺寸线的上方。从尺寸线到文本的最低基线的距离就是当前的文字间距。
  - ◆ 【外部】选项：将文本置于尺寸线上远离第一个定义点的一边。
  - ◆ JIS 选项：按日本工业的标准放置。
  - ◆ 【下】选项：将文本置于尺寸线的下方。
- 【水平】下拉列表框：用来调整标注文字与尺寸线在平行方向的位置。用户可以在此下拉列表框中选择当前的水平对齐位置，此下拉列表框中共有以下 5 个选项供用户选择。
  - ◆ 【居中】选项：将文本置于尺寸界线的中间。
  - ◆ 【第一条尺寸界线】选项：将标注文字沿尺寸线与第一条尺寸界线左对正。尺寸界线与标注文字的距离是箭头大小加上文字间距之和的两倍。
  - ◆ 【第二条尺寸界线】选项：将标注文字沿尺寸线与第二条尺寸界线右对正。尺寸界线与标注文字的距离是箭头大小加上文字间距之和的两倍。
  - ◆ 【第一条尺寸界线上方】选项：沿第一条尺寸界线放置标注文字或将标注文字放置在第一条尺寸界线之上。
  - ◆ 【第二条尺寸界线上方】选项：沿第二条尺寸界线放置标注文字或将标注文字放置在第二条尺寸界线之上。
- 【从尺寸线偏移】微调框：用于调整标注文字与尺寸线之间的距离，即文字间距。此值也可用作尺寸线段所需的最小长度。

另外，只有当生成的线段至少与文字间隔同样长时，才会将文字放置在尺寸界线内侧。当箭头、标注文字以及页边距有足够的空间容纳文字间距时，才会将尺寸线上方或下方的文字置于内侧。

(3)【文字对齐】选项组：用于控制标注文字放在尺寸界线外边或里边时的方向是保持水平还是与尺寸界线平行。在此选项中，AutoCAD 为用户提供了以下 3 项内容供用户选择。

- 【水平】单选按钮：选中此单选按钮表示无论尺寸标注为何种角度，它的标注文字总是水平的。
- 【与尺寸线对齐】单选按钮：选中此单选按钮表示尺寸标注为何种角度时，它的标注文字即为何种角度，文字方向总是与尺寸线平行。
- 【ISO 标准】单选按钮：选中此单选按钮表示标注文字方向遵循 ISO 标准。当文字在尺寸界线内时，文字与尺寸线对齐；当文字在尺寸界线外时，文字水平排列。

国家制图标准专门对文字标注做出了规定，其主要内容如下。

字体的号数有 20、14、10、7、8、3.8、2.8 共 7 种，其号数即为字的高度(单位为 mm)。字的宽度约等于字体高度的 2/3。对于汉字，因笔画较多，不宜采用 2.8 号字。

文字中的汉字应采用长仿宋体；拉丁字母分大、小写 2 种，而这 2 种字母又可分别写成直体(正体)和斜体形式。斜体字的字头向右侧倾斜，与水平线约成 78 度；阿拉伯数字也有直体和斜体 2 种形式。斜体数字与水平线也成 78 度。实际标注中，有时需要将汉字、字母和数字组合起来使用。例如，标注"4-M8 深 18"时，就用到了汉字、字母和数字。

以上简要介绍了国家制图标准对文字标注要求的主要内容。其详细要求请参考相应的国家制图标准。下面介绍如何为 AutoCAD 创建符合国标要求的文字样式。

要创建符合国家要求的文字样式，关键是要有相应的字库。AutoCAD 支持 TrueType 字体，如果用户的计算机中已安装 TrueType 形式的长仿宋体，按前面创建 STHZ 文字样式的方法创建相应文字样式，即可标注出长仿宋体字。此外，用户也可以采用宋体或仿宋体字体作为近似字体，但此时要设置合适的宽度比例。

4. 【调整】选项卡

此选项卡用来设置标注文字、箭头、引线和尺寸线的放置位置。

单击【新建标注样式：副本 ISO-25】对话框中的【调整】标签，切换到【调整】选项卡，如图 8-19 所示。

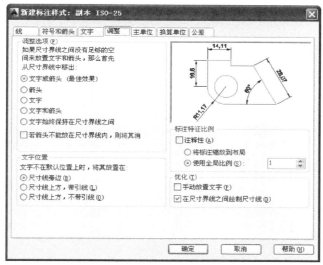

图 8-19　【调整】选项卡

此选项卡各选项的内容如下。

(1) 【调整选项】选项组：用于在特殊情况下调整尺寸的某个要素的最佳表现方式。在此选项组中，AutoCAD 为用户提供了以下 6 项内容供用户设置。

● 【文字或箭头(最佳效果)】单选按钮：选中此单选按钮表示 AutoCAD 会自动选取最好的效果，当没有足够的空间放置文字和箭头时，AutoCAD 会自动把文字或箭头移出尺寸界线。

● 【箭头】单选按钮：选中此单选按钮表示在尺寸界线之间如果没有足够的空间放置文字和箭头时，将首先把箭头移出尺寸界线。

● 【文字】单选按钮：选中此单选按钮表示在尺寸界线之间如果没有足够的空间放置文

字和箭头时，将首先把文字移出尺寸界线。

- 【文字和箭头】单选按钮：选中此单选按钮表示在尺寸界线之间如果没有足够的空间放置文字和箭头时，将会把文字和箭头同时移出尺寸界线。
- 【文字始终保持在尺寸界线之间】单选按钮：选中此单选按钮表示在尺寸界线之间如果没有足够的空间放置文字和箭头时，文字将始终留在尺寸界线内。
- 【若箭头不能放在尺寸界线内，则将其消】复选框：选中此复选框，表示当文字和箭头在尺寸界线放置不下时，则消除箭头，即不画箭头。如图 8-20 所示的 R11.17 的半径标注为启用此复选框的前后对比。

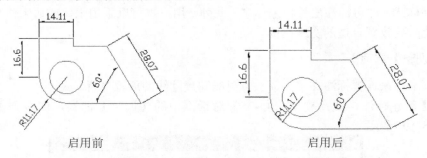

启用前　　　　　　　　　　　　启用后

图 8-20　启用【若箭头不能放在尺寸界线内，则将其消】复选框的前后对比

(2) 【文字位置】选项组：用于设置标注文字从默认位置(由标注样式定义的位置)移动时标注文字的位置。在此选项中，AutoCAD 为用户提供了以下 3 项内容供用户设置。

- 【尺寸线旁边】单选按钮：当标注文字不在默认位置时，将文字标注在尺寸线旁。这是默认的选项。
- 【尺寸线上方，带引线】单选按钮：当标注文字不在默认位置时，将文字标注在尺寸线的上方，并加一条引线。
- 【尺寸线上方，不带引线】单选按钮：当标注文字不在默认位置时，将文字标注在尺寸线的上方，不加引线。

(3) 【标注特征比例】选项组：用于设置全局标注比例值或图纸空间比例。在此选项中，AutoCAD 为用户提供了以下两项内容供用户设置。

- 【将标注缩放到布局】单选按钮：表示以相对于图纸的布局比例来缩放尺寸标注。
- 【使用全局比例】单选按钮：表示整个图形的尺寸比例，比例值越大表示尺寸标注的字体越大。选中此单选按钮后，用户可以在其微调框中选择某一个比例或直接在微调框中输入一个数值表示全局的比例。

(4) 【优化】选项组：提供用于放置标注文字的其他选项。在此选项中，AutoCAD 为用户提供了以下两项内容供用户设置。

- 【手动放置文字】复选框：选中此复选框表示每次标注时总是需要用户设置放置文字的位置，反之则在标注文字时使用默认设置。
- 【在尺寸界线之间绘制尺寸线】复选框：选中该复选框表示当尺寸界线距离比较近时，在界线之间也要绘制尺寸线，反之则不绘制。

5. 【主单位】选项卡

此选项卡用来设置主标注单位的格式和精度，并设置标注文字的前缀和后缀。

单击【新建标注样式：副本 ISO-25】对话框中的【主单位】标签，切换到【主单位】选项卡，如图 8-21 所示。

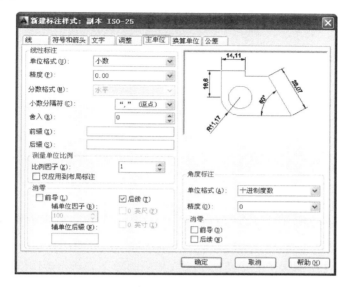

图 8-21　【主单位】选项卡

此选项卡各选项内容如下。

(1) 【线性标注】选项组：用于设置线性标注的格式和精度。在此选项中，AutoCAD 为用户提供了以下多个选项内容供用户设置。

- 【单位格式】下拉列表框：设置除角度之外的所有尺寸标注类型的当前单位格式。其中的选项共有 6 项，它们是：【科学】、【小数】、【工程】、【建筑】、【分数】和【Windows 桌面】。

- 【精度】下拉列表框：设置尺寸标注的精度。用户可以通过在其下拉列表框中选择某一项作为标注精度。

- 【分数格式】下拉列表框：设置分数的表现格式。此选项只有当【单位格式】选中的是"分数"时才有效，它包括【水平】、【对角】、【非堆叠】3 项。

- 【小数分隔符】下拉列表框：设置用于十进制格式的分隔符。此选项只有当【单位格式】选中的是【小数】时才有效，它包括【"."(句点)】、【","(逗点)】、【" "(空格)】3 项。

- 【舍入】微调框：设置四舍五入的位数及具体数值。用户可以在其微调框中直接输入相应的数值来设置。如果输入 0.28，则所有标注距离都以 0.28 为单位进行舍入；如果输入 1.0，则所有标注距离都将舍入为最接近的整数。小数点后显示的位数取决于【精度】设置。

- 【前缀】文本框：在此文本框中用户可以为标注文字输入一定的前缀，可以输入文字

175

或使用控制代码显示特殊符号。如图 8-22 所示，在【前缀】文本框中输入%%C 后，标注文字前加表示直径的前缀 "Ø" 号。

- 【后缀】文本框：在此文本框中用户可以为标注文字输入一定的后缀，可以输入文字或使用控制代码显示特殊符号。如图 8-23 所示，在【后缀】文本框中输入 cm 后，标注文字后加后缀 cm。

提 示

当输入前缀或后缀时，输入的前缀或后缀将覆盖在直径和半径等标注中使用的任何默认前缀或后缀。如果指定了公差，前缀或后缀将添加到公差和主标注中。

图 8-22　加入前缀%%C 的尺寸标注　　　图 8-23　加入后缀 cm 的尺寸标注

(2)【测量单位比例】选项组：定义线性比例选项，主要应用于传统图形。

用户可以通过在【比例因子】微调框中输入相应的数字表示设置比例因子。但是建议不要更改此值的默认值 1.00。例如，如果输入 2，则 1 英寸直线的尺寸将显示为 2 英寸。该值不应用到角度标注，也不应用到舍入值或者正负公差值。

用户也可以启用【仅应用到布局标注】复选框或取消启用使设置应用到整个图形文件中。

(3) 左侧【消零】选项组：用来控制不输出前导零、后续零以及零英尺、零英寸部分，即在标注文字中不显示前导零、后续零以及零英尺、零英寸部分。

(4)【角度标注】选项组：用于显示和设置角度标注的当前角度格式。在此选项中，AutoCAD 为用户提供了以下选项供用户设置。

- 【单位格式】下拉列表框：设置角度单位格式。其中的选项共有 4 项，它们是：【十进制度数】、【度/分/秒】、【百分度】和【弧度】。
- 【精度】下拉列表框：设置角度标注的精度。用户可以通过在其下拉列表框中选择某一项作为标注精度。

(5) 右侧【消零】选项组：用来控制不输出前导零、后续零，即在标注文字中不显示前导零、后续零。

6.【换算单位】选项卡

此选项卡用来设置标注测量值中换算单位的显示并设置其格式和精度。

单击【新建标注样式：副本 ISO-25】对话框中的【换算单位】标签，切换到【换算单位】选项卡，如图 8-24 所示。

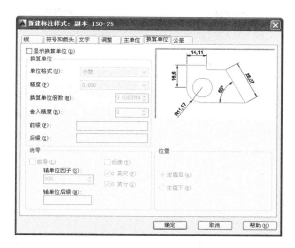

图 8-24　【换算单位】选项卡

此选项卡各选项内容如下。

(1)【显示换算单位】复选框：用于向标注文字添加换算测量单位。只有当用户启用此复选框时，【换算单位】选项卡的所有选项才有效；否则即为无效，即在尺寸标注中换算单位无效。

(2)【换算单位】选项组：用于显示和设置角度标注的当前角度格式。在此选项组中，AutoCAD 为用户提供了以下 6 项内容供用户设置。

● 【单位格式】下拉列表框：设置换算单位格式。此项与主单位的单位格式设置相同。

● 【精度】下拉列表框：设置换算单位的尺寸精度。此项也与主单位的精度设置相同。

● 【换算单位倍数】微调框：设置换算单位之间的比例，用户可以指定一个倍数，作为主单位和换算单位之间的换算因子使用。例如，要将英寸转换为毫米，则输入 28.4。此值对角度标注没有影响，而且不会应用于舍入值或者正、负公差值。

● 【舍入精度】微调框：设置四舍五入的位数及具体数值。如果输入 0.28，则所有标注测量值都以 0.28 为单位进行舍入；如果输入 1.0，则所有标注测量值都将舍入为最接近的整数。小数点后显示的位数取决于【精度】设置。

● 【前缀】文本框：在此文本框中用户可以为尺寸换算单位输入一定的前缀，可以输入文字或使用控制代码显示特殊符号。如图 8-25 所示，在【前缀】文本框中输入%%C 后，换算单位前加表示直径的前缀"Ø"号。

● 【后缀】文本框：在此文本框中用户可以为尺寸换算单位输入一定的后缀，可以输入文字或使用控制代码显示特殊符号。如图 8-26 所示，在【后缀】文本框中输入 cm 后，换算单位后加后缀 cm。

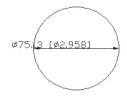

图 8-25　加入前缀的换算单位示意图

图 8-26　加入后缀的换算单位示意图

(3)【消零】选项组：用来控制不输出前导零、后续零以及零英尺、零英寸部分，即在换算单位中不显示前导零、后续零以及零英尺、零英寸部分。

(4)【位置】选项组：用于设置标注文字中换算单位的放置位置。在此选项组中，有以下两个单选按钮。

● 【主值后】单选按钮：选中此单选按钮表示将换算单位放在标注文字中的主单位之后。

● 【主值下】单选按钮：选中此单选按钮表示将换算单位放在标注文字中的主单位下面。

如图 8-27 所示为换算单位放置在主单位之后和主值下面的尺寸标注对比。

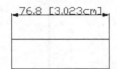

将换算单位放置主单位之后的尺寸标注

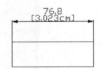

将换算单位放置主单位下面的尺寸标注

图 8-27　换算单位放置在主单位之后和主值下面的尺寸标注

7.【公差】选项卡

此选项卡用来设置公差格式及换算公差等。

单击【新建标注样式：副本 ISO-25】对话框中的【公差】标签，切换到【公差】选项卡，如图 8-28 所示。

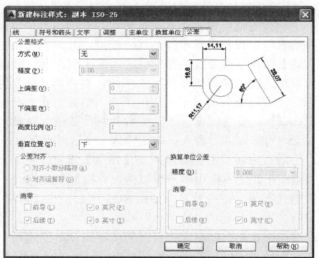

图 8-28　【公差】选项卡

此选项卡各选项内容如下。

(1)【公差格式】选项组：用于设置标注文字中公差的格式及显示。在此选项中，AutoCAD为用户提供了以下 7 项内容供用户设置。

● 【方式】下拉列表框：设置公差格式。用户可以在其下拉列表框中选择其一作为公差的标注格式。其中的选项共有 5 项，它们是：【无】、【对称】、【极限偏差】、【极限尺寸】和【基本尺寸】。

【无】选项：不添加公差。

【对称】选项：添加公差的正/负表达式，其中一个偏差量的值应用于标注测量值。标注后面将显示加号或减号。在【上偏差】中输入公差值。

【极限偏差】选项：添加正/负公差表达式。不同的正公差和负公差值将应用于标注测量值。在【上偏差】中输入的公差值前面将显示正号(+)。在【下偏差】中输入的公差值前面将显示负号(-)。

【极限尺寸】选项：创建极限标注。在此类标注中，将显示一个最大值和一个最小值，一个在上，另一个在下。最大值等于标注值加上在【上偏差】中输入的值。最小值等于标注值减去在【下偏差】中输入的值。

【基本尺寸】选项：创建基本标注，这将在整个标注范围周围显示一个框。

- 【精度】下拉列表框：设置公差的小数位数。
- 【上偏差】微调框：设置最大公差或上偏差。如果在【方式】中选择【对称】，则此项数值将用于公差。
- 【下偏差】微调框：设置最小公差或下偏差。
- 【高度比例】微调框：设置公差文字的当前高度。
- 【垂直位置】下拉列表框：设置对称公差和极限公差的文字对正。
- 【消零】选项组：用来控制不输出前导零、后续零以及零英尺、零英寸部分，即在公差中不显示前导零、后续零以及零英尺、零英寸部分。

(2) 【换算单位公差】选项组：用于设置换算公差单位的格式。在此选项中的【精度】下拉列表框、【消零】选项组的设置与前面的设置相同。

设置各选项后，单击任意一个选项卡中的【确定】按钮，然后单击【标注样式管理器】对话框中的【关闭】按钮即完成设置。

8.2 标注建筑图尺寸

尺寸标注是图形设计中基本的设计步骤和过程，其随图形的多样性而有多种不同的标注，AutoCAD 提供了多种标注类型，包括线性尺寸标注、对齐尺寸标注等。通过了解这些尺寸标注，可以灵活地给图形添加尺寸标注。下面将介绍 AutoCAD 2014 的尺寸标注方法和规则。

8.2.1 线性尺寸标注

线性尺寸标注用来标注图形的水平尺寸、垂直尺寸，如图 8-29 所示。

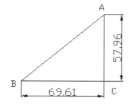

图 8-29 线性尺寸标注

创建线性尺寸标注有以下 3 种方法。

● 在菜单栏中，选择【标注】|【线性】菜单命令。

● 在命令输入行中输入 Dimlinear 命令后按 Enter 键。

● 单击【标注】面板中的【线性】按钮。

执行上述任意一种操作后，命令输入行提示如下。

```
命令：_dimlinear
指定第一条尺寸界线原点或 <选择对象>：          //选择 A 点后单击
指定第二条尺寸界线原点：                      //选择 C 点后单击
指定尺寸线位置或[多行文字(M)/文字(T)/角度(A)/水平(H)/垂直(V)/旋转(R)]：  标注文字 =
57.96                               //按住鼠标左键拖曳尺寸线移动到合适的位置后单击
```

以上命令输入行提示选项解释如下。

【多行文字】　用户可以在标注的同时输入多行文字。

【文字】：用户只能输入一行文字。

【角度】：输入标注文字的旋转角度。

【水平】：标注水平方向距离尺寸。

【垂直】：标注垂直方向距离尺寸。

【旋转】：输入尺寸线的旋转角度。

在 AutoCAD 标注文字时，有很多特殊的字符和标注，这些特殊字符和标注由控制字符来实现，AutoCAD 的特殊字符及其对应的控制字符如表 8-1 所示。

表 8-1　特殊字符及其对应的控制字符表

特殊符号或标注	控制字符	示　例
圆直径标注符号(Ø)	%%c	Ø48
百分号	%%%	%30
正/负公差符号(±)	%%c	20±0.8
度符号(°)	%%d	48°
字符数 nnn	%%nnn	Abc
加上划线	%%o	123
加下划线	%%u	123

8.2.2　对齐尺寸标注

对齐尺寸标注是指标注两点间的距离，标注的尺寸线平行于两点间的连线，如图 8-30 所示为线性尺寸标注与对齐尺寸标注的区别。

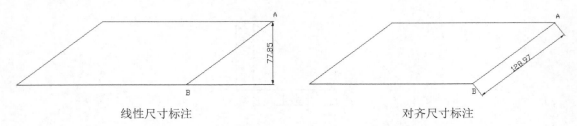

线性尺寸标注　　　　　　　　　　　　　　　　　对齐尺寸标注

图 8-30　线性尺寸标注与对齐尺寸标注的对比

创建对齐尺寸标注有以下 3 种方法。

- 在菜单栏中，选择【标注】|【对齐】菜单命令。
- 在命令输入行中输入 dimaligned 命令后按 Enter 键。
- 单击【标注】面板中的【对齐】按钮 。

执行上述任意一种操作后，命令输入行提示如下。

```
命令：_dimaligned
指定第一条尺寸界线原点或 <选择对象>：     //选择 A 点后单击
指定第二条尺寸界线原点：                  //选择 B 点后单击
指定尺寸线位置或[多行文字(M)/文字(T)/角度(A)]： 标注文字 = 128.97
                          //按住鼠标左键拖曳尺寸线移动到合适的位置后单击
```

8.2.3 弧长尺寸标注

弧长尺寸标注：用来测量和显示圆弧的长度，如图 8-31 所示。

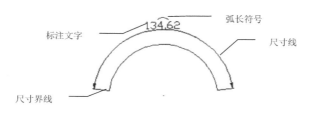

图 8-31 弧长尺寸标注

首先用户必须在【标注样式】对话框的【符号和箭头】选项卡中设置【弧长符号】的样式，此方法已在 8.1.3 小节中做了详细的讲解，在图 8-31 中将【弧长符号】设置成了【标注文字的上方】。

然后进行弧长标注的创建，方法有以下 3 种。

- 在菜单栏中，选择【标注】|【弧长】菜单命令。
- 在命令输入行中输入 dimarc 命令后按 Enter 键。
- 单击【标注】面板中的【弧长】按钮 。

执行上述任意一种操作后，命令输入行提示如下。

```
命令：_dimarc
选择弧线段或多段线弧线段：                //选中圆弧后单击
指定弧长标注位置或 [多行文字(M)/文字(T)/角度(A)/部分(P)/引线(L)]： 标注文字 =
134.62                  //按住鼠标左键拖曳尺寸线移动到合适的位置后单击
```

8.2.4 坐标尺寸标注

坐标尺寸标注用来标注指定点到用户坐标系(UCS)原点的坐标方向距离。如图 8-32 所示，圆心沿横向坐标方向的坐标距离为 13.24，圆心沿纵向坐标方向的坐标距离为 480.24。

创建坐标尺寸标注有以下 4 种方法。

- 在菜单栏中，选择【标注】|【坐标】菜单命令。

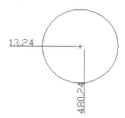

图 8-32 坐标尺寸标注

- 在命令输入行中输入 dimordinate 命令后按 Enter 键。
- 单击【标注】面板中的【坐标】按钮 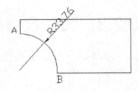。

执行上述任意一种操作后，命令输入行提示如下。

```
命令: _dimordinate
指定点坐标:                                    //选定圆心后单击
指定引线端点或 [X 基准(X)/Y 基准(Y)/多行文字(M)/文字(T)/角度(A)]:  标注文字 = 13.24
                                            //拖曳鼠标确定引线端点至合适位置后单击
```

8.2.5　半径尺寸标注

半径尺寸标注用来标注圆或圆弧的半径，如图 8-33 所示。

创建半径尺寸标注有以下 3 种方法。

- 在菜单栏中，选择【标注】|【半径】菜单命令。
- 在命令输入行中输入 dimradius 命令后按 Enter 键。
- 单击【标注】面板中的【半径】按钮 。

执行上述任意一种操作后，命令输入行提示如下。

图 8-33　半径尺寸标注

```
命令: _dimradius
选择圆弧或圆:                                   //选择圆弧 AB 后单击
标注文字 = 33.76
指定尺寸线位置或 [多行文字(M)/文字(T)/角度(A)]:      //移动尺寸线至合适位置后单击
```

8.2.6　折弯半径尺寸标注

当圆弧或圆的圆心位于图形边界之外时，可以使用折弯半径尺寸标注测量并显示其半径，如图 8-34 所示。

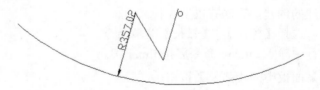

图 8-34　折弯半径尺寸标注

首先，用户必须在【标注样式】对话框的【符号和箭头】选项卡中设置【标注半径折弯】的折弯角度，在图 8-34 中将【标注半径折弯】的折弯角度设置成了 48 度。

然后进行折弯半径标注的创建，方法有以下 3 种。

- 在菜单栏中，选择【标注】|【折弯】菜单命令。
- 在命令输入行中输入 dimjogged 命令后按 Enter 键。
- 单击【标注】面板中的【折弯】按钮 。

执行上述任意一种操作后，命令输入行提示如下。

```
命令: _dimjogged
选择圆弧或圆:                                   //选择圆弧后单击
指定中心位置替代:                                //选择中心位置 O 点后单击
```

标注文字 = 387.02
指定尺寸线位置或 [多行文字(M)/文字(T)/角度(A)]:　　　　//移动尺寸线至合适位置
指定折弯位置:　　　　//选定折弯位置后单击

8.2.7　直径尺寸标注

直径尺寸标注用来标注圆的直径，如图 8-35 所示。

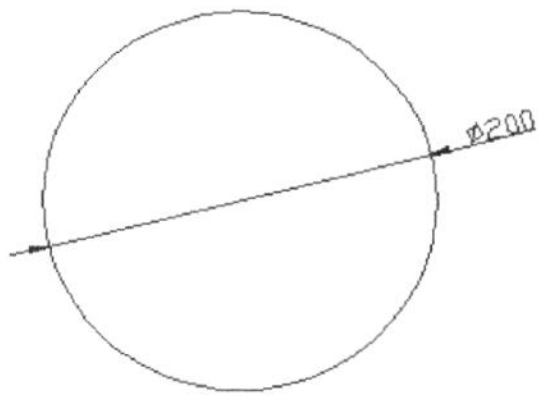

创建直径尺寸标注有以下 3 种方法。

- 在菜单栏中，选择【标注】|【直径】菜单命令。
- 在命令输入行中输入 dimdiameter 命令后按 Enter 键。
- 单击【标注】面板中的【直径】按钮 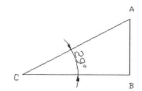。

执行上述任意一种操作后，命令输入行提示如下。

图 8-35　直径尺寸标注

命令: _dimdiameter
选择圆弧或圆:　　　　//选择圆后单击
标注文字 = 200
指定尺寸线位置或 [多行文字(M)/文字(T)/角度(A)]:　　　　//移动尺寸线至合适位置后单击

8.2.8　角度尺寸标注

角度尺寸标注用来标注两条不平行线的夹角或圆弧的夹角。如图 8-36 所示为不同图形的角度尺寸标注。

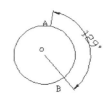

选择两条直线的角度尺寸标注　　　　选择圆弧的角度尺寸标注　　　　选择圆的角度尺寸标注

图 8-36　角度尺寸标注

创建角度尺寸标注有以下 3 种方法。

- 在菜单栏中，选择【标注】|【角度】菜单命令。
- 在命令输入行中输入 dimangular 命令后按 Enter 键。
- 单击【标注】面板中的【角度】按钮 。

如果选择直线，执行上述任意一种操作后，命令输入行提示如下。

命令: _dimangular
选择圆弧、圆、直线或 <指定顶点>:　　　　//选择直线 AC 后单击
选择第二条直线:　　　　//选择直线 BC 后单击
指定标注弧线位置或 [多行文字(M)/文字(T)/角度(A)]:　　　　//选定标注位置后单击
标注文字 = 29

如果选择圆弧，执行上述任意一种操作后，命令输入行提示如下。

命令: _dimangular
选择圆弧、圆、直线或 <指定顶点>:　　　　//选择直线 AB 后单击

指定标注弧线位置或 [多行文字(M)/文字(T)/角度(A)]:   //选定标注位置后单击
标注文字 = 157

如果选择圆，执行上述任意一种操作后，命令输入行提示如下。

命令: _dimangular
选择圆弧、圆、直线或 <指定顶点>:   //选择圆 O 并指定 A 点后单击
指定角的第二个端点: //选择点 B 后单击
指定标注弧线位置或 [多行文字(M)/文字(T)/角度(A)]:   //选定标注位置后单击
标注文字 = 129

8.2.9　基线尺寸标注

基线尺寸标注用来标注以同一基准为起点的一组相关尺寸，如图 8-37 所示。

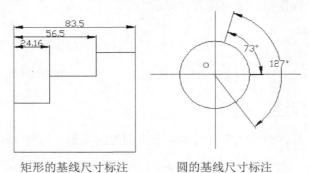

矩形的基线尺寸标注   圆的基线尺寸标注

图 8-37　基线尺寸标注

创建基线尺寸标注有以下 3 种方法。

● 在菜单栏中，选择【标注】|【基线】菜单命令。
● 在命令输入行中输入 dimbaseline 命令后按 Enter 键。
● 单击【标注】面板中的【基线】按钮 。

如果当前任务中未创建任何标注，执行上述任意一种操作后，系统将提示用户选择线性标注、坐标标注或角度标注，以用作基线标注的基准。命令输入行提示如下。

选择基准标注: //选择线性标注(图 8-37 中线性标注 24.16)、坐标标注或角度标注(图 8-37 中角度标注 73°)

否则，系统将跳过该提示，并使用上次在当前任务中创建的标注对象。如果基准标注是线性标注或角度标注，将显示下列提示。

命令: _dimbaseline
指定第二条尺寸界线原点或 [放弃(U)/选择(S)] <选择>:
            //选定第二条尺寸界线原点后单击或按 Enter 键
标注文字 = 56.5(图 8-37 中的标注)或 127(图 8-37 中圆的标注)
指定第二条尺寸界线原点或 [放弃(U)/选择(S)] <选择>: //选定第三条尺寸界线原点后按 Enter 键
标注文字 = 83.5(图 8-37 中的标注)

如果基准标注是坐标标注，将显示下列提示。

指定点坐标或 [放弃(U)/选择(S)] <选择>:

8.2.10　连续尺寸标注

连续尺寸标注用来标注一组连续相关尺寸，即前一尺寸标注是后一尺寸标注的基准，如图 8-38 所示。

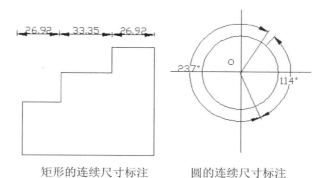

矩形的连续尺寸标注　　　　　圆的连续尺寸标注

图 8-38　连续尺寸标注

创建连续尺寸标注有以下 3 种方法。

● 在菜单栏中，选择【标注】|【连续】菜单命令。
● 在命令输入行中输入 dimcontinue 命令后按 Enter 键。
● 单击【标注】面板中的【连续】按钮。

如果当前任务中未创建任何标注，执行上述任意一种操作后，系统将提示用户选择线性标注、坐标标注或角度标注，以用作连续标注的基准。命令输入行提示如下。

```
选择连续标注：            //选择线性标注(图 8-38 中线性标注 26.92)、坐标标注或角度标注
(图 8-38 中角度标注 114°)
```

否则，系统将跳过该提示，并使用上次在当前任务中创建的标注对象。如果基准标注是线性标注或角度标注，将显示下列提示。

```
命令：_dimcontinue
指定第二条尺寸界线原点或 [放弃(U)/选择(S)] <选择>：
                        //选定第二条尺寸界线原点后单击或按 Enter 键
标注文字 = 33.35(图 8-38 中的矩形标注) 或 237(图 8-38 中圆的标注)
指定第二条尺寸界线原点或 [放弃(U)/选择(S)] <选择>：
                        //选定第三条尺寸界线原点后按 Enter 键
标注文字 = 26.92(图 8-38 中的矩形标注)
```

如果基准标注是坐标标注，将显示下列提示。

```
指定点坐标或 [放弃(U)/选择(S)] <选择>：
```

8.2.11　引线尺寸标注

引线尺寸标注是从图形上的指定点引出连续的引线，用户可以在引线上输入标注文字，如图 8-39 所示。

创建引线尺寸标注的方法：在命令输入行中输入 qleader 命令后按

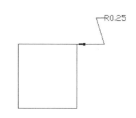

图 8-39　引线尺寸标注

Enter 键。

执行上述任意一种操作后，命令输入行提示如下。

```
命令: _qleader
指定第一个引线点或 [设置(S)] <设置>:        //选定第一个引线点
指定下一点:                              //选定第二个引线点
指定下一点:
指定文字宽度 <0>:8                       //输入文字宽度 8
输入注释文字的第一行 <多行文字(M)>: R0.25  //输入注释文字 R0.25 后连续两次按 Enter 键
```

若用户执行"设置"操作，即在命令输入行中输入 S。

```
命令: _qleader
指定第一个引线点或 [设置(S)] <设置>: S     //输入 S 后按 Enter 键
```

此时打开【引线设置】对话框，如图 8-40 所示，在其中的【注释】选项卡中可以设置引线注释类型、指定多行文字选项，并指明是否需要重复使用注释；在【引线和箭头】选项卡中可以设置引线和箭头格式；在【附着】选项卡中可以设置引线和多行文字注释的附着位置(只有在【注释】选项卡上选中【多行文字】单选按钮时，此选项卡才可用)。

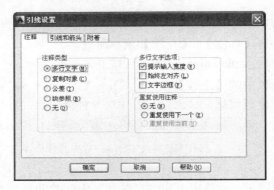

图 8-40　【引线设置】对话框

8.2.12　快速尺寸标注

快速尺寸标注用来标注一系列图形对象，如为一系列圆进行标注，如图 8-41 所示。

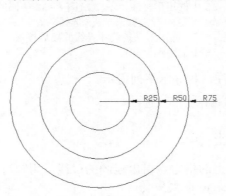

图 8-41　快速尺寸标注

创建快速尺寸标注有以下 3 种方法。

- 在菜单栏中，选择【标注】|【快速标注】菜单命令。
- 在命令输入行中输入 qdim 命令后按 Enter 键。
- 单击【标注】面板中的【快速标注】按钮。

执行上述任意一种操作后，命令输入行提示如下。

```
命令: _qdim
关联标注优先级 = 端点
选择要标注的几何图形: 找到 1 个
选择要标注的几何图形: 找到 1 个, 总计 2 个
选择要标注的几何图形: 找到 1 个, 总计 3 个
选择要标注的几何图形:
指定尺寸线位置或 [连续(C)/并列(S)/基线(B)/坐标(O)/半径(R)/直径(D)/基准点(P)/编辑(E)/
设置(T)]
    <半径>:                //标注一系列半径型尺寸标注并移动尺寸线至合适位置后单击
```

命令输入行中选项的含义如下。

- 【连续】: 标注一系列连续型尺寸标注。
- 【并列】: 标注一系列并列尺寸标注。
- 【基线】: 标注一系列基线型尺寸标注。
- 【坐标】: 标注一系列坐标型尺寸标注。
- 【半径】: 标注一系列半径型尺寸标注。
- 【直径】: 标注一系列直径型尺寸标注。
- 【基准点】: 为基线和坐标标注设置新的基准点。
- 【编辑】: 编辑标注。

8.2.13　圆心标记

圆心标记用来绘制圆或者圆弧的圆心十字形标记或是中心线。

如果用户既需要绘制十字形标记又需要绘制中心线，则首先必须在【标注样式】对话框的
【符号和箭头】选项卡中选择【圆心标记】为【直线】选项并在
【大小】微调框中输入相应的数值来设定圆心标记的大小(若只需
要绘制十字形标记则选择【圆心标记】为【标记】选项)，如图 8-42
所示。

图 8-42　圆心标记

然后进行圆心标记的创建，有以下 3 种方法。

- 在菜单栏中，选择【标注】|【圆心标记】菜单命令。
- 在命令输入行中输入 dimcenter 命令后按 Enter 键。
- 单击【标注】面板中的【圆心标记】按钮。

执行上述任意一种操作后，命令输入行提示如下。

```
命令: _dimcenter
选择圆弧或圆:                //选择圆或圆弧后单击
```

8.2.14 多重引线标注

在标注厚度和标明零件序号时，需要使用引线标注。【注释】
选项卡中的【多重引线】面板，如图 8-43 所示。

1. 认识多重引线样式管理器

打开【多重引线样式管理器】对话框有以下 3 种方法。

图 8-43 【多重引线】面板

- 在菜单栏中，选择【格式】|【多重引线样式】菜单命令。
- 单击【多重引线】面板中的【多重引线样式管理器】按钮 。

打开如图 8-44 所示的【多重引线样式管理器】对话框。

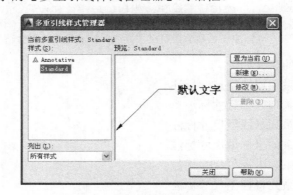

图 8-44 【多重引线样式管理器】对话框

该对话框的部分选项功能如下。

【样式】列表框：显示多重引线列表，当前样式高亮显示。

【列出】下拉列表框：控制【样式】列表的内容。选择【所有样式】选项，可显示图形中
可用的所有多重引线样式。选择【正在使用的样式】选项，仅显示被当前图形中的多重引线
参照的多重引线样式。

【预览】列表框：显示【样式】列表框中选定样式的预览图像。

【置为当前】按钮：将【样式】列表框中选定的多重引线样式设置为当前样式。所有新的
多重引线都将使用此多重引线样式进行创建。

【新建】按钮：显示【创建新多重引线样式】对话框，从中可以定义新多重引线样式。

【修改】按钮：显示【修改多重引线样式】对话框，从中可以修改多重引线样式。

【删除】按钮：删除【样式】列表框中选定的多重引线样式。不能删除图形中正在使
用的样式。

2. 创建新的多重引线标注样式

单击【多重引线样式管理器】对话框中的【新建】
按钮，打开【创建新多重引线样式】对话框，如图 8-45
所示。

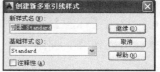

图 8-45 【创建新多重引线样式】对话框

在【新样式名】文本框中输入标注样式名称。在【基础样式】下拉列表框中选择新样式的应用范围，并启用【注释性】复选框。

单击【创建新多重引线样式】对话框中的【继续】按钮，将打开【修改多重引线样式】对话框，如图 8-46 所示。

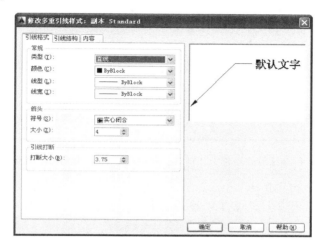

图 8-46　【修改多重引线样式】对话框

3. 修改多重引线样式

【修改多重引线样式】对话框中有 3 个选项卡。利用这 3 个选项卡，可以设置不同的多重引线标注样式，从而得到不同外观形式的多重引线标注。

(1)【引线格式】选项卡的设置，如图 8-46 所示。该选项卡的各选项介绍如下。

① 【常规】选项组用来控制多重引线的基本外观。共有 4 个操作选项，下面分别进行介绍。

【类型】下拉列表框：确定引线类型。可以选择指引线、样条曲线或无引线。

【颜色】下拉列表框：可选择一种作为引线的颜色，通常选用【随层】特性。

【线性】下拉列表框：可选择一种作为引线的线性，通常选用【随层】特性。

【线宽】下拉列表框：可选择一种作为尺寸线的线宽，通常选用【随层】特性。

② 【箭头】选项组用来控制多重引线的箭头的外观。

【符号】下拉列表框：设置多重引线的箭头符号，选择所需要的引线箭头或选择【用户箭头】。通常选用【实心箭头】。

【大小】微调框：显示和设置箭头的大小，按照制图标准通常设置为 3～4。

③ 【引线打断】控制将折断标注添加到多重引线时使用的设置。

【打断大小】微调框：显示和设置选择多重引线后用于 DIMBREAK 命令的折断大小。

(2)【引线结构】选项卡的设置，如图 8-47 所示。

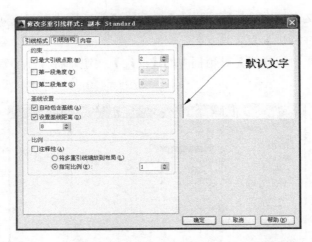

图 8-47　【修改多重引线样式】对话框中的【引线结构】选项卡

该选项卡的各选项介绍如下。

① 【约束】选项组用来控制多重引线的约束。

【最大引线点数】复选框：指定引线的最大点数。

【第一段角度】复选框：指定引线中的第一个点的角度。

【第二段角度】复选框：指定多重引线基线中的第二个点的角度。

② 【基线设置】选项组用来控制多重引线的基线设置。

【自动包含基线】复选框：将水平基线附着到多重引线内容。

【设置基线距离】复选框：为多重引线基线确定固定距离。

③ 【比例】选项组用来控制多重引线的缩放。

【注释性】复选框指定多重引线为注释性。如果多重引线非注释性，则以下选项可用。

【将多重引线缩放到布局】单选按钮：根据模型空间视口中的缩放比例确定多重引线的比例因子。

【指定比例】单选按钮：指定多重引线的缩放比例。

(3) 【内容】选项卡的设置，如图 8-48 所示。

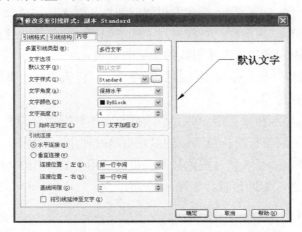

图 8-48　【修改多重引线样式】对话框中的【内容】选项卡

该选项卡部分选项介绍如下。

① 【多重引线类型】下拉列表框：确定多重引线是包含文字还是包含块。如果多重引线类型为【多行文字】，则下列选项可用。

② 【文字选项】选项组用来控制多重引线文字的外观。

【默认文字】文本框：为多重引线内容设置默认文字。单击[...]按钮将启动多行文字在位编辑器。

【文字样式】下拉列表框：指定属性文字的预定义样式。显示当前加载的文字样式。

【文字角度】下拉列表框：指定多重引线文字的旋转角度。

【文字颜色】下拉列表框：指定多重引线文字的颜色。

【文字高度】微调框：指定多重引线文字的高度。

【始终左对齐】复选框：指定多重引线文字始终左对齐。

【文字加框】复选框：使用文本框对多重引线文字内容加框。

③ 【引线连接】选项组。

【连接位置-左】：控制文字位于引线左侧时基线连接到多重引线文字的方式。

【连接位置-右】：控制文字位于引线右侧时基线连接到多重引线文字的方式。

【基线间隙】：指定基线和多重引线文字之间的距离。

如果多重引线类型为"块"，则下列选项可用。

4. 多重引线标注的运用

(1) 功能和操作方式：多重引线标注命令是具有多个选项的引线对象。对于多重引线，先放置引线对象的头部、尾部或内容均可。如果已使用多重引线样式，则可以从该样式创建多重引线。

(2) 多重引线标注操作方法有以下几种。

● 在菜单栏中，选择【标注】|【多重引线】菜单命令。

● 在命令输入行中输入 mleader 命令后按 Enter 键。

● 单击【多重引线】面板中的【多重引线】按钮 。

命令输入行提示如下。

```
命令：_mleader
指定引线箭头的位置或 [引线基线优先(L)/内容优先(C)/选项(O)] <选项>:
输入选项 [引线类型(L)/引线基线(A)/内容类型(C)/最大节点数(M)/第一个角度(F)/第二个角度
(S)/退出选项(X)]:
选择引线类型 [直线(S)/样条曲线(P)/无(N)] <直线>:
```

各选项含义如下。

(1) 【指定引线箭头的位置】：指定多重引线对象箭头的位置。

● 【引线基线优先】：指定多重引线对象的基线的位置。如果先前绘制的多重引线对象是基线优先，则后续的多重引线也将先创建基线(除非另外指定)。

● 【内容优先】：指定与多重引线对象相关联的文字或块的位置。

(2) 【输入选项】：指定用于放置多重引线对象的选项。

● 【引线类型】：指定要使用的引线类型。(类型：指定直线、样条曲线或无引线。)

- 【引线基线】：更改水平基线的距离。
- 【内容类型】：指定要使用的内容类型。(块：指定图形中的块，以与新的多重引线相关联。一般选取"多行文字"，也可选"无"。)
- 【最大节点数】：指定新引线的最大点数。
- 【第一个角度】：约束新引线中的第一个点的角度。
- 【第二个角度】：约束新引线中的第二个点的角度
- 【退出选项】：返回到第一个多重引线命令提示。

5. 添加和删除引线

(1) 添加引线：将引线添加至选定的多重引线对象。根据光标的位置，新引线将添加到选定多重引线的左侧或右侧。

操作方法：单击【多重引线】面板中的【添加引线】按钮；或在命令输入行中输入mleaderedit 命令后按 Enter 键。

命令输入行提示如下。

```
命令: _mleaderedit
选择多重引线: 找到 1 个              //选择一个多重引线

指定引线箭头的位置:                 //指定添加引线的位置
```

(2) 删除引线：从选定的多重引线对象中删除引线。

操作方法：单击【多重引线】面板中的【删除引线】按钮；或在命令输入行中输入mleaderedit 命令后按 Enter 键。

命令输入行提示如下。

```
命令: _mleaderedit
选择多重引线:                       //选择一个多重引线
找到 1 个
指定要删除的引线:                   //指定删除引线
```

6. 多重引线对齐和收集

(1) 多重引线对齐：选择多重引线后，指定所有其他要与之对齐的多重引线。

操作方法：单击【多重引线】面板中的【对齐】按钮。

命令输入行提示如下。

```
命令: _mleaderalign
选择多重引线: 找到 1 个
选择多重引线:
当前模式: 使用当前间距
选择要对齐到的多重引线或 [选项(O)]:o
输入选项 [分布(D)/使引线线段平行(P)/指定间距(S)/使用当前间距(U)] <使用当前间距>:
```

各项含义如下。

① 【选项】：指定用于对齐选定的多重引线的选项。

② 【输入选项】

【分布】：等距离隔开两个选定点之间的内容。

【使引线线段平行】：放置内容，从而使选定的多重引线中的每条最后的引线线段均平行。

【指定间距】：指定选定的多重引线内容范围之间的间距。

【使用当前间距】：使用多重引线内容之间的当前间距。

对齐引线命令过程，如图 8-49 所示。

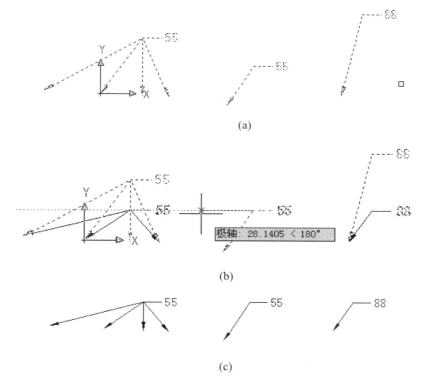

图 8-49　对齐引线命令

命令输入行提示如下。

```
命令: _mleaderalign
选择多重引线: 找到 1 个
选择多重引线: 找到 1 个, 总计 2 个
选择多重引线: 找到 1 个, 总计 3 个          //选择要对齐的多重引线, 如图 8-49(a)
选择多重引线:                              //按 Enter 键确定
当前模式: 使用当前间距
选择要对齐到的多重引线或 [选项(O)]:          //选择作为基础的引线, 如图 8-49(b)
指定方向:                                 //最后指定方向, 如图 8-49(c)
```

(2) 多重引线合并：将选定的包含块的多重引线作为内容组织为一组并附着到单引线。

操作方法：单击【多重引线】面板中的【合并】按钮 。

收集引线的过程和对齐引线的过程差不多，这里不再赘述。

8.3　编辑尺寸标注

与绘制图形相似的是，用户在标注的过程中难免会出现差错，这时就需要用到尺寸标注的编辑。

8.3.1　编辑标注

编辑标注是用来编辑标注文字的位置和标注样式，以及创建新标注。

编辑标注的操作方法有以下 3 种。

- 在命令输入行中输入 dimedit 命令后按 Enter 键。
- 单击【标注】面板中的【倾斜】按钮 ⊞。
- 在菜单栏中，选择【标注】|【倾斜】菜单命令。

执行上述任意一种操作后，命令输入行提示如下。

```
命令：dimedit
输入标注编辑类型 [默认(H)/新建(N)/旋转(R)/倾斜(O)] <默认>：
选择对象：
```

命令输入行中选项的含义如下。

【默认】：用于将指定对象中的标注文字移回到默认位置。

【新建】：选择该项将调用多行文字编辑器，用于修改指定对象的标注文字。

【旋转】：用于旋转指定对象中的标注文字，选择该项后系统将提示用户指定旋转角度，如果输入 0，则把标注文字按默认方向放置。

【倾斜】：调整线性标注尺寸界线的倾斜角度，选择该项后系统将提示用户选择对象并指定倾斜角度。示意如图 8-50 所示。

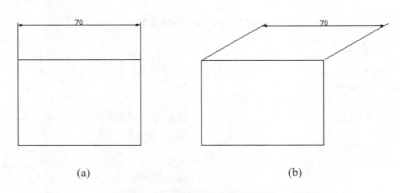

(a)　　　　　　　　　　　　　　　　　(b)

图 8-50　倾斜尺寸标注示意图

8.3.2　编辑标注文字

编辑标注文字用来编辑标注的文字的位置和方向。

编辑标注文字的操作方法有以下 3 种。

- 在菜单栏中，选择【标注】|【对齐文字】|【默认】、【角度】、【左】、【居中】、
  【右】菜单命令。
- 在命令输入行中输入 dimtedit 命令后按 Enter 键。
- 单击【标注】面板中的【文字角度】、【左对正】、【居中对正】、【右对正】
  按钮。

执行上述任意一种操作后，命令输入行提示如下。

```
命令：_dimtedit
选择标注：
指定标注文字的新位置或 [左对齐(L)/右对齐(R)/居中(C)/默认(H)/角度(A)]：_a
```

命令输入行中选项的含义如下。

【左对齐】：沿尺寸线左移标注文字。本选项只适用于线性、直径和半径标注。

【右对齐】：沿尺寸线右移标注文字。本选项只适用于线性、直径和半径标注。

【居中】：标注文字位于两尺寸边界线中间。

【默认】：将标注文字移回默认位置。

【角度】：指定标注文字的角度。当输入零度角将使标注文字以默认方向放置，如图 8-51
所示。

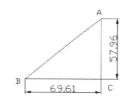

图 8-51　对齐文字标注示意图

8.3.3　替代

使用标注样式替代，无须更改当前标注样式便可临时更改标注系统变量。

标注样式替代是对当前标注样式中的指定设置所做的修改，它在不修改当前标注样式的情
况下修改尺寸标注系统变量。可以为单独的标注或当前的标注样式定义标注样式替代。

某些标注特性对于图形或尺寸标注的样式来说是通用的，因此适合作为永久标注样式设
置。其他标注特性一般基于单个基准应用，因此可以作为替代以便更有效地应用。例如，图形
通常使用单一箭头类型，因此将箭头类型定义为标注样式的一部分是有意义的。但是，隐藏尺
寸界线通常只应用于个别情况，更适于标注样式替代。

有几种设置标注样式替代的方式：可以通过修改对话框中的选项或修改命令输入行的系统
变量设置。可以通过将修改的设置返回其初始值来撤销替代。替代将应用到正在创建的标注以
及所有使用该标注样式所后创建的标注，直到撤销替代或将其他标注样式置为当前为止。

1. 替代的操作方法

- 在命令输入行中输入 dimoverride 命令后按 Enter 键。
- 单击【标注】面板中的【替代】按钮。

● 在菜单栏中，选择【标注】|【替代】菜单命令。

可以通过在命令输入行中输入标注系统变量的名称创建标注的同时，替代当前标注样式。如本例中，尺寸线颜色发生改变。改变将影响随后创建的标注，直到撤销替代或将其他标注样式置为当前。命令输入行提示如下。

```
命令: dimoverride
输入要替代的标注变量名或 [清除替代(C)]:        //输入值或按 Enter 键
选择对象:                                      //使用对象选择方法选择标注
```

2. 设置标注样式替代的步骤

(1) 选择【标注】|【标注样式】菜单命令，打开【标注样式管理器】对话框。

(2) 在【标注样式管理器】对话框中的【样式】列表框中，选择要为其创建替代的标注样式，单击【替代】按钮，打开【替代当前样式】对话框。

(3) 在【替代当前样式】对话框中单击相应的选项卡来修改标注样式。

(4) 单击【确定】按钮返回【标注样式管理器】对话框。这时在【样式】列表框中修改的样式下，列出了"样式替代"。

(5) 单击【关闭】按钮。

3. 应用标注样式替代的步骤

(1) 选择【标注】|【标注样式】菜单命令，打开【标注样式管理器】对话框。

(2) 在【标注样式管理器】对话框中单击【替代】按钮，打开【替代当前样式】对话框。

(3) 在【替代当前样式】对话框中输入样式替代。单击【确定】按钮返回【标注样式管理器】对话框。

程序将在【标注样式管理器】对话框中的【样式】列表中下显示"样式替代"。

创建标注样式替代后，可以继续修改标注样式，将它们与其他标注样式进行比较，或者删除或重命名该替代。

其实我们还有其他编辑标注的方法，可以使用 AutoCAD 的编辑命令或夹点来编辑标注的位置。如可以使用夹点或者 stretch 命令拉伸标注；可以使用 trim 和 extend 命令来修剪和延伸标注。此外，还通过 "Properties(特性)" 窗口来编辑包括标注文字在内的任何标注特性。

8.3.4　重新关联标注

用于将非关联性标注转换为关联标注，或改变关联标注的定义点。

应用重新关联标注时的操作方法如下。

● 在菜单栏中，选择【标注】|【重新关联标注】菜单命令。

● 单击【标注】面板中的【重新关联】按钮。

● 在命令输入行中输入 dimreassociate 命令后按 Enter 键。

命令输入行如下。

```
命令: _dimreassociate
选择要重新关联的标注 ... :
```

8.4　设计范例——建筑物尺寸标注

本范例源文件：/08/8-1.dwg

本范例完成文件：/08/8-2.dwg

多媒体教学路径：光盘→多媒体教学→第 8 章

8.4.1　实例介绍与展示

本章范例介绍某建筑物的主要尺寸标注，如图 8-52 所示。下面进行具体介绍。

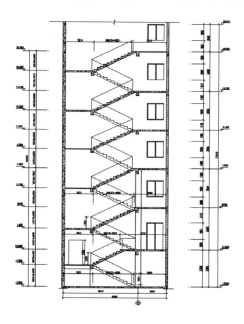

图 8-52　标注尺寸

8.4.2　设置标注样式

①打开 8-1.dwg 文件，选择【格式】|【标注样式】菜单命令。打开【标注样式管理器】对话框，如图 8-53 所示。

②单击【标注样式管理器】对话框中的【新建】按钮，打开【创建新标注样式】对话框，在【新样式名】文本框中输入"剖面标注"，如图 8-54 所示。

③单击【继续】按钮，打开【新建标注样式：剖面标注】对话框。切换到【线】选项卡，设置【基线间距】为 0，设置【超出尺寸线】为 250mm，设置【起点偏移量】为 300mm，如图 8-55 所示。

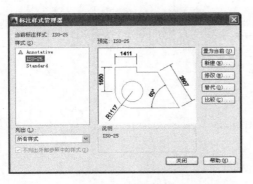

图 8-53 【标注样式管理器】对话框　　　图 8-54 【创建新标注样式】对话框

④ 切换到【符号和箭头】选项卡，设置【箭头大小】为 200，如图 8-56 所示。

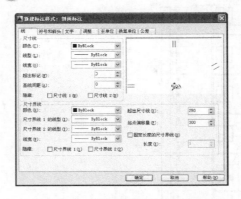

图 8-55 【线】选项卡参数设置　　　图 8-56 【符号和箭头】选项卡参数设置

⑤ 切换到【文字】选项卡，设置【文字高度】为 300，在【垂直】下拉列表框中选择【上】选项，设置【从尺寸线偏移】为 150，选中【与尺寸线对齐】单选按钮，如图 8-57 所示。

⑥ 切换到【调整】选项卡，选中【文字始终保持在尺寸界线之间】单选按钮，选中【尺寸线上方，不带引线】单选按钮，启用【在尺寸界线之间绘制尺寸线】复选框，如图 8-58 所示。

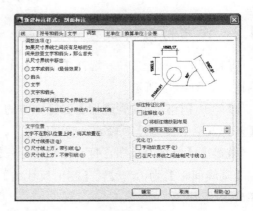

图 8-57 【文字】选项卡参数设置　　　图 8-58 【调整】选项卡参数设置

⑦切换到【主单位】选项卡，设置【精度】为 0，如图 8-59 所示。

⑧设置完成后单击【确定】按钮，返回【标注样式管理器】对话框，选择【剖面标注】选项，单击【置为当前】按钮，如图 8-60 所示。

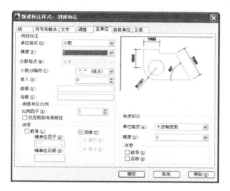

图 8-59　【主单位】选项卡参数设置

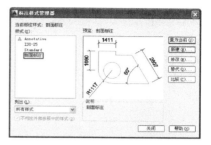

图 8-60　【标注样式管理器】对话框

8.4.3　标注尺寸与轴号

步骤 01　标注尺寸

①选择【标注】|【线性】菜单命令。为图形添加线性标注，如图 8-61 所示。

②选择【标注】|【连续】菜单命令。完成添加标注过程，如图 8-62 所示。命令输入行提示如下。

```
命令: _dimcontinue                                          \\使用连续命令
指定第二条尺寸界线原点或 [放弃(U)/选择(S)] <选择>:          \\选择要连续的标注
标注文字 =                                                  \\标注的尺寸
指定第二条尺寸界线原点或 [放弃(U)/选择(S)] <选择>:          \\按 Enter 键结束
```

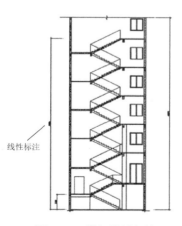

图 8-61　添加线性标注

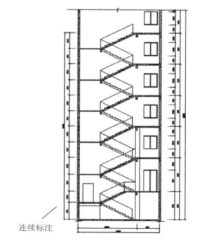

图 8-62　完成尺寸标注添加

步骤 02　绘制轴号

①单击【默认】选项卡中【绘图】面板上的【直线】按钮 ，绘制直线，如图 8-63 所示。

命令输入行提示如下。

```
命令: _line                                          \\使用直线命令
指定第二个点:                                         \\指定一点
指定下一点或 [放弃(U)]: 3000                          \\输入距离
指定下一点或 [放弃(U)]:                               \\按 Enter 键结束
```

②单击【默认】选项卡中【绘图】面板上的【圆】按钮⊘，绘制圆形，如图 8-64 所示。
命令输入行提示如下。

```
命令: _circle                                        \\使用圆命令
指定圆的圆心或 [三点(3P)/两点(2P)/切点、切点、半径(T)]:   \\指定一点
指定圆的半径或 [直径(D)] <350.0000>: 350              \\输入半径尺寸
```

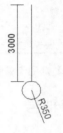

图 8-63　绘制直线　　　　　　　　　图 8-64　绘制圆

③选择【绘图】|【文字】|【单行文字】菜单命令，添加文字，轴号标注完成。命令
输入行提示如下。建筑物最终的尺寸标注效果，如图 8-65 所示。

```
命令: _text                                                          \\使用单行命令
当前文字样式: "Standard" 文字高度: 450.0000 注释性: 否               \\系统设置
指定文字的起点或 [对正(J)/样式(S)]:                                   \\指定一点
指定高度 <450.0000>: 450                                             \\输入高度尺寸
指定文字的旋转角度 <0>:                                              \\单击一点, 按 Enter 键结束
```

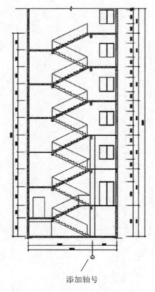

添加轴号

图 8-65　完成标注

8.5　本　章　小　结

本章主要介绍了绘图当中的尺寸标注，包括设置标注样式、各种标注方法以及编辑标注的方法，用户在结合范例学习之后会有一个整体的认识，对以后的学习很有帮助。

第 9 章

文字与表格操作

在利用 AutoCAD 绘图时，同样离不开使用文字对象。建立和编辑文字的方法与绘制一般配的图形对象不同，因此有必要专门讲述其使用方法。本章讲述了建立文字、设置文字样式以及修改和编辑文字的方法的技巧。通过学习本章，读者应该能够根据工作的需要，在图形文件的相应位置建立相应的文字，并能够进一步编辑修改此字。

9.1 建筑图文字样式

在 AutoCAD 图形中，所有的文字都有与之相关的文字样式。当输入文字时，AutoCAD 会使用当前的文字样式作为其默认的样式，该样式可以包括字体、样式、高度、宽度比例和其他文字特性。

打开【文字样式】对话框有以下几种方法。

- 在命令输入行中输入 style 命令后按 Enter 键。
- 在【默认】选项卡的【注释】面板中单击【文字样式】按钮 。
- 在菜单栏中选择【格式】|【文字样式】菜单命令。

【文字样式】对话框如图 9-1 所示。

图 9-1 【文字样式】对话框

该对话框各选项内容如下。

在【样式】选项组中可以新建、重命名和删除文字样式。用户可以从左边的下拉列表框中选择相应的文字样式名称，也可以单击【新建】按钮来新建一种文字样式的名称，或者右击选择的样式，在弹出的快捷菜单中选择【重命名】命令为某一文字样式重新命名，或者单击【删除】按钮删除某一文字样式的名称。

在【字体】选项组中可以设置字体的名称和字体样式等。

在【效果】选项组中可以设置字体的排列方法和距离等。用户可以启用【颠倒】、【反向】和【垂直】复选框来分别设置文字的排列样式，也可以在【宽度因子】和【倾斜角度】文本框中输入相应的数值来设置文字的辅助排列样式。

【大小】选项组中的参数通常会按照默认进行设置，不做修改。

9.1.1 样式名

当用户所需的文字样式不够使用时，就需要创建一个新的文字样式，具体操作步骤如下。

(1) 在命令输入行中输入 style 命令后按 Enter 键。

(2) 在打开的【文字样式】对话框中，单击【新建】按钮，打开如图 9-2 所示的【新建文字样式】对话框。

(3) 在【样式名】文本框中输入新创建的文字样式的名称，然后单击【确定】按钮。如未输入文字样式的名称，则 AutoCAD

图 9-2 【新建文字样式】对话框

会自动将该样式命名为【样式 1】(AutoCAD 会自动地为每一个新命名的样式加 1)。

9.1.2 字体

AutoCAD 为用户提供了许多不同的字体,用户可以在如图 9-3 所示的【字体名】下拉列表框中选择要使用的字体。

图 9-3 【字体名】下拉列表框

9.1.3 文字效果

在【效果】选项组中用户可以选择自己所需要的文字效果。

当启用【颠倒】复选框时,如图 9-4 所示,显示的【颠倒】文字效果如图 9-5 所示。

图 9-4 启用【颠倒】复选框

图 9-5 显示的【颠倒】文字效果

启用【反向】复选框时,如图 9-6 所示,显示的【反向】文字效果如图 9-7 所示。

图 9-6 启用【反向】复选框

图 9-7 显示的【反向】文字效果

启用【垂直】复选框时,如图 9-8 所示,显示的【垂直】文字效果如图 9-9 所示。

图 9-8 启用【垂直】复选框

图 9-9 显示的【垂直】文字效果

9.2 制作文字说明

9.2.1 单行文字

单行文字一般用于对图形对象的规格说明、标题栏信息和标签等，也可以作为图形的一个有机组成部分。对于这种不需要使用多种字体的简短内容，可以使用【单行文字】命令建立单行文字。

1. 创建单行文字

创建单行文字有以下几种方法。

- 在命令输入行中输入 dtext 命令后按 Enter 键。
- 在【默认】选项卡中的【注释】面板或【注释】选项卡中的【文字】面板中单击【单行文字】按钮。
- 在菜单栏中选择【绘图】|【文字】|【单行文字】菜单命令。

每行文字都是独立的对象，可以重新定位、调整格式或进行其他修改。

创建单行文字时，要指定文字样式并设置对正方式。文字样式设置文字对象的默认特征。对正决定字符的哪一部分与插入点对正。

执行此命令后，命令输入行提示如下。

```
命令: _dtext
当前文字样式: "Standard" 文字高度: 2.5000    注释性: 否
指定文字的起点或 [对正(J)/样式(S)]:
```

此命令输入行各选项的含义如下。

默认情况下提示用户输入单行文字的起点。

【对正】：用来设置文字对齐的方式，AutoCAD 默认的对齐方式为左对齐。由于此项的内容较多，在后面会有详细的说明。

【样式】：用来选择文字样式。

在命令输入行中输入 S 并按 Enter 键，执行此命令，AutoCAD 会出现如下信息。

```
输入样式名或 [?] <Standard>:
```

此信息提示用户在输入样式名或 [?] <Standard>后输入一种文字样式的名称(默认值是当前样式名)。

输入样式名称后，AutoCAD 又会出现指定文字的起点或 [对正(J)/样式(S)]的提示，提示用户输入起点位置。输入完起点坐标后按 Enter 键，AutoCAD 会出现如下提示。

```
指定高度 <2.5000>:
```

提示用户指定文字的高度。指定高度后按 Enter 键，命令输入行提示如下。

```
指定文字的旋转角度 <0>:
```

指定角度后按 Enter 键，这时用户就可以输入文字内容。

在指定文字的起点或 [对正(J)/样式(S)]后输入 J 后按 Enter 键，AutoCAD 会在命令输入行出现如下信息。

输入选项

[对齐 (A) / 布满 (F) / 居中 (C) / 中间 (M) / 右对齐 (R) / 左上 (TL) / 中上 (TC) / 右上 (TR) / 左中 (ML) /
正中 (MC) / 右中 (MR) / 左下 (BL) / 中下 (BC) / 右下 (BR)]：

即用户可以有以上多种对齐方式选择，各种对齐方式及其说明如表 9-1 所示。

表 9-1　各种对齐方式及其说明

对齐方式	说　明
对齐(A)	提供文字基线的起点和终点，文字在次基线上均匀排列，这时可以调整字高比例以防止字符变形
布满(F)	给定文字基线的起点和终点。文字在此基线上均匀排列，而文字的高度保持不变，这时字型的间距要进行调整
居中(C)	给定一个点的位置，文字在该点为中心水平排列
中间(M)	指定文字串的中间点
右(R)	指定文字串的右基线点
左上(TL)	指定文字串的顶部左端点与大写字母顶部对齐
中上(TC)	指定文字串的顶部中心点与大写字母顶部为中心点
右上(TR)	指定文字串的顶部右端点与大写字母顶部对齐
左中(ML)	指定文字串的中部左端点与大写字母和文字基线之间的线对齐
正中(MC)	指定文字串的中部中心点与大写字母和文字基线之间的中心线对齐
右中(MR)	指定文字串的中部右端点与大写字母和文字基线之间的一点对齐
左下(BL)	指定文字左侧起始点，与水平线的夹角为字体的选择角，且过该点的直线就是文字中最低字符字底的基线
中下(BC)	指定文字沿排列方向的中心点，最低字符字底基线与 BL 相同
右下(BR)	指定文字串的右端底部是否对齐

提　示

要结束单行输入，在一空白行处按 Enter 键即可。

如图 9-10 所示的即为 4 种对齐方式的示意图，分别为对齐方式、中间方式、右上方式、
左下方式。

2. 编辑单行文字

与绘图类似的是，在建立文字时，也有可能出现错误操
作，这时就需要编辑文字。

编辑单行文字的方法可以分为以下几种。

● 在命令输入行中输入 ddeditw 命令后按 Enter 键。

● 用鼠标双击文字，即可实现编辑单行文字操作。

编辑单行文字：

在命令输入行中输入 ddedit 命令后按 Enter 键，出现捕捉标志 □。移动鼠标使此捕捉标志

图 9-10　单行文字的 4 种对齐方式

至需要编辑的文字位置，然后单击选中文字实体。

在其中可以修改的只是单行文字的内容，修改完文字内容后按两次 Enter 键即可。

9.2.2　多行文字

对于较长和较为复杂的内容，可以使用【多行文字】命令来创建多行文字。多行文字可以布满指定的宽度，在垂直方向上无限延伸。用户可以自行设置多行文字对象中的单个字符的格式。

多行文字由任意数目的文字行或段落组成，与单行文字不同的是在一个多行文字编辑任务中创建的所有文字行或段落都被当作同一个多行文字对象。多行文字可以被移动、旋转、删除、复制、镜像、拉伸或比例缩放。

可以将文字高度、对正、行距、旋转、样式和宽度应用到文字对象中或将字符格式应用到特定的字符中。对齐方式要考虑文字边界以决定文字要插入的位置。

与单行文字相比，多行文字具有更多的编辑选项。可以将下划线、字体、颜色和高度变化应用到段落中的单个字符、词语或词组。

在【默认】选项卡中的【注释】面板单击【多行文字】按钮，在主窗口会打开【多行文字】选项卡，包括如图 9-11 所示的几个面板，如图 9-12 所示的"在位文字编辑器"以及"标尺"。

图 9-11　【多行文字】选项卡

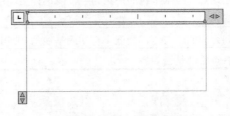

图 9-12　"在位文字编辑器"及其"标尺"

其中，在【文字编辑器】选项卡中包括【样式】、【格式】、【段落】、【插入】、【拼写检查】、【工具】、【选项】、【关闭】等面板，可以根据不同的需要对多行文字进行编辑和修改。下面进行具体的介绍。

1.【样式】面板

在【样式】面板中可以选择文字样式，选择或输入文字高度，其中【文字高度】下拉列表框如图 9-13 所示。

图 9-13　【文字高度】下拉列表框

2.【格式】面板

在【格式】面板中可以对字体进行设置，如可以修改为粗体、斜体等。用户还可以选择自己需要的字体及颜色，其【字体】下拉列表框如图 9-14 所示，【颜色】下拉列表框如图 9-15

所示。

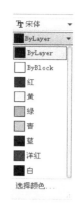

图 9-14　【字体】下拉列表框　　　　　图 9-15　【颜色】下拉列表框

3．【段落】面板

在【段落】面板中可以对段落进行设置，包括对正、编号、分布、对齐等的设置，其中【对正】下拉列表框如图 9-16 所示。

4．【插入】面板

在【插入】面板中可以插入符号、字段，进行分栏设置，其中【符号】下拉列表框如图 9-17所示。

图 9-16　【对正】下拉列表框　　　　　图 9-17　【符号】下拉列表框

5．【拼写检查】面板

在【拼写检查】面板中将文字输入图形中时可以检查所有文字的拼写。也可以指定已使用的特定语言的词典并自定义和管理多个自定义拼写词典。

可以检查图形中所有文字对象的拼写，包括：单行文字和多行文字；标注文字；多重引线文字；块属性中的文字；外部参照中的文字。

使用拼写检查，将搜索用户指定的图形或图形的文字区域中拼写错误的词语。如果找到拼写错误的词语，则将亮显该词语并且绘图区域将缩放为便于读取该词语的比例。

6.【工具】面板

在【工具】面板中可以搜索指定的文字字符串并用新文字进行替换。

7.【选项】面板

在【选项】面板中可以对文字进行查找和替换等操作，其中在【选项】菜单中有更完整的功能，如图 9-18 所示，用户可以根据需要进行修改。

选择【选项】|【编辑器设置】|【显示工具栏】菜单命令，如图 9-19 所示，打开如图 9-20 所示的【文字格式】工具栏，也可以用此工具栏中的命令来编辑多行文字，它和【文字编辑器】选项卡下的几个面板提供的命令是一样的。

图 9-18　【选项】菜单

图 9-19　选择的菜单命令

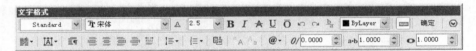

图 9-20　【文字格式】工具栏

8.【关闭】面板

单击【关闭文字编辑器】按钮可以退回到原来的主窗口，完成多行文字的编辑操作。

9. 创建多行文字

可以通过以下几种方式创建多行文字。

- 在【默认】选项卡中的【注释】面板或【注释】选项卡中的【文字】面板中单击【多行文字】按钮 **A** 多行文字。
- 在命令输入行中输入 mtext 后按 Enter 键。
- 在菜单栏中选择【绘图】|【文字】|【多行文字】菜单命令。

提　示

创建多行文字对象的高度取决于输入的文字总量。

命令输入行提示如下。

命令：_mtext 当前文字样式："Standard" 文字高度:2.5 注释性：否
指定第一角点：
指定对角点或 [高度(H)/对正(J)/行距(L)/旋转(R)/样式(S)/宽度(W) /栏(C)]: h
指定高度 <2.5>: 60
指定对角点或 [高度(H)/对正(J)/行距(L)/旋转(R)/样式(S)/宽度(W) /栏(C)]: w
指定宽度:500

此时绘图区如图 9-21 所示。

图 9-21　选择宽度(W)后绘图区所显示的图形

用【多行文字】命令创建的文字如图 9-22 所示。

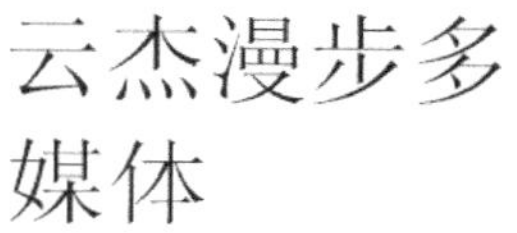

10. 编辑多行文字

(1) 编辑多行文字的方法如下。

云杰漫步多媒体

图 9-22　用【多行文字】命令创建的文字

- 在命令输入行中输入 mtedit 命令后按 Enter 键。
- 在【注释】选项卡中的【文字】面板中单击【编辑】按钮。
- 在菜单栏中选择【修改】|【对象】|【文字】|【编辑】菜单命令。

(2) 编辑多行文字。

在命令输入行输入 mtedit 命令后，选择多行文字对象，会重新打开【多行文字】选项卡和【在位文字编辑器】，可以将原来的文字重新编辑为用户所需要的文字。原来的文字如图 9-23 所示，编辑后的文字如图 9-24 所示。

云杰媒体工作

图 9-23　原【多行文字】命令输入的文字 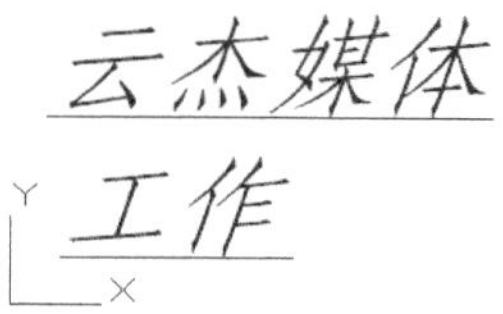　　　　**图 9-24　编辑后的文字**

9.3　表　格　操　作

在 AutoCAD 中，可以使用【表格】命令创建表格，还可以从 Microsoft Excel 中直接复制表格，并将其作为 AutoCAD 表格对象粘贴到图形中，也可以从外部直接导入表格对象。此外，还可以输出来自 AutoCAD 的表格数据，以供 Microsoft Excel 或其他应用程序使用。

9.3.1 创建表格样式

使用表格可以使信息表达得很有条理、便于阅读，同时表格也具备计算功能。表格在建筑行业中经常用于门窗表、钢筋表、原料单和下料单等，在机械类中常用于装配图中零件明细栏、标题栏和技术说明栏等。

在菜单栏中，选择【格式】|【表格样式】菜单命令，打开如图 9-25 所示的【表格样式】对话框。此对话框可以设置当前表格样式，以及创建、修改和删除表格样式。

此对话框中各选项的主要功能介绍如下。

(1)【当前表格样式】：显示应用于所创建表格的表格样式的名称。默认表格样式为 Standard。

(2)【样式】列表框：显示表格样式列表框。当前样式被亮显。

(3)【列出】下拉列表框：控制【样式】列表框的内容。

● 【所有样式】选项：显示所有表格样式。

● 【正在使用的样式】选项：仅显示被当前图形中的表格引用的表格样式。

(4)【预览】列表框：显示【样式】列表框中选定样式的预览图像。

(5)【置为当前】按钮：将【样式】列表框中选定的表格样式设置为当前样式。所有新表格都将使用此表格样式创建。

(6)【新建】按钮：显示【创建新的表格样式】对话框，从中可以定义新的表格样式。

(7)【修改】按钮：显示【修改表格样式】对话框，从中可以修改表格样式。

(8)【删除】按钮：删除【样式】列表框中选定的表格样式。不能删除图形中正在使用的样式。

单击【新建】按钮，出现如图 9-26 所示的【创建新的表格样式】对话框，定义新的表格样式。

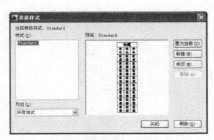

图 9-25 【表格样式】对话框

图 9-26 【创建新的表格样式】对话框

在【新样式名】文本框中输入要建立的表格名称，然后单击【继续】按钮，出现如图 9-27 所示的【新建表格样式：Standard 副本】对话框，在该对话框中通过对【起始表格】、【常规】、【单元样式】等格式设置完成对表格样式的设置。

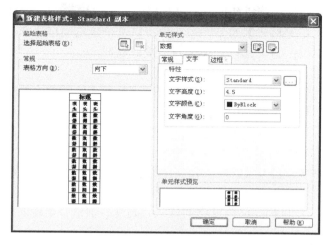

图 9-27　【新建表格样式：Standard 副本】对话框

(1)【起始表格】选项组：是图形中用作设置新表格样式格式的样例表格。一旦选定表格，用户即可指定要从此表格复制到表格样式的结构和内容。创建新的表格样式时，可以指定一个起始表格，也可以从表格样式中删除起始表格。

(2)【常规】选项组：完成对表格方向的设置。

【表格方向】下拉列表框：设置表格方向。选择【向下】选项将创建由上而下读取的表格。选择【向上】选项将创建由下而上读取的表格。

【向下】选项：标题行和列标题行位于表格的顶部。

【向上】选项：标题行和列标题行位于表格的底部。

如图 9-28 所示为表格方向设置的方法和表格样式预览窗口的变化。

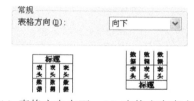

(a) 表格方向向下　(b) 表格方向向上

图 9-28　【表格方向】下拉列表框

(3)【单元样式】选项组：定义新的单元样式或修改现有单元样式。可以创建任意数量的单元样式。

【单元样式】下拉列表框：显示表格中的单元样式。

【创建新单元样式】按钮：启动【创建新单元样式】对话框。

【管理单元样式】按钮：启动【管理单元样式】对话框。

【单元样式】：设置数据单元、单元文字和单元边界的外观，取决于处于活动状态的选项卡。

①【常规】选项卡：包括【特性】选项组、【页边距】选项组和【创建行/列时合并单元】复选框的设置。如图 9-29 所示。

【特性】选项组介绍如下。

【填充颜色】下拉列表框：指定单元的背景色。默认值为【无】，可以选择【选择颜色】以显示【选择颜色】对话框。

【对齐】下拉列表框：设置表格单元中文字的对正和对齐方式。文字相对于单元的顶部边框和底部边框进行居中对齐、上对齐或下对齐。文字相对于单元的左边框和右边框进行居中对正、左对正或右对正。

【格式】按钮：为表格中的"数据"、"列标题"或"标题行"设置数据类型和格式。单击该按钮将显示【表格单元格式】对话框，从中可以进一步定义格式选项。

【类型】下拉列表框：将单元样式指定为标签或数据。

【页边距】选项组介绍如下。

页边距是控制单元边界和单元内容之间的间距。单元边距设置应用于表格中的所有单元。默认设置为 0.06(英制)和 1.5(公制)。

【水平】文本框：设置单元中的文字或块与左右单元边界之间的距离。

【垂直】文本框：设置单元中的文字或块与上下单元边界之间的距离。

【创建行/列时合并单元】复选框： 将使用当前单元样式创建的所有新行或新列合并为一个单元。可以使用此选项在表格的顶部创建标题行。

② 【文字】选项卡：包括表格内文字的样式、高度、颜色和角度的设置，如图 9-30 所示。

图 9-29　【常规】选项卡 　　　　　　　图 9-30　【文字】选项卡

该选项卡的功能介绍如下。

【文字样式】下拉列表框：列出图形中的所有文字样式。

单击 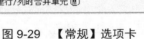 按钮将显示【文字样式】对话框，从中可以创建新的文字样式。

【文字高度】下拉列表框：设置文字高度。数据和列标题单元的默认文字高度为 0.1800。表标题的默认文字高度为 0.25。

【文字颜色】下拉列表框：指定文字颜色。选择列表底部的【选择颜色】可显示【选择颜色】对话框。

【文字角度】下拉列表框：设置文字角度。默认的文字角度为 0 度。可以输入-359°～+359°之间的任意角度。

③ 【边框】选项卡：包括表格边框的线宽、线型和边框的颜色，还可以将表格内的线设置成双线形式，单击表格边框按钮可以将选定的特性应用到边框，如图 9-31 所示。

该选项卡的功能如下。

【线宽】下拉列表框：通过单击边框按钮，设置将要应用于指定边界的线宽。如果使用粗线宽，可能必须增加单元边距。

【线型】下拉列表框：通过单击边框按钮，设置将要应用于指定边界的线型。选择【其他】选项可以加载自定义线型。

图 9-31　【边框】选项卡

【颜色】下拉列表框：通过单击边框按钮，设置将要应用于指定边界的颜色。选择【选择颜色】可显示【选择颜色】对话框。

【双线】复选框：将表格边框显示为双线。

【间距】文本框：确定双线边框的间距。默认间距为 0.1800。

边框控制单元边界的外观。边框特性包括栅格线的线宽和颜色，包括 8 种边框形式。

【所有边框】按钮田：将边框特性设置应用到指定单元样式的所有边框。

【外边框】按钮回：将边框特性设置应用到指定单元样式的外部边框。

【内边框】按钮田：将边框特性设置应用到指定单元样式的内部边框。

【底部边框】按钮回：将边框特性设置应用到指定单元样式的底部边框。

【左边框】按钮回：将边框特性设置应用到指定单元样式的左边框。

【上边框】按钮回：将边框特性设置应用到指定单元样式的上边框。

【右边框】按钮回：将边框特性设置应用到指定单元样式的右边框。

【无边框】按钮回：隐藏指定单元样式的边框。

(4)【单元样式预览】：显示当前表格样式设置效果的样例。

> **注 意**
>
> 边框设置好后一定要单击表格边框按钮应用选定的特征，如不应用，表格中的边框线在打印和预览时都看不见。

9.3.2　绘制及编辑表格

1．绘制表格

创建表格样式的最终目的是绘制表格。下面将详细介绍按照表格样式绘制表格的方法。

在菜单栏中，选择【绘图】|【表格】菜单命令或在命令输入行中输入 table 命令后按 Enter 键，都会出现如图 9-32 所示的【插入表格】对话框。

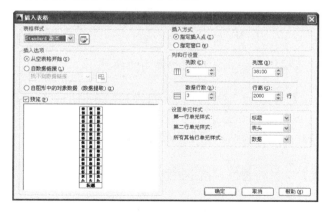

图 9-32　【插入表格】对话框

【插入表格】对话框中各选项的功能介绍如下。

(1)【表格样式】选项组：在要从中创建表格的当前图形中选择表格样式。通过单击下拉列表旁边的按钮，用户可以创建新的表格样式。

(2)【插入选项】选项组：指定插入表格的方式。

【从空表格开始】单选按钮：创建可以手动填充数据的空表格。

【自数据链接】单选按钮：从外部电子表格中的数据创建表格。

【自图形中的对象数据(数据提取)】单选按钮：启动"数据提取"向导。

(3)【预览】复选框：显示当前表格样式的样例。

(4)【插入方式】选项组：指定表格位置。

【指定插入点】单选按钮：指定表格左上角的位置。可以使用定点设备，也可以在命令提示下输入坐标值。如果表格样式将表格的方向设置为由下而上读取，则插入点位于表格的左下角。

【指定窗口】单选按钮：指定表格的大小和位置。可以使用定点设备，也可以在命令提示下输入坐标值。选中此单选按钮时，行数、列数、列宽和行高取决于窗口的大小以及列和行设置。

(5)【列和行设置】选项组：设置列和行的数目和大小。

⬚按钮：表示列。

⬚按钮：表示行。

【列数】微调框：指定列数。选中【指定窗口】单选按钮并指定列宽时，列宽的【自动】选项将被选定，且列数由表格的宽度控制。如果已指定包含起始表格的表格样式，则可以选择要添加到此起始表格的其他列的数量。

【列宽】微调框：指定列的宽度。选中【指定窗口】单选按钮并指定列数时，则选定了【自动】选项，且列宽由表格的宽度控制。最小列宽为一个字符。

【数据行数】微调框：指定行数。选中【指定窗口】单选按钮并指定行高时，则选定了【自动】选项，且行数由表格的高度控制。带有标题行和表格头行的表格样式最少应有 3 行。最小行高为一个文字行。如果已指定包含起始表格的表格样式，则可以选择要添加到此起始表格的其他数据行的数量。

【行高】微调框：按照行数指定行高。文字行高基于文字高度和单元边距，这两项均在表格样式中设置。选中【指定窗口】单选按钮并指定行数时，则选定了【自动】选项，且行高由表格的高度控制。

注 意

在【插入表格】对话框中，要注意列宽和行高的设置。

---

(6)【设置单元样式】选项组：对于那些不包含起始表格的表格样式，请指定新表格中行的单元格式。

【第一行单元样式】下拉列表框：指定表格中第一行的单元样式。在默认情况下，使用标题单元样式。

【第二行单元样式】下拉列表框：指定表格中第二行的单元样式。在默认情况下，使用表头单元样式。

【所有其他行单元样式】下拉列表框：指定表格中所有其他行的单元样式。在默认情况下，使用数据单元样式。

2．编辑表格

通常在创建表格之后，需要对表格的内容进行修改，修改编辑表格的方法包括合并单元格和增删表格内容，利用夹点修改表格。

(1) 合并单元格。

选择要合并的单元格，用鼠标右键单击，在弹出的快捷菜单中选择【合并】命令，如图 9-33 所示，其包含了【按行】、【按列】、【全部】3 个命令。

图 9-33　【合并】快捷菜单命令

(2) 增删表格内容。

在表格内，如果想增删内容，比如增加列。可执行以下步骤。

单击想要添加的单元格，用鼠标右键单击，在弹出的快捷菜单中选择【列】命令，其包含了【在左侧插入】、【在右侧插入】、【删除】3 个命令，可对按需要完成增加列、删除列。

9.3.3　表格文字的设置

打开一个表格，填写"标题"。双击绘图栏中要输入文字的单元格，出现如图 9-34 所示【文字格式】工具栏，用于控制多行文字对象的文字样式和选定文字的字符格式和段落格式。

图 9-34　【文字格式】工具栏

> **注 意**
>
> 如果没有出现【文字格式】工具栏，则在【文字编辑器】选项卡的【选项】面板中单击【更多】按钮 ，从中选择【编辑器设置】|【显示工具栏】快捷命令，【文字格式】对话框就可以显示。

此对话框中各选项的主要功能介绍如下。

> **注 意**
>
> 从其他文字处理应用程序(例如 Microsoft Word)中粘贴的文字将保留其大部分格式。使用【选择性粘贴】中的选项，可以清除已粘贴文字的段落格式，例如段落对齐或字符格式。

【样式】下拉列表框：向多行文字对象应用文字样式。当前样式保存在 TEXTSTYLE 系统变量中。

如果将新样式应用到现有的多行文字对象中，用于字体、高度和粗体或斜体属性的字符格式将被替代。堆叠、下划线和颜色属性将保留在应用了新样式的字符中。

文字样式不应用具有反向或倒置效果的样式。如果在 SHX 字体中应用定义为垂直效果的样式，这些文字将在文字编辑器中水平显示。

【字体】下拉列表框：为新输入的文字指定字体或改变选定文字的字体。TrueType 字体按字体的名称列出。AutoCAD 编译的形(SHX)字体按字体所在文件的名称列出。自定义字体和第三方字体在编辑器中显示为 Autodesk 提供的代理字体。

sample 目录中提供了一个样例图形 (TrueType.dwg)，其中显示了每种字体。

【注释性】按钮 △：打开或关闭当前多行文字对象的"注释性"。

【文字高度】下拉列表框：按图形单位设置新文字的字符高度或修改选定文字的高度。如

果当前文字样式没有固定高度，则文字高度是 TEXTSIZE 系统变量中存储的值。多行文字对象可以包含不同高度的字符。

【放弃】选项 ↺：在【在位文字编辑器】中放弃操作，包括对文字内容或文字格式所做的修改。也可以使用 Ctrl+Z 快捷键。

【重做】选项 ↻：在【在位文字编辑器】中重做操作，包括对文字内容或文字格式所做的修改。也可以使用 Ctrl+Y 快捷键。

【堆叠】选项 ᵇ⁄ₐ：如果选定文字中包含堆叠字符，则创建堆叠文字(例如分数)。如果选定堆叠文字，则取消堆叠。使用堆叠字符、插入符(^)、正向斜杠(/)和磅符号(#)时，堆叠字符左侧的文字将堆叠在字符右侧的文字之上。

在默认情况下，包含插入符的文字转换为左对正的公差值。包含正斜杠(/)的文字转换为居中对正的分数值，斜杠被转换为一条同较长的字符串长度相同的水平线。包含磅符号(#)的文字转换为被斜线(高度与两个字符串高度相同)分开的分数。斜线上方的文字向右下对齐，斜线下方的文字向左上对齐。

【文字颜色】选项 ■ ByBlock ∨：指定新文字的颜色或更改选定文字的颜色。

可以为文字指定与被打开的图层相关联的颜色(随层)或所在的块的颜色(随块)。也可以从颜色列表中选择一种颜色，或单击【其他】打开【选择颜色】对话框。

【标尺】选项 ▭：在编辑器顶部显示标尺。

拖曳标尺末尾的箭头可更改多行文字对象的宽度。列模式处于活动状态时，还显示高度和列夹点。

也可以从标尺中选择制表符。单击【制表符选择】按钮将更改制表符样式：左对齐、居中、右对齐和小数点对齐。进行选择后，可以在标尺或【段落】对话框中调整相应的制表符。

【确定】按钮：关闭编辑器并保存所做的所有更改。

【选项】按钮 ⊙：显示其他文字选项列表。

【栏数】选项 ▦：显示栏弹出菜单，该菜单提供三个栏选项："不分栏"、"静态栏"和"动态栏"。

【多行文字对正】选项 ◩：显示【多行文字对正】菜单。并且有 9 个对齐选项可用。【左上】为默认选项。

【段落】选项 ▤：显示【段落】对话框。

【左对齐、居中、右对齐、对正和分布】选项 ▦▦▦▦▦：设置当前段落或选定段落的左、中或右文字边界的对正和分布方式。包含在一行的末尾输入的空格，并且这些空格会影响行的对正。

【行距】选项 ⬚⁻：显示建议的行距选项或【段落】对话框。在当前段落或选定段落中设置行距。注意行距是多行段落中文字的上一行底部和下一行顶部之间的距离。

【编号】选项 ≣⁻：显示【项目符号和编号】菜单。显示用于创建列表的选项。(表格单元不能使用此选项。) 缩进列表以与第一个选定的段落对齐。

【插入字段】选项 ▣：显示【字段】对话框，从中可以选择要插入到文字中的字段。关闭该对话框后，字段的当前值将显示在文字中。

【符号】选项 @⁻：在光标位置插入符号或不间断空格。也可以手动插入符号。

子菜单中列出了常用符号及其控制代码或 Unicode 字符串。单击【其他】将显示【字符映射表】对话框，其中包含了系统中每种可用字体的整个字符集。选择一个字符，然后单击【选定】按钮将其放入【复制字符】框中。选中所有要使用的字符后，单击【复制】关闭对话框。在编辑器中，用鼠标右键单击并选择【粘贴】命令。

不支持在垂直文字中使用符号。

【倾斜角度】选项：确定文字是向前倾斜还是向后倾斜。倾斜角度表示的是相对于 90 度角方向的偏移角度。输入一个-85 到 85 之间的数值使文字倾斜。倾斜角度的值为正时文字向右倾斜，倾斜角度的值为负时文字向左倾斜。

【追踪】选项：增大或减小选定字符之间的空间。1.0 设置是常规间距。设置为大于 1.0 可增大间距，设置为小于 1.0 可减小间距。

【宽度因子】选项：扩展或收缩选定字符。1.0 设置代表此字体中字母的常规宽度。可以增大该宽度(例如，使用宽度因子 2 使宽度加倍)或减小该宽度(例如，使用宽度因子 0.5 将宽度减半)。

【显示选项】菜单：更改【文字格式】对话框的方式并提供其他编辑选项。编辑选项特定于【显示选项】菜单并且在【文字格式】对话框上不可用。

注 意

根据正在编辑的内容，有些选项可能不可用。

9.3.4　表格内容的填写

表格内容的填写包括输入文字、单元格内插入块、插入公式等内容，下面将详细介绍。

单击要输入文字的表格，出现如图 9-35 所示【表格单元】选项卡，在其中的【行】、【列】和【合并】面板可以进行插入新的表格操作；在【单元样式】和【单元格式】面板，可以设置相应的单元内容。

图 9-35　【表格单元】选项卡

1. 输入文字

单击要输入文字的表格，出现如图 9-36 所示【文字编辑器】选项卡，在其中的【插入】面板可以进行插入新的表格操作；在【样式】和【格式】面板，可以设置相应的单元内容。

图 9-36　【文字编辑器】选项卡

此选项卡中各选项的主要功能介绍如下。

【格式】面板：控制多行文字对象的文字样式和选定文字的字符格式、段落格式。

【字体】下拉列表：为新输入的文字指定字体或改变选定文字的字体。TrueType 字体按字体族的名称列出。AutoCAD 编译的字体按字体所在文件的名称列出。自定义字体和第三方字体在编辑器中显示为 Autodesk 提供的代理字体。

【文字颜色】下拉列表：指定新文字的颜色或更改选定文字的颜色。可以为文字指定与被打开的图层相关联的颜色(随层)或所在的块的颜色(随块)。也可以从颜色列表中选择一种颜色，或单击【选择颜色】对话框。

注 意

从其他文字处理应用程序(例如 Microsoft Word)中粘贴的文字将保留其大部分格式。使用"选择性粘贴"中的选项，可以清除已粘贴文字的段落格式，例如段落对齐或字符格式。

【样式】面板：向多行文字对象应用文字样式。当前样式保存在 TEXTSTYLE 系统变量中。

如果将新样式应用到现有的多行文字对象中，用于字体、高度和粗体或斜体属性的字符格式将被替代。堆叠、下划线和颜色属性将保留在应用了新样式的字符中。

不应用具有反向或倒置效果的样式。如果在 SHX 字体中应用定义为垂直效果的样式，这些文字将在"在位文字编辑器"中水平显示。

【注释性】：打开或关闭当前多行文字对象的"注释性"。

【文字高度】下拉列表框：按图形单位设置新文字的字符高度或修改选定文字的高度。如果当前文字样式没有固定高度，则文字高度是 TEXTSIZE 系统变量中存储的值。多行文字对象可以包含不同高度的字符。

【插入】面板：插入相关的内容。

【列】下拉列表：该菜单包括【不分栏】、【静态栏】和【动态栏】3 个选项。

【字段】按钮：显示【字段】对话框。

【符号】下拉列表：插入各种符号。

【段落】面板：设置多段文字的排列方式。

【对正】下拉列表：为显示多行文字对正的菜单。并且有九个对齐选项可用。【正中】为默认。

【默认、左对齐、居中、右对齐、对正和分散对齐】按钮：设置当前段落或选定段落的左、中或右文字边界的对正和对齐方式。包含在一行的末尾输入的空格，并且这些空格会影响行的对正。

【行距】下拉列表：显示建议的行距选项。在当前段落或选定段落中设置行距。注意行距是多行段落中文字的上一行底部和下一行顶部之间的距离。

【项目符号和编号】下拉列表：显示用于创建列表的选项。缩进列表以与第一个选定的段落对齐。

注 意

根据正在编辑的内容，有些选项可能不可用。

2. 单元格内插入块

选择任一个单元格并右击，在弹出的快捷菜单中选择【插入点】|【块】命令，打开

如图 9-37 所示的【在表格单元中插入块】对话框。

此对话框中各选项的主要功能介绍如下。

【浏览】按钮：在【插入】对话框，从图形的块列表框中选择块，或单击【浏览】按钮查找其他图形中的块。

【特性】选项组包括以下选项。

【比例】文本框：指定块参照的比例。输入值或启用【自动调整】复选框缩放块以适应选定的单元。

【旋转角度】文本框：指定块的旋转角度。

【全局单元对齐】下拉列表框：指定块在表格单元中的对齐方式。块相对于上、下单元边框居中对齐、上对齐或下对齐；相对于左、右单元边框居中对齐、左对齐或右对齐。

3. 插入公式

任意选择一个单元格并右击，在弹出的快捷菜单中选择【插入点】|【公式】|【方程式】命令，如图 9-38 所示，在单元格内输入公式，完成输入后，单击【文字格式】对话框中【确定】按钮，完成公式的输入。

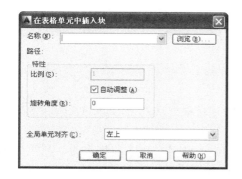

图 9-37 【在表格单元中插入块】对话框

图 9-38 快捷菜单

4. 直接插入块

(1) 注释性块的插入。注释性块是 AutoCAD 块，操作方法为：选择【插入】|【块】菜单命令，打开【插入】对话框来完成块的插入，如图 9-39 所示。

① 【名称】组合框：指定要插入块的名称，或指定要作为块插入的文件的名称。

② 【浏览】按钮：打开【选择图形文件】对话框，从中可选择要插入的块或图形文件。

③ 【路径】选项组：指定块的路径。

④ 【插入点】选项组：指定块的插入点。

【在屏幕上指定】复选框：用定点设备指定块的插入点。

图 9-39 【插入】对话框

X 文本框：设置 X 坐标值。

Y 文本框：设置 Y 坐标值。

Z 文本框：设置 Z 坐标值。

⑤【比例】选项组：指定插入块的缩放比例。如果指定负的 X、Y 和 Z 缩放比例因子，则插入块的镜像图像。

【在屏幕上指定】：用定点设备指定块的比例。

X 文本框：设置 X 比例因子。

Y 文本框：设置 Y 比例因子。

Z 文本框：设置 Z 比例因子。

【统一比例】复选框：为 X、Y 和 Z 坐标指定单一的比例值。为 X 指定的值也反映在 Y 和 Z 的值中。

⑥【旋转】选项组：在当前 UCS 中指定插入块的旋转角度。

【在屏幕上指定】复选框：用定点设备指定块的旋转角度。

【角度】文本框：设置插入块的旋转角度。

⑦【块单位】选项组：显示有关块单位的信息。

【单位】文本框：指定插入块的 INSUNITS 值。

【比例】文本框：显示单位比例因子，该比例因子是根据块的 INSUNITS 值和图形单位计算的。

【分解】复选框：分解块并插入该块的各个部分。启用【分解】复选框时，只可以指定统一比例因子。在图层 0 上绘制的块的部件对象仍保留在图层 0 上。颜色为随层的对象为白色。线型为随块的对象具有 CONTINUOUS 线型。

注 意

直接插入的块，不能保证块在表格中的位置，但直接插入的块与表格不是一个整体，以后可对块单独进行编辑。而在单元格内插入块，能准确保证块的对齐方式，但不能在表格中对块进行直接编辑。

(2) 动态属性块的插入。动态属性块的设置可以在绘图中提供方便。插入表格之后，动态属性块已经不具有动态性，不能被编辑了，因此动态属性块的插入(如需编辑)也应采用直接插入块的方法。

(3) 滚动轴承注释性动态块的插入。注释性动态块与注释性块一样不能插入表格。

9.4 设计范例——绘制门窗表格

本范例源文件：/09/9-1.dwg
本范例完成文件：/09/9-2.dwg
多媒体教学路径：光盘→多媒体教学→第 9 章

9.4.1 实例介绍与展示

本章范例以给一个建筑成图添加文字和表格的方法，来进行文字和表格使用方法的讲解，读者可以结合实例进行详细学习，下面进行具体介绍。绘制的门窗表格，如图 9-40 所示。

9.4.2 设置表格样式

步骤 01 打开文件

选择【文件】｜【打开】菜单命令，打开【选择文件】对话框，在列表中选择"9-1.dwg"文件，如图 9-41 所示。单击【打开】按钮，打开文件。

步骤 02 设置表格样式

①选择【格式】｜【表格样式】菜单命令，打开【表格样式】对话框，如图 9-42 所示。

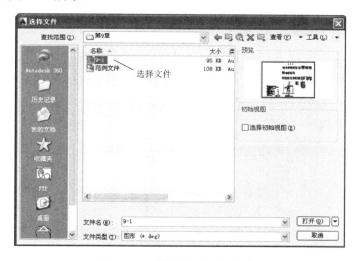

图集名称	门窗名称	洞口尺寸	门窗数量	备注
	C1-1	400x1400	12	铝合金窗
	C1	600x1400	48	铝合金窗
	C2	800x1400	36	铝合金窗
	C3	1000x1600	12	铝合金窗
	C4	1200x1600	49	铝合金窗
	C5	1500x1600	28	铝合金窗
	C6	1500x1600	12	铝合金窗
	C7	1800x1600	12	铝合金窗
	C8	2200x2300	48	铝合金窗
	C8-1	2200x2000	12	铝合金窗
	C8-2	2200x2100	6	铝合金窗
	C9	2400x2100	13	铝合金窗
	C10	1200x1200	12	铝合金窗
	C11	1200x1500	4	铝合金窗
	C12	2000x1500	12	铝合金窗
	C14	500x1800	42	铝合金窗
	M1	1800x2200	1	不锈钢门
	M2-1	1500x2100	12	乙级防火门
	M2	1200x2100	12	乙级防火门
	M3	1000x2100	34	不锈钢门
	M4	900x2100	117	木门
	M5	800x2100	44	木门
	M6	700x2100	92	木门
	M7	500x2000	14	木门
	MLC1	3200x2600	6	铝合金窗
	MLC2	1830x2600	8	铝合金窗
	MLC3	1700x2600	12	铝合金窗
	MLC4	2000x2600	12	铝合金窗
	MLJMC	3200x5800	6	铝合金窗

图 9-40 绘制门窗表格

图 9-41 【选择文件】对话框

②单击【新建】按钮，打开【创建新的表格样式】对话框，在【新样式名】文本框中输入"门窗表格"，如图 9-43 所示。

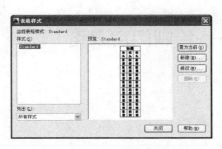

图 9-42　【表格样式】对话框　　　　　　　图 9-43　【创建新的表格样式】对话框

③单击【继续】按钮，打开【新建表格样式：门窗表格】对话框，如图 9-44 所示。

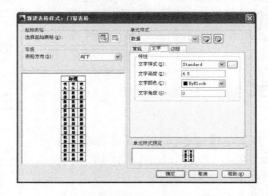

图 9-44　【新建表格样式：门窗表格】对话框

④单击【确定】按钮，返回【表格样式】对话框，在【样式】列表框中选择【门窗表格】
选项，单击【置为当前】按钮，关闭对话框。

9.4.3　绘制表格并添加文字

步骤 01　插入表格

①选择【绘图】|【表格】菜单命令，打开【插入表格】对话框，设置【列数】为5，【列
宽】为3000，【数据行数】为28，【行高】为110，如图 9-45 所示。

②单击【确定】按钮，在绘图区中单击放置表格，如图 9-46 所示。

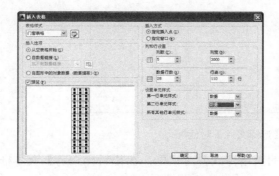

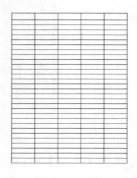

图 9-45　【插入表格】对话框　　　　　　　　　　　　图 9-46　表格

步骤 02 绘制文字

❶ 选择【绘图】|【文字】|【单行文字】菜单命令。此时光标变为十字光标，输入文字。命令输入行提示如下。

```
命令: _text
                        \\使用单行文字命令
当前文字样式:  "Standard"  文字高度:
0.2000  注释性:  否      \\系统设置
指定文字的起点或 [对正(J)/样式(S)]:
                        \\指定起点
指定高度 <0.2000>: 350
                        \\指定高度
指定文字的旋转角度 <0>: 0
                        \\指定文字旋转角度
```

❷ 添加单行文字，如图 9-47 所示。

❸ 绘制完成的门窗表格，如图 9-48 所示。

图集名称	门窗名称	洞口尺寸	门窗数量	备 注
	C1-1	400×1400	12	铝合金窗
	C1	600×1400	48	铝合金窗
	C2	800×1400	36	铝合金窗
	C3	1000×1600	12	铝合金窗
	C4	1200×1600	49	铝合金窗
	C5	1500×1600	28	铝合金窗
	C6	1500×1600	12	铝合金窗
	C7	1800×1600	12	铝合金窗
	C8	2200×2300	48	铝合金窗
	C8-1	2200×2000	12	铝合金窗
	C8-2	2200×2100	6	铝合金窗
	C9	2400×2100	13	铝合金窗
	C10	1200×1200	12	铝合金窗
	C11	1200×1500	4	铝合金窗
	C12	2000×1500	12	铝合金窗
	C14	500×1800	42	铝合金窗
	M1	1800×2200	1	不锈钢门
	M2-1	1500×2100	12	乙级防火门
	M2	1200×2100	12	乙级防火门
	M3	1000×2100	34	不锈钢门
	M4	900×2100	117	木门
	M5	800×2100	44	木门
	M6	700×2100	92	铝合金
	M7	500×2000	14	木门
	MDC1	3200×2600	6	铝合金窗
	MDC2	1830×2600	8	铝合金窗
	MDC3	1700×2600	12	铝合金窗
	MDC4	2000×2600	12	铝合金窗
	MQMC	3200×5800	6	铝合金窗

添加文字

图 9-47 添加文字

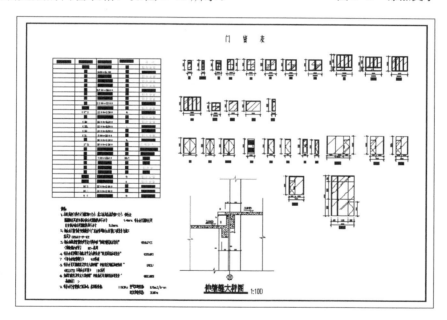

图 9-48 完成的门窗表格

9.5 本 章 小 结

本章介绍了建筑图文字和表格的使用方法。用户可以结合范例，认真体会文字和表格的设置原理，在以后的绘图当中会经常用到。

第 10 章

图纸布局和打印输出

图纸的打印和输出是完成电路图出图必需的步骤,本章将详细讲解图纸的布局、页面设置、图纸设置和打印输出设置。

10.1　建筑图纸布局

布局是一种图纸空间环境，它模拟图纸页面，提供直观的打印设置。在布局中可以创建并放置视口对象，还可以添加标题栏或其他几何图形。可以在图形中创建多个布局以显示不同视图，每个布局可以包含不同的打印比例和图纸尺寸。布局显示的图形与图纸页面上打印出来的图形完全一样。

10.1.1　模型空间和图纸空间

AutoCAD 最有用的功能之一就是在两个环境中完成绘图和设计工作，即"模拟空间"和"图纸空间"。模拟空间又可分为平铺式的模拟空间和浮动式的模拟空间。大部分设计和绘图工作都是在平铺式模拟空间中完成的，而图纸空间是模拟手工绘图的空间，它是为绘图平面图而准备的一张虚拟图纸，是一个二维空间的工作环境。从某种意义上来说，图纸空间就是布局图面、打印出图而设计的，还可在其中添加诸如边框、注释、标题和尺寸标注等内容。

在状态栏中，单击【快速查看布局】按钮，出现【模型】选项卡以及一个或多个【布局】选项卡，如图 10-1 所示。

在模型空间和图纸空间都可以进行输出设置，而且它们之间的转换也非常简单，单击【模型】选项卡或【布局】选项卡就可以在它们之间进行切换，如图 10-2 所示。

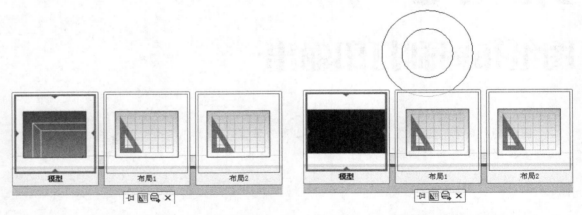

图 10-1　【模型】选项卡和【布局】选项卡　　　图 10-2　模型空间和图纸空间的切换

可以根据坐标标志来区分模型空间和图纸空间，当处于模型空间时，屏幕显示 UCS 标志；当处于图纸空间时，屏幕显示图纸空间标志，即一个直角三角形，所以旧的版本将图纸空间又称作"三角视图"。

> **注 意**
>
> 模型空间和图纸空间是两种不同的制图空间，在同一个图形中是无法同时在这两个环境中工作的。

10.1.2 在图纸空间中创建布局

在 AutoCAD 中，可以用"布局向导"命令来创建新布局，也可以用 LAYOUT 命令以模板的方式来创建新布局，这里将主要介绍以向导方式创建布局的过程。

- 选择【插入】|【布局】|【创建布局向导】菜单命令。
- 或在命令输入行输入 block 命令后按 Enter 键。

执行上述任意一种操作后，AutoCAD 会打开如图 10-3 所示的【创建布局-开始】对话框。

该对话框用于为新布局命名。左边一列项目是创建中要进行的 8 个步骤，前面标有三角符号的是当前步骤。在【输入新布局的名称】文本框中输入名称。

单击【下一步】按钮，出现如图 10-4 所示的【创建布局-打印机】对话框。

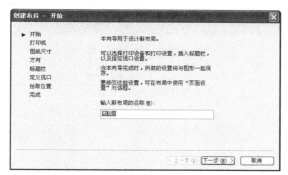

图 10-3　【创建布局-开始】对话框　　　图 10-4　【创建布局-打印机】对话框

如图 10-4 所示的对话框用于选择打印机，在列表中列出了本机可用的打印机设备，从中选择一种打印机作为输出设备。完成选择后单击【下一步】按钮，出现如图 10-5 所示的【创建布局-图纸尺寸】对话框。

如图 10-5 所示的对话框用于选择打印图纸的大小和所用的单位。对话框的下拉列表框中列出了可用的各种格式的图纸，它由选择的打印设备决定，可从中选择一种格式。

- 【图形单位】：用于控制图形单位，可以选择【毫米】、【英寸】或【像素】。
- 【图纸尺寸】：当图形单位有所变化时，图形尺寸也相应变化。

单击【下一步】按钮，出现如图 10-6 所示的【创建布局-方向】对话框。

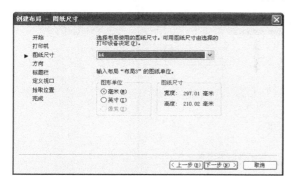
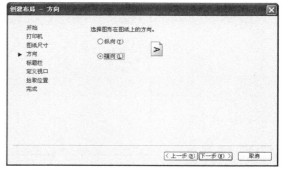

图 10-5　【创建布局-图纸尺寸】对话框　　　图 10-6　【创建布局-方向】对话框

此对话框用于设置打印的方向，两个单选按钮分别表示不同的打印方向。

- 【横向】单选按钮：表示按横向打印。
- 【纵向】单选按钮：表示按纵向打印。

完成打印方向设置后，单击【下一步】按钮，出现如图 10-7 所示的【创建布局-标题栏】对话框。

此对话框用于选择图纸的边框和标题栏的样式。

- 【路径】列表框：列出了当前可用的样式，可从中选择一种。
- 【预览】选项组：显示所选样式的预览图像。
- 【类型】选项组：可指定所选择的标题栏图形文件是作为"块"还是作为"外部参照"插入到当前图形中。

单击【下一步】按钮，出现如图 10-8 所示的【创建布局-定义视口】对话框。

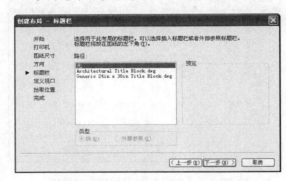

图 10-7　【创建布局-标题栏】对话框

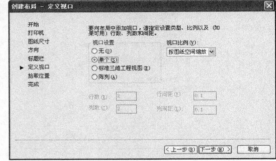

图 10-8　【创建布局-定义视口】对话框

此对话框可指定新创建的布局默认视口设置和比例等，分以下 2 组设置。

- 【视口设置】选项组：用于设置当前布局定义视口数。
- 【视口比例】选项组：用于设置视口的比例。

选中【阵列】单选按钮，则下面的文本框变为可用，分别输入视口的行数和列数，以及视口的行间距和列间距。

单击【下一步】按钮，出现如图 10-9 所示的【创建布局-拾取位置】对话框。

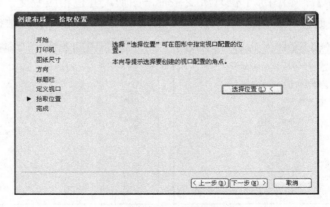

图 10-9　【创建布局-拾取位置】对话框

此对话框用于制定视口的大小和位置。单击【选择位置】按钮，系统将暂时关闭该对话框，返回到图形窗口，从中制定视口的大小和位置。选择恰当的视口大小和位置以后，出现如图 10-10 所示的【创建布局-完成】对话框。

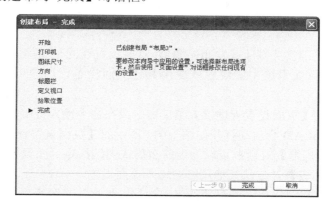

图 10-10　【创建布局-完成】对话框

如果对当前的设置都很满意，单击【完成】按钮完成新布局的创建，系统自动返回到布局空间，显示新创建的布局。

除了可使用上面的导向创建新的布局外，还可以使用 LAYOUT 命令在命令输入行创建布局。用该命令能以多种方式创建新布局，如从已有的模板开始创建，从已有的布局开始创建或从头开始创建。另外，还可以用该命令管理已创建的布局，如删除、重命名、保存以及设置等。

10.2　绘制建筑图签

建筑图签一般有固定的格式，但是不同的单位也有自己的固定格式，一般的，建筑图签的格式如表 10-1 所示。

表 10-1　建筑图签样式

××设计院			图纸名称	图纸类型		
审定						
总设计师						
审核			图纸内容			
审查						
负责人						
校对				比例		日期
设计				张数		张号

(1) 图签表格长 24cm(从左至右依次 4cm、4cm、8cm、4cm、4cm)，宽 5cm(平均行高 1cm)。

(2) 字体采用仿宋字体，高度适合表格。所有字居中。

(3) 专业(方向)填写如下：土木工程(工业与民用建筑工程)、土木工程(交通土建工程)、土木工程(城市地下工程)、土木工程(工程管理)、建筑学、建筑环境与设备工程。

10.3　打印建筑工程图

10.3.1　页面设置

通过指定页面设置准备要打印或发布的图形。这些设置连同布局都保存在图形文件中。建立布局后，可以修改页面设置中的设置或应用其他页面设置。用户可以通过以下步骤设置页面。

(1) 选择【文件】|【页面设置管理器】菜单命令或在命令输入行中输入 pagesetup 命令后按 Enter 键。然后 AutoCAD 会自动打开如图 10-11 所示的【页面设置管理器】对话框。

(2) 【页面设置管理器】对话框可以为当前布局或图纸指定页面设置，也可以创建命名页面设置、修改现有页面设置，或从其他图纸中输入页面设置。

【当前布局】：列出要应用页面设置的当前布局。如果从【图纸集管理器】打开【页面设置管理器】对话框，则显示当前图纸集的名称。如果从某个布局打开【页面设置管理器】对话框，则显示当前布局的名称。

【页面设置】选项组包括以下选项。

【当前页面设置】列表框：显示应用于当前布局的页面设置。由于在创建整个图纸集后，不能再对其应用页面设置。因此，如果从【图纸集管理器】中打开【页面设置管理器】对话框，将显示"不适用"。

【页面设置列表】：列出可应用于当前布局的页面设置，或列出发布图纸集时可用的页面设置。

如果从某个布局打开【页面设置管理器】对话框，则默认选择当前页面设置。列表包括可在图纸中应用的命名页面设置和布局。已应用命名页面设置的布局括在星号内，所应用的命名页面设置括在括号内；例如，*Layout 1 (System Scale-to-fit)*。可以双击此列表中的某个页面设置，将其设置为当前布局的当前页面设置。

如果从图纸集管理器打开【页面设置管理器】对话框，将只列出其【打印区域】被设置为【布局】或【范围】的页面设置替代文件【图形样板(.dwt)文件】中的命名页面设置。在默认情况下，选择列表中的第一个页面设置。PUBLISH 操作可以临时应用这些页面设置中的任意一种设置。

快捷菜单也提供了删除和重命名页面设置的选项。

【置为当前】按钮：将所选页面设置为当前布局的当前页面设置。不能将当前布局设置为当前页面设置。【置为当前】对图纸集不可用。

【新建】按钮：单击【新建】按钮，显示【新建页面设置】对话框，如图 10-12 所示，从中可以为新建页面设置输入名称，并指定要使用的基础页面设置。

【新页面设置名】文本框：指定新建页面设置的名称。

【基础样式】文本框：指定新建页面设置要使用的基础页面设置。单击【确定】按钮，将显示【页面设置】对话框以及所选页面设置的设置，必要时可以修改这些设置。

如果从【图纸集管理器】打开【新建页面设置】对话框，将只列出页面设置替代文件中的命名页面设置。

图 10-11 【页面设置管理器】对话框

图 10-12 【新建页面设置】对话框

【<无>】：指定不使用任何基础页面设置。可以修改【页面设置】对话框中显示的默认设置。

【<默认输出设备>】：指定将【选项】对话框的【打印和发布】选项卡中指定的默认输出设备设置为新建页面设置的打印机。

【*模型*】：指定新建页面设置使用上一个打印作业中指定的设置。

【修改】：单击【修改】按钮，显示【页面设置-模型】对话框，如图 10-13 所示，从中可以编辑所选页面设置的设置。

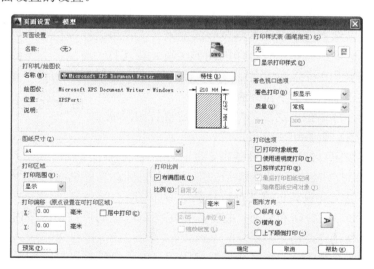

图 10-13 【页面设置-模型】对话框

在【页面设置-模型】对话框中将为用户介绍部分选项的含义。

【图纸尺寸】：显示所选打印设备可用的标准图纸尺寸。例如：A4、A3、A2、A1、B5、B4……如图 10-14 所示的【图纸尺寸】下拉列表框，如果未选择绘图仪，将显示全部标准图纸尺寸的列表以供选择。

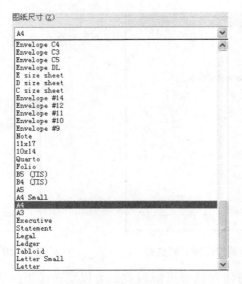

图 10-14 【图纸尺寸】下拉列表

如果所选绘图仪不支持布局中选定的图纸尺寸，将显示警告，用户可以选择绘图仪的默认图纸尺寸或自定义图纸尺寸。

使用【添加绘图仪】向导创建 PC3 文件时，将为打印设备设置默认的图纸尺寸。在【页面设置】对话框中选择的图纸尺寸将随布局一起保存，并将替代 PC3 文件设置。

页面的实际可打印区域(取决于所选打印设备和图纸尺寸)在布局中由虚线表示。

如果打印的是光栅图像(如 BMP 或 TIFF 文件)，打印区域大小的指定将以像素为单位而不是英寸或毫米。

【打印区域】选项组：指定要打印的图形区域。在【打印范围】下拉列表框中可以选择要打印的图形区域。如图 10-15 所示的【打印范围】下拉列表框。

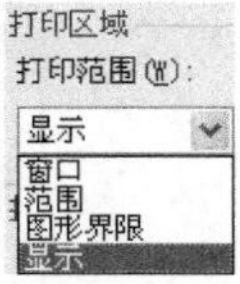

图 10-15 【打印范围】下拉列表框

【窗口】选项：打印指定的图形部分。指定要打印区域的两个角点时，【窗口】按钮才可用。

单击【窗口】按钮以使用定点设备指定要打印区域的两个角点，或输入坐标值。

【范围】选项：打印包含对象的图形的部分当前空间。当前空间内的所有几何图形都将被打印。打印之前，可能会重新生成图形以重新计算范围。

【图形界限】选项：打印布局时，将打印指定图纸尺寸的可打印区域内的所有内容，其原点从布局中的(0,0)点计算得出。

从【模型】选项卡打印时，将打印栅格界限定义的整个图形区域。如果当前视口不显示平面视图，该选项与【范围】选项效果相同。

【显示】选项：打印【模型】选项卡当前视口中的视图或布局选项卡上当前图纸空间视图中的视图。

【打印偏移(原点设置在可打印区域)】选项：根据【指定打印偏移时相对于】选项(【选项】对话框，【打印和发布】选项卡)中的设置，指定打印区域相对于可打印区域左下角或图纸边界的偏移。【页面设置】对话框的【打印偏移(原点设置在可打印区域)】选项组在括号中显示指定的打印偏移选项。

图纸的可打印区域由所选输出设备决定，在布局中以虚线表示。修改为其他输出设备时，可能会修改可打印区域。

通过在 X 偏移和 Y 偏移文本框中输入正值或负值，可以偏移图纸上的几何图形。图纸中的绘图仪单位为英寸或毫米。

【居中打印】复选框：自动计算【X 偏移】和【Y 偏移】值，在图纸上居中打印。当【打印区域】设置为【布局】时，此选项不可用。

X 文本框：相对于【打印偏移定义】选项中的设置指定 X 方向上的打印原点。

Y 文本框：相对于【打印偏移定义】选项中的设置指定 Y 方向上的打印原点。

【打印比例】选项组：控制图形单位与打印单位之间的相对尺寸。打印布局时，默认缩放比例设置为 1：1。从【模型】选项卡打印时，默认设置为【布满图纸】。如图 10-16 所示为【比例】下拉列表框。

图 10-16　【打印比例】下拉列表框

注 意

如果在【打印区域】中指定了【布局】选项，则无论在【比例】中指定了何种设置，都将以 1：1 的比例打印布局。

【布满图纸】复选框：缩放打印图形以布满所选图纸尺寸，并在【比例】、【英寸=】和【单位】框中显示自定义的缩放比例因子。

【比例】下拉列表框：定义打印的精确比例。【自定义】可定义用户定义的比例。可以通过输入与图形单位数等价的英寸(或毫米)数来创建自定义比例。

【英寸】/【毫米】选项：指定与指定的单位数等价的英寸数或毫米数。

【单位】文本框：指定与指定的英寸数、毫米数或像素数等价的单位数。

【缩放线宽】复选框：与打印比例成正比缩放线宽。线宽通常指定打印对象的线的宽度并按线宽尺寸打印，而不考虑打印比例。

【着色视口选项】选项组：指定着色和渲染视口的打印方式，并确定它们的分辨率大小和每英寸点数(DPI)。

【着色打印】下拉列表框：指定视图的打印方式。要为布局选项卡上的视口指定此设置，请选择该视口，然后在【工具】菜单中单击【特性】。

在【着色打印】下拉列表框中，如图 10-17 所示，可以选择以下选项：

【按显示】选项：按对象在屏幕上的显示方式打印。

【线框】选项：在线框中打印对象，不考虑其在屏幕上的显示方式。

【消隐】选项：打印对象时消除隐藏线，不考虑其在屏幕上的显示方式。

【三维隐藏】选项：打印对象时应用【三维隐藏】视觉样式，不考虑其在屏幕上的显示方式。

【三维线框】选项：打印对象时应用【三维线框】视觉样式，不考虑其在屏幕上的显示方式。

【概念】选项：打印对象时应用【概念】视觉样式，不考虑其在屏幕上的显示方式。

【真实】选项：打印对象时应用【真实】视觉样式，不考虑其在屏幕上的显示方式。

【渲染】选项：按渲染的方式打印对象，不考虑其在屏幕上的显示方式。

【质量】下拉列表框：指定着色和渲染视口的打印分辨率。如图 10-18 所示为【质量】下拉列表框。

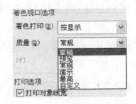

图 10-17　　【着色打印】下拉列表框　　　图 10-18　　【质量】下拉列表框

可从下列选项中选择。

【草稿】选项：将渲染和着色模型空间视图设置为线框打印。

【预览】选项：将渲染模型和着色模型空间视图的打印分辨率设置为当前设备分辨率的四分之一，最大值为 150 DPI。

【常规】选项：将渲染模型和着色模型空间视图的打印分辨率设置为当前设备分辨率的二分之一，最大值为 300 DPI。

【演示】选项：将渲染模型和着色模型空间视图的打印分辨率设置为当前设备的分辨率，最大值为 600 DPI。

【最高】选项：将渲染模型和着色模型空间视图的打印分辨率设置为当前设备的分辨率，无最大值。

【自定义】选项：将渲染模型和着色模型空间视图的打印分辨率设置为 DPI 框中指定的分辨率设置，最大可为当前设备的分辨率。

DPI：指定渲染和着色视图的每英寸点数，最大可为当前打印设备的最大分辨率。只有在【质量】下拉列表框中选择了【自定义】选项后，此选项才可用。

【打印选项】选项组：指定线宽、打印样式、着色打印和对象的打印次序等选项。

【打印对象线宽】复选框：指定是否打印为对象或图层指定的线宽。

【按样式打印】复选框：指定是否打印应用于对象和图层的打印样式。如果启用该选项，也将自动启用【打印对象线宽】复选框。

【最后打印图纸空间】复选框：首先打印模型空间几何图形。通常先打印图纸空间几何图形，然后再打印模型空间几何图形。

【隐藏图纸空间对象】复选框：指定 HIDE 操作是否应用于图纸空间视口中的对象。此选项仅在布局选项卡中可用。此设置的效果反映在打印预览中，而不反映在布局中。

【图形方向】选项组：为支持纵向或横向的绘图仪指定图形在图纸上的打印方向。

【纵向】单选按钮：放置并打印图形，使图纸的短边位于图形页面的顶部，如图 10-19 所示。

【横向】单选按钮：放置并打印图形，使图纸的长边位于图形页面的顶部，如图 10-20 所示。

【上下颠倒打印】复选框：上下颠倒地放置并打印图形，如图 10-21 所示。

图 10-19　图形方向为纵向时
　　　　　的效果

图 10-20　图形方向为横向时
　　　　　的效果

图 10-21　图形方向为上下颠倒
　　　　　打印时的效果

【打印机/绘图仪】选项组：设置打印机和绘图仪的状态。

【名称】下拉列表框：显示当前所选页面设置中指定的打印设备的名称。

【绘图仪】：显示当前所选页面设置中指定的打印设备的类型。

【图纸大小】：显示当前所选页面设置中指定的打印大小和方向。

【位置】：显示当前所选页面设置中指定的输出设备的物理位置。

【说明】：显示当前所选页面设置中指定的输出设备的说明文字。

10.3.2　打印设置

打印是将绘制好的图形用打印机或绘图仪绘制出来。通过本节的学习，用户应该掌握如何添加与配置绘图设备、如何配置打印样式、如何设置页面，以及如何打印绘图文件。

在用户设置好所有的配置，单击【输出】选项卡中【打印】面板上的【打印】按钮或在命令输入行中输入 plot 命令后按 Enter 键或按 Ctrl+P 快捷键，或选择【文件】|【打印】菜单命令，打开如图 10-22 所示的【打印-模型】对话框。在该对话框中，显示了用户最近设置的一些选项，用户还可以更改这些选项，如果用户认为设置符合用户的要求，则单击【确定】按钮，AutoCAD 即会自动开始打印。

图 10-22　【打印-模型】对话框

1. 打印预览

在将图形发送到打印机或绘图仪之前，最好先生成打印图形的预览。生成预览可以节约时间和材料。

　　用户可以从对话框预览图形。预览显示图形在打印时的确切外观，包括线宽、填充图案和其他打印样式选项。

　　预览图形时，将隐藏活动工具栏和工具选项板，并显示临时的【预览】工具栏，其中提供打印、平移和缩放图形的按钮。

　　在【打印】和【页面设置】对话框中，缩微预览还在页面上显示可打印区域和图形的位置。

　　预览打印的步骤如下。

　　(1) 选择【文件】|【打印】菜单命令，打开【打印】对话框。

　　(2) 在【打印】对话框中，单击【预览】按钮。

　　(3) 将打开【预览】窗口，光标将改变为实时缩放光标。

　　(4) 单击鼠标右键可显示包含以下选项的快捷菜单：【打印】、【平移】、【缩放】、【缩放窗口】或【缩放为原窗口】(缩放至原来的预览比例)。

　　(5) 按 Esc 键退出预览并返回到【打印】对话框。

　　(6) 如果需要，继续调整其他打印设置，然后再次预览打印图形。

　　(7) 设置正确之后，单击【确定】按钮以打印图形。

2. 打印图形

　　绘制图形后，可以使用多种方法输出。可以将图形打印在图纸上，也可以创建成文件以供其他应用程序使用。以上两种情况都需要进行打印设置。

　　打印图形的步骤如下。

　　(1) 选择【文件】|【打印】菜单命令，打开【打印】对话框。

　　(2) 在【打印】对话框的【打印机/绘图仪】选项组中，从【名称】下拉列表框中选择一种绘图仪，如图 10-23 所示。

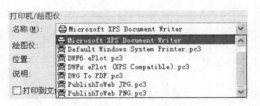

图 10-23　【名称】下拉列表框

　　(3) 在【图纸尺寸】下拉列表框中选择图纸尺寸。在【打印份数】中，输入要打印的份数。在【打印区域】选项组中，指定图形中要打印的部分。在【打印比例】选项组中，从【比例】下拉列表框中选择缩放比例。

　　(4) 有关其他选项的信息，单击【更多选项】按钮 ⊙，如图 10-24 所示。如不需要则可单击【更少选项】按钮 ⊙。

　　(5) 在【打印样式表 (画笔指定)】下拉列表框中选择打印样式表。 在【着色视口选项】和【打印选项】选项组中，选择适当的设置。在【图形方向】选项组中，选择一种方向。

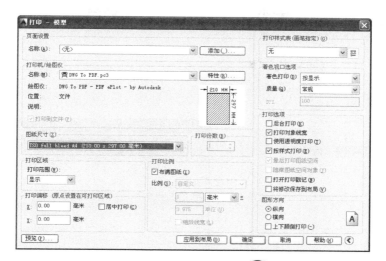

图 10-24　单击【更多选项】按钮 ⊙ 后的图示

注 意

打印戳记只在打印时出现，不与图形一起保存。

(6) 单击【确定】按钮即可进行最终的打印。

3. 打印机设置

AutoCAD 支持多种打印机和绘图仪，还可将图形输出到各种格式的文件。

AutoCAD 将有关介质和打印设备的相关信息保存在打印机配置文件中，该文件以 PC3 为文件扩展名。打印配置是便携式的，并且可以在办公室或项目组中共享(只要他们用于相同的驱动器、型号和驱动程序版本)。Windows 系统打印机共享的打印配置也需要相同的 Windows 版本。如果校准一台绘图仪，校准信息存储在打印模型参数 (PMP) 文件中，此文件可附加到任何为校准绘图仪而创建的 PC3 文件中。

用户可以为多个设备配置 AutoCAD，并为一个设备存储多个配置。每个绘图仪配置中都包含以下信息：设备驱动程序和型号、设备所连接的输出端口以及设备特有的各种设置等。可以为相同绘图仪创建多个具有不同输出选项的 PC3 文件。创建 PC3 文件后，该 PC3 文件将显示在【打印】对话框的绘图仪配置名称列表中。

用户可以通过以下方式创建 PC3 文件。

(1) 在命令输入行中输入 plottermanager 命令后按 Enter 键，或选择【文件】|【绘图仪管理器】菜单命令，或在【控制面板】窗口中双击如图 10-25 所示的【Autodesk 绘图仪管理器】图标。

Autodesk 绘
图仪管理器

图 10-25　【Autodesk 绘图仪管理器】图标

打开如图 10-26 所示的 Plotters 窗口。

(2) 在打开的窗口中双击【添加绘图仪向导】图标，打开如图 10-27 所示的【添加绘图仪-简介】对话框。

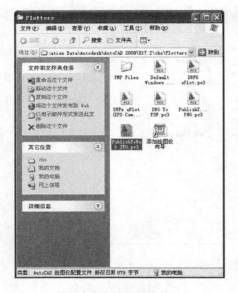

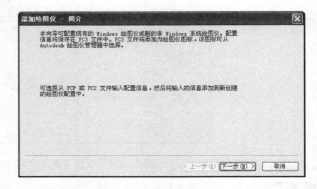

图 10-26　Plotters 窗口　　　　　图 10-27　【添加绘图仪-简介】对话框

(3) 阅读完其中的信息后单击【下一步】按钮，进入【添加绘图仪-开始】对话框，如图 10-28 所示。

(4) 在其中选中【系统打印机】单选按钮，单击【下一步】按钮，打开如图 10-29 所示的【添加绘图仪-系统打印机】对话框。

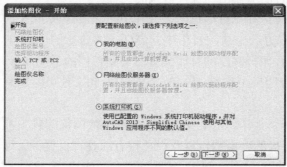

图 10-28　【添加绘图仪-开始】对话框　　　　　图 10-29　【添加绘图仪-系统打印机】对话框

(5) 在其中的右边列表中选择要配置的系统打印机，单击【下一步】按钮，打开如图 10-30 所示的【添加绘图仪-输入 PCP 或 PC2】对话框(注：右边列表中列出了当前操作系统能够识别的所有打印机，如果列表中没有要配置的打印机，则用户必须首先使用【控制面板】窗口中的 Windows【添加打印机向导】来添加打印机)。

(6) 在其中允许用户输入早期版本的 AutoCAD 创建的 PCP 或 PC2 文件的配置信息。用户可以通过单击【输入文件】按钮输入早期版本的打印机配置信息。

(7) 单击【下一步】按钮，打开如图 10-31 所示的【添加绘图仪-绘图仪名称】对话框，在【绘图仪名称】文本框中输入绘图仪的名称，然后单击【下一步】按钮，打开如图 10-32 所示的【添加绘图仪-完成】对话框。

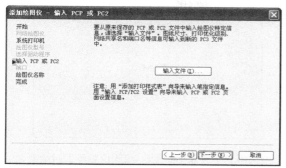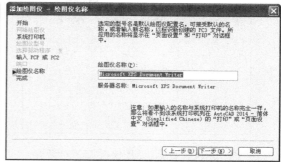

图 10-30　【添加绘图仪-输入 PCP 或 PC2】对话框　　图 10-31　【添加绘图仪-绘图仪名称】对话框

(8) 在其中，单击【完成】按钮退出【添加绘图仪】向导。

新配置的绘图仪的 PC3 文件显示在 Plotters 窗口中，在设备列表中将显示可用的绘图仪。

在【添加绘图仪-完成】对话框中，用户还可以单击【编辑绘图仪配置】按钮来修改绘图仪的默认配置。也可以单击【校准绘图仪】按钮对新配置的绘图仪进行校准测试。

4. 配置本地非系统绘图仪

具体操作步骤如下。

(1) 重复配置系统绘图仪的(1)～(3)步。

(2) 在打开【添加绘图仪-开始】对话框中选中【我的电脑】单选按钮后，单击【下一步】按钮，打开如图 10-33 所示的【添加绘图仪-绘图仪型号】对话框。

图 10-32　【添加绘图仪-完成】对话框　　　　图 10-33　【添加绘图仪-绘图仪型号】对话框

(3) 用户在【生产商】和【型号】列表框中选择相应的厂商和型号后，单击【下一步】按钮，打开【添加绘图仪-输入 PCP 或 PC2】对话框。

(4) 在其中，允许用户输入早期版本的 AutoCAD 创建的 PCP 或 PC2 文件的配置信息。用户可以通过单击【输入文件】按钮来输入早期版本的绘图仪配置信息，配置完后单击【下一步】按钮，打开如图 10-34 所示的【添加绘图仪-端口】对话框。

(5) 在其中，选择绘图仪使用的端口。然后单击【下一步】按钮，打开如图 10-35 所示的【添加绘图仪-绘图仪名称】对话框。

(6) 在其中输入绘图仪的名称后单击【下一步】按钮，打开【添加绘图仪-完成】对话框。

(7) 在其中，单击【完成】按钮，退出【添加绘图仪】向导。

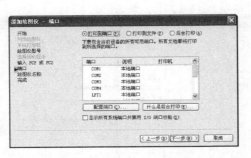

图 10-34　【添加绘图仪-端口】对话框　　　　图 10-35　【添加绘图仪-绘图仪名称】对话框

5. 配置网络非系统绘图仪

具体操作步骤如下。

(1) 重复配置系统绘图仪的(1)～(3)步。

(2) 在打开【添加绘图仪-开始】对话框中选中【网络绘图仪服务器】单选按钮后，单击【下一步】按钮，打开如图 10-36 所示的【添加绘图仪-网络绘图仪】对话框。

(3) 在其中的文本框中输入要使用的网络绘图仪服务器的共享名后单击【下一步】按钮，打开【添加绘图仪-绘图仪型号】对话框。

(4) 在其中，用户在【生产商】和【型号】列表框中选择相应的厂商和型号后单击【下一步】按钮，打开【添加绘图仪-输入 PCP 或 PC2】对话框。

(5) 在其中，允许用户输入早期版本的 AutoCAD 创建的 PCP 或 PC2 文件的配置信息。用户可以通过单击【输入文件】按钮来输入早期版本的绘图仪配置信息，配置完后单击【下一步】按钮，打开【添加绘图仪-绘图仪名称】对话框。

(6) 在其中输入绘图仪的名称单击【下一步】按钮，打开【添加绘图仪-完成】对话框。

(7) 单击【完成】按钮退出【添加绘图仪】向导。

至此，绘图仪的配置完毕。

如果用户有早期使用的绘图仪配置文件，在配置当前的绘图仪配置文件时可以输入早期的 PCP 或 PC3 文件。

6. 从 PCP 或 PC3 文件中输入信息

具体操作步骤如下。

(1) 若以上配置绘图仪的步骤一步步运行，直到打开【添加绘图仪-输入 PCP 或 PC2】对话框，在此单击【输入文件】按钮，则打开如图 10-37 所示的【输入】对话框。

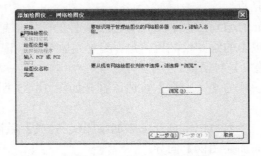

图 10-36　【添加绘图仪-网络绘图仪】对话框　　　　图 10-37　【输入】对话框

(2) 在其中，用户选择输入文件后单击【打开】按钮，返回到上一级的对话框。

(3) 查看【输入数据信息】对话框显示的最终结果。

在绘图仪的添加过程中，还有绘图仪的校准，在此就不赘述了。

10.4　设计范例——图纸打印

本范例源文件：/10/10-1.dwg

多媒体教学路径：光盘→多媒体教学→第 10 章

10.4.1　实例介绍与展示

本章范例主要介绍建筑图纸打印的设置方法，在出图时要经常用到，下面进行详细讲解。

要打印的建筑图纸，如图 10-38 所示。

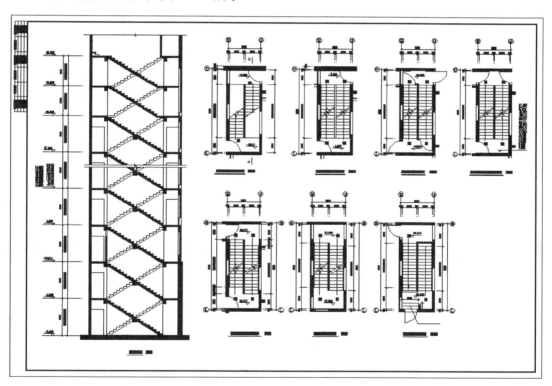

图 10-38　打印文件

10.4.2　设置打印样式

步骤 01　打开文件

打开 10-1.dwg 文件，如图 10-39 所示。

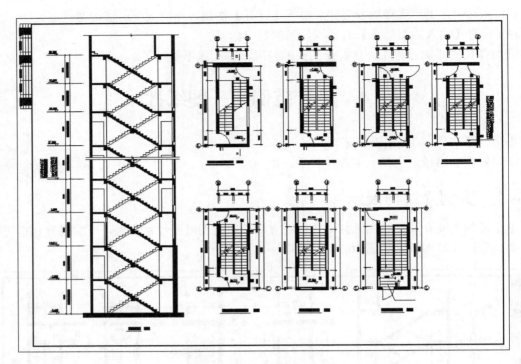

图 10-39　文件图形

步骤 **02**　设置打印-模型

①选择【文件】|【打印】菜单命令。打开【打印-模型】对话框，在【名称】下拉列表框中选择绘图仪 DWF6 ePlot.Pc3，如图 10-40 所示。

②在【图纸尺寸】下拉列表框中选择【图纸的尺寸】为 A3 (420×297 毫米)，如图 10-41所示。

图 10-40　选择绘图仪名称

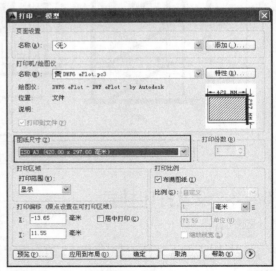

图 10-41　选择图纸尺寸

③ 在【比例】下拉列表框中选择需要打印的【比例】为 1∶100，如图 10-42 所示。

④ 在【打印范围】下拉列表框中选择【窗口】选项，如图 10-43 所示，在绘图区选择打印区域，如图 10-44 所示。

图 10-42　选择打印比例

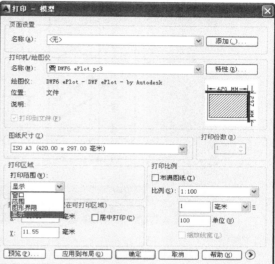

图 10-43　选择打印范围

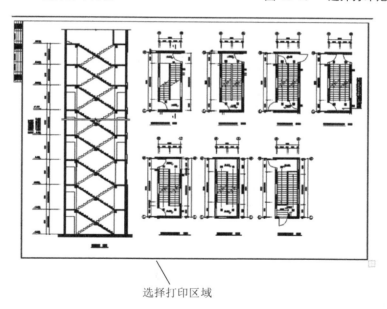

选择打印区域

图 10-44　选择打印区域

10.4.3　打印文件

① 单击【打印-模型】对话框中的【预览】按钮，预览打印效果，如图 10-45 所示。

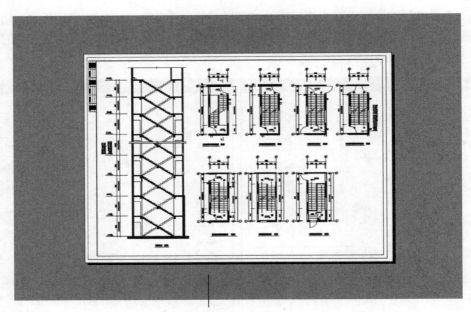

预览效果

图 10-45　预览打印效果

②预览打印效果后，没有任何问题便可以单击【关闭预览窗口】按钮⊗，返回【打印-模型】对话框，单击【确定】按钮即可进行打印。

10.5　本 章 小 结

本章介绍了建筑图纸布局的方法和意义，介绍了图纸的打印设置。这些方法在日常工作当中要经常用到，用户应仔细揣摩，并进一步学习。

第11章

建筑三维绘图

　　AutoCAD 同样可以绘制三维图形，本章主要介绍了建筑三维制图的基础部分，包括
三维坐标系、绘制三维图形和编辑三维图形。

11.1 三维坐标和视点

三维立体是一个直观的立体的表现方式，但要在平面的基础上表示三维图形，则需要具备一些三维知识，并且对平面的立体图形有所认识。在 AutoCAD 2014 中包含三维绘图的界面，更加适合三维绘图的习惯。另外要进行三维绘图，首先要了解用户坐标。下面来认识一下三维建模界面和用户坐标系统，并了解用户坐标系统的一些基本操作。

11.1.1 三维建模界面介绍

【三维建模】界面是 AutoCAD 2014 中的一种界面形式，启动【三维建模】界面比较简单，在状态栏中单击【切换工作空间】按钮，打开菜单后选择【三维建模】选项，如图 11-1 所示，即可启动【三维建模】界面，界面如图 11-2 所示。下面对其进行简单的介绍。

图 11-1 切换工作空间

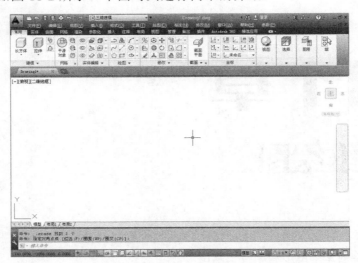

图 11-2 【三维建模】界面

该界面和普通界面的结构基本相同，但是其面板区变为了三维面板，主要包括【建模】、【绘图】、【实体编辑】、【修改】和【视图】等面板，集成了多个工具按钮，方便了三维绘图的使用。

11.1.2 用户坐标系统(UCS)介绍

用户在前面已经了解了二维坐标系，下面来介绍一下用户坐标系。

用户坐标系(UCS)是用于创建坐标、操作平面和观察的一种可移动的坐标系统。用户坐标系统由用户来指定，它可以在任意平面上定义 XY 平面，并根据这个平面，垂直拉伸出 Z 轴，组成坐标系统。它大大方便了三维物体绘制时，坐标的定位。

切换到【视图】选项卡，常用的关于坐标系的命令就放在如图 11-3 所示【坐标】面板里，用户只要单击其中的按钮即可启动对应的坐标系命令。也可以使用菜单栏中的【工具】菜单中的各命令，如图 11-4 所示。UCS 即"用户坐标系"的英文的第一个字母组合。

图 11-3　【坐标】面板　　　　图 11-4　UCS 的菜单命令

AutoCAD 的大多数几何编辑命令取决于 UCS 的位置和方向，图形将绘制在当前 UCS 的 XY 平面上。UCS 命令设置用户坐标系在三维空间中的方向。它定义二维对象的方向和 THICKNESS 系统变量的拉伸方向。它也提供 ROTATE(旋转)命令的旋转轴，并为指定点提供默认的投影平面。当使用定点设备定义点时，定义的点通常置于 XY 平面上。如果 UCS 旋转使 Z 轴位于与观察平面平行的平面上(XY 平面对观察者来说显示为一条边)，那么可能很难查看该点的位置。这种情况下，将把该点定位在与观察平面平行的包含 UCS 原点的平面上。例如，如果观察方向沿着 X 轴，那么用定点设备指定的坐标将定义在包含 UCS 原点的 YZ 平面上。不同的对象新建的 UCS 也有所不同，如表 11-1 所示。

表 11-1　不同对象新建 UCS 的情况

对　　象	确定 UCS 的情况
圆弧	圆弧的圆心成为新 UCS 的原点，X 轴通过距离选择点最近的圆弧端点
圆	圆的圆心成为新 UCS 的原点，X 轴通过选择点
直线	距离选择点最近的端点成为新 UCS 的原点，选择新 X 轴，直线位于新 UCS 的 XZ 平面上。直线第二个端点在新系统中的 Y 坐标为 0
二维多段线	多段线的起点为新 UCS 的原点，X 轴沿从起点到下一个顶点的线段延伸

11.1.3　新建 UCS

启动新建 UCS 可以执行下面两种操作之一。

- 　　单击【视图】选项卡中【坐标】面板的【UCS】按钮⌐。
- 　　在命令输入行输入 ucs 命令，按 Enter 键。

在命令输入行将会出现如下选择命令提示。

```
命令: ucs
当前 UCS 名称: *世界*
指定 UCS 的原点或 [面(F)/命名(NA)/对象(OB)/上一个(P)/视图(V)/世界(W)/X/Y/Z/Z 轴
```

(ZA)] <世界>:

1. 新建(N)

新建用户坐标系(UCS)，输入 N(新建)时，命令输入行有如下提示，提示用户选择新建用户坐标系的方法。

指定 UCS 的原点或 [面(F)/命名(NA)/对象(OB)/上一个(P)/视图(V)/世界(W)/X/Y/Z/Z 轴(ZA)] <世界>:N
指定新 UCS 的原点或 [Z 轴(ZA)/三点(3)/对象(OB)/面(F)/视图(V)/X/Y/Z] <0,0,0>:

通过下列 7 种方法可以建立新坐标。

(1) 原点。

通过指定当前用户坐标系 UCS 的新原点，保持其 X、Y 和 Z 轴方向不变，从而定义新的UCS。如图 11-5 所示。命令输入行提示如下。

指定新 UCS 的原点或 [Z 轴(ZA)/三点(3)/对象(OB)/面(F)/视图(V)/X/Y/Z] <0,0,0>:
                        // 指定点

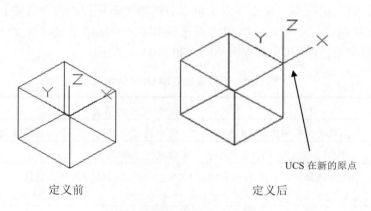

定义前   定义后

图 11-5　自定原点定义坐标系

(2) Z 轴(ZA)。

用特定的 Z 轴正半轴定义 UCS。命令输入行提示如下。

指定新 UCS 的原点或 [Z 轴(ZA)/三点(3)/对象(OB)/面(F)/视图(V)/X/Y/Z] <0,0,0>: ZA
指定新原点 <0, 0, 0>:   //指定点
在正 Z 轴的半轴指定点: //指定点

指定新原点和位于新建 Z 轴正半轴上的点。【Z 轴】选项使 XY 平面倾斜，如图 11-6 所示。

(3) 三点(3)。

指定新 UCS 原点及其 X 和 Y 轴的正方向。Z 轴由右手螺旋定则确定。可以使用此选项指定任意可能的坐标系。也可以在 UCS 面板中单击【3 点】按钮。命令输入行提示如下。

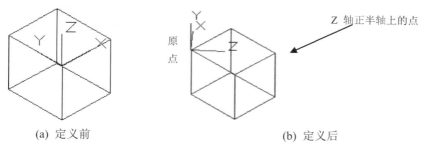

(a) 定义前　　　　　　　　　　　　(b) 定义后

图 11-6　自定 Z 轴定义坐标系

指定新 UCS 的原点或 [Z 轴(ZA)/三点(3)/对象(OB)/面(F)/视图(V)/X/Y/Z] <0,0,0>:3
指定新原点 <0,0,0>: _ner 于(捕捉如图 11-7(a)所示的最近点)
在正 X 轴范围上指定点 <1.0000,-106.9343,0.0000>:@0,10,0(按相对坐标确定 X 轴通过的点)
在 UCS XY 平面的正 Y 轴范围上指定点 <-1.0000,-106.9343,0.0000>: @-10,0,0(按相对坐标确定 Y 轴通过的点)

效果如图 11-7(b)所示。

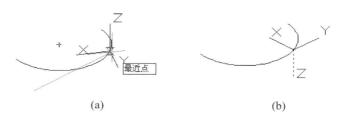

(a)　　　　　　　　　　　　　(b)

图 11-7　3 点确定 UCS

第一点指定新 UCS 的原点。第二点定义了 X 轴的正方向。第三点定义了 Y 轴的正方向。
第三点可以位于新 UCS XY 平面 Y 轴正半轴上的任何位置。

(4) 对象(OB)。

根据选定三维对象定义新的坐标系。新坐标系 UCS 的 Z 轴正方向为选定对象的拉伸方向，
如图 11-8 所示，其中圆为选定对象。命令输入行提示如下。

指定新 UCS 的原点或 [Z 轴(ZA)/三点(3)/对象(OB)/面(F)/视图(V)/X/Y/Z] <0,0,0>: OB
选择对齐 UCS 的对象:　　　　　　　//选择对象

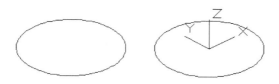

图 11-8　选择对象定义坐标系

此选项不能用于下列对象：三维实体、三维多段线、三维网格、面域、样条曲线、椭圆、
射线、参照线、引线、多行文字等不能拉伸的图形对象。

对于非三维面的对象，新 UCS 的 XY 平面与当绘制该对象时生效的 XY 平面平行。但 X 和 Y 轴可作不同的旋转。

(5) 面(F)。

将 UCS 与实体对象的选定面对齐。要选择一个面，请在此面的边界内或面的边上单击，被选中的面将亮显，UCS 的 X 轴将与找到的第一个面上的最近的边对齐。命令输入行提示如下。

```
指定新 UCS 的原点或 [Z 轴(ZA)/三点(3)/对象(OB)/面(F)/视图(V)/X/Y/Z] <0,0,0>:F
选择实体对象的面:
输入选项 [下一个(N)/X 轴反向(X)/Y 轴反向(Y)] <接受>:
```

下一个：将 UCS 定位于邻接的面或选定边的后向面。

```
X 轴反向：将 UCS 绕 X 轴旋转 180 度。
Y 轴反向：将 UCS 绕 Y 轴旋转 180 度。
```

接受：如果按 Enter 键，则接受该位置。否则，将重复出现提示，直到接受位置为止。 如图 11-9 所示。

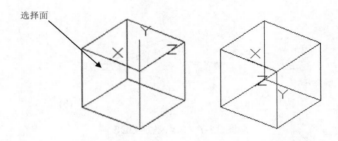

图 11-9 选择面定义坐标系

(6) 视图(V)。

以垂直于观察方向(平行于屏幕)的平面为 XY 平面，建立新的坐标系。UCS 原点保持不变，如图 11-10 所示。

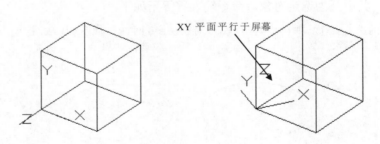

图 11-10 用视图方法定义坐标系

(7) X/Y/Z。

绕指定轴旋转当前 UCS。命令输入行提示如下。

```
指定新 UCS 的原点或 [Z 轴(ZA)/三点(3)/对象(OB)/面(F)/视图(V)/X/Y/Z] <0,0,0>:X
                            //或者输入 Y 或者 Z
```

指定绕 X 轴、Y 轴或 Z 轴的旋转角度 <0>:　　　　　　　　　　//指定角度

输入正或负的角度以旋转 UCS。AutoCAD 用右手定则来确定绕该轴旋转的正方向。通过指定原点和一个或多个绕 X、Y 或 Z 轴的旋转，可以定义任意的 UCS，如图 11-11 所示。 也可以通过 UCS 面板上的【绕 X 轴旋转用户坐标系】按钮，【绕 Y 轴旋转用户坐标系】按钮，【绕 Z 轴旋转用户坐标系】按钮来实现。

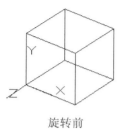 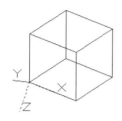  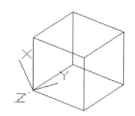

旋转前　　　　　　绕 X 轴旋转 45°　　　　绕 Y 轴旋转-60°　　　绕 Z 轴旋转 30°

图 11-11　坐标系绕坐标轴旋转

2．移动(M)

通过平移当前 UCS 的原点或修改其 Z 轴深度来重新定义 UCS，但保留其 XY 平面的方向不变。修改 Z 轴深度将使 UCS 相对于当前原点沿自身 Z 轴的正方向或负方向移动。命令输入行提示如下。

指定 UCS 的原点或 [面(F)/命名(NA)/对象(OB)/上一个(P)/视图(V)/世界(W)/X/Y/Z/Z 轴(ZA)] <世界>:M
指定新原点或 [Z 向深度(Z)] <0，0，0>:　　　　　　　　//指定或输入 z

命令行含义如下。

(1) 新原点：修改 UCS 的原点位置。

(2) Z 向深度(Z)：指定 UCS 原点在 Z 轴上移动的距离。命令提示行如下。

指定 Z 向深度 <0>:　　　　　　　　　　　　　　　　//输入距离

如果有多个活动视窗，且改变视窗来指定新原点或 Z 向深度时，那么所作修改将被应用到命令开始执行时的当前视窗中的 UCS 上，且命令结束后此视图被置为当前视图。

3．正交(G)

指定 AutoCAD 提供的 6 个正交 UCS 之一。这些 UCS 设置通常用于查看和编辑三维模型。命令输入行提示如下。

指定 UCS 的原点或 [面(F)/命名(NA)/对象(OB)/上一个(P)/视图(V)/世界(W)/X/Y/Z/Z 轴(ZA)] <世界>:G
输入选项 [俯视(T)/仰视(B)/主视(F)/后视(BA)/左视(L)/右视(R)] :　　//输入选项

在默认情况下，正交 UCS 设置将相对于世界坐标系(WCS)的原点和方向确定当前 UCS 的方向。UCSBASE 系统变量控制 UCS，这个 UCS 是正交设置的基础。使用 UCS 命令的移动选项可修改正交 UCS 设置中的原点或 Z 向深度。

4．上一个(P)

恢复前一个 UCS。可以选择【工具】|【新建 UCS】|【上一个】菜单命令来实现。AutoCAD

保存在图纸空间中创建的最后 10 个坐标系和在模型空间中创建的最后 10 个坐标系。重复【上一个】选项将逐步返回一个集或其他集，这取决于哪一空间是当前空间。

如果在单独视窗中已保存不同的 UCS 设置并在视窗之间切换，那么 AutoCAD 不在"上一个"列表中保留不同的 UCS。但是，如果在一个视窗中修改 UCS 设置，AutoCAD 将在"上一个"列表中保留最后的 UCS 设置。

例如，将 UCS 从"世界"修改为"UCS1"时，AutoCAD 将把"世界"保留在"上一个"列表的顶部。如果切换视窗，使"主视图"成为当前 UCS，接着又将 UCS 修改为"右视图"，则"主视图"UCS 保留在"上一个"列表的顶部。这时如果在当前视窗中选择"UCS"、"上一个"选项两次，那么第一次返回"主视图"UCS 设置，第二次返回"世界"坐标系。

5. 保存(S)

把当前 UCS 按指定名称保存。该名称最多可以包含 255 个字符，并可包括字母、数字、空格和任何未被 Microsoft Windows 和 AutoCAD 用作其他用途的特殊字符。命令输入行提示如下。

```
指定 UCS 的原点或 [面(F)/命名(NA)/对象(OB)/上一个(P)/视图(V)/世界(W)/X/Y/Z/Z 轴
(ZA)] <世界>:S
输入保存当前 UCS 的名称或 [?]:                    //输入名称保存当前 UCS
```

6. 删除(D)

从已保存的用户坐标系列表中删除指定的 UCS。命令输入行提示如下。

```
指定 UCS 的原点或 [面(F)/命名(NA)/对象(OB)/上一个(P)/视图(V)/世界(W)/X/Y/Z/Z 轴
(ZA)] <世界>:D
输入要删除的 UCS 名称 <无>:                    //输入名称列表或按 Enter 键
```

AutoCAD 删除用户输入的已命名 UCS。如果删除的已命名 UCS 为当前 UCS，AutoCAD 将重命名当前 UCS 为"未命名"。

7. 应用(A)

其他视窗保存有不同的 UCS 时将当前 UCS 设置应用到指定的视窗或所有活动视窗。命令提示行如下。

```
指定 UCS 的原点或 [面(F)/命名(NA)/对象(OB)/上一个(P)/视图(V)/世界(W)/X/Y/Z/Z 轴
(ZA)] <世界>:A
拾取要应用当前 UCS 的视口或 [所有(A)] <当前>:
                            //单击视窗内部指定视窗、输入 A 或按 Enter 键
```

8. 世界(W)

单击【世界】按钮 可以使处于任何状态的坐标系恢复到世界 UCS 状态。WCS(World Coordinate System)是所有用户坐标系的基准，不能被重新定义。

在三维空间中图形对象的方位比二维平面中要复杂、丰富得多，因此，在 AutoCAD 2014 的绘图中，依靠一个固定坐标系如世界坐标系 WCS 是不够的。因此，可以建立用户坐标系统 UCS 来对三维物体辅助定位。

11.1.4　命名 UCS

新建了 UCS 后，还可以对 UCS 进行命名。

用户可以使用下面的方法启动 UCS 命名工具。

- 在命令输入行输入命令：dducs。

- 选择【工具】|【命名 UCS】菜单命令。

这时会打开 UCS 对话框，如图 11-12 所示。

UCS 对话框的参数用来设置和管理 UCS 坐标，下面来分别对这些参数设置进行讲解。

1.【命名 UCS】选项卡

该选项卡如图 11-12 所示，在其中列出了已有的 UCS。

在列表中选取一个 UCS，然后单击【置为当前】按钮，则将该 UCS 坐标设置为当前坐标系。

在列表中选取一个 UCS，单击【详细信息】按钮，则打开【UCS 详细信息】对话框，如图 11-13 所示。在这个对话框中详细列出了该 UCS 坐标系的原点坐标，如 X 轴、Y 轴、Z 轴的方向。

图 11-12　UCS 对话框

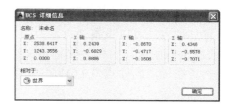

图 11-13　【UCS 详细信息】对话框

2.【正交 UCS】选项卡

【正交 UCS】选项卡如图 11-14 所示，在列表中有【俯视】、【仰视】、【前视】、【后视】、【左视】和【右视】6 种在当前图形中的正投影类型。

3.【设置】选项卡

【设置】选项卡如图 11-15 所示。下面介绍一下各项参数设置。

图 11-14　【正交 UCS】选项卡

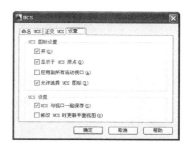

图 11-15　【设置】选项卡

在【UCS 图标设置】选项组中，启用【开】复选框，则在当前视图中显示用户坐标系的图标；启用【显示于 UCS 原点】复选框，在用户坐标系的起点显示图标；启用【应用到所有活动视口】复选框，在当前图形的所有活动窗口显示图标。

在【UCS 设置】选项组中，启用【UCS 与视口一起保存】复选框，就与当前视口一起保存坐标系，该选项由系统变量 UCSVP 控制；启用【修改 UCS 时更新平面视图】复选框，则当窗口的坐标系改变时，保存平面视图。

11.1.5 设置三维视点的命令

视点是指用户在三维空间中观察三维模型的位置。视点的 X、Y、Z 坐标确定了一个由原点发出的矢量，这个矢量就是观察方向。由视点沿矢量方向原点看去所见到的图形称为视图。

绘制三维图形时常需要改变视点，以满足从不同角度观察图形各部分的需要。设置三维视点主要有以下两种方法。

1. 视点设置命令(VPOINT)

视点设置命令用来设置观察模型的方向。

在命令输入行输入 vpoint 命令，按 Enter 键。命令输入行提示如下。

```
命令: vpoint
当前视图方向:  VIEWDIR=-1.0000,-1.0000,1.0000
指定视点或 [旋转(R)] <显示指南针和三轴架>:
```

这里有几种方法可以设置视点。

(1) 使用输入的 X、Y 和 Z 坐标定义视点，创建定义观察视图的方向的矢量。定义的视图如同是观察者在该点向原点(0,0,0)方向观察。命令输入行提示如下。

```
命令: vpoint
当前视图方向:  VIEWDIR=0.0000,0.0000,1.0000
指定视点或 [旋转(R)] <显示指南针和三轴架>:0,1,0
正在重生成模型。
```

(2) 使用旋转(R): 使用两个角度指定新的观察方向。命令输入行提示如下。

```
指定视点或 [旋转(R)] <显示指南针和三轴架>: R
输入 XY 平面中与 X 轴的夹角 <当前值>:
        //指定一个角度 ,第一个角度指定为在 XY 平面中与 X 轴的夹角
输入 XY 平面中与 X 轴的夹角 <当前值>:
        //指定一个角度, 第二个角度指定为与 XY 平面的夹角, 位于 XY 平面的上方或下方
```

(3) 使用指南针和三轴架: 在命令提示行直接按 Enter 键，则按默认选项显示指南针和三轴架，用来定义视窗中的观察方向，如图 11-16 所示。

这里，右上角坐标球为一个球体的俯视图，十字光标代表视点的位置。拖曳鼠标，使十字光标在坐标球范围内移动，光标位于小圆环内表示视点在 Z 轴正方向，光标位于两个圆环之间表示视点在 Z 轴负方向，移动光标，就可以设置视点。如图 11-17 所示为不同坐标球和三轴架设置时不同的视点位置。

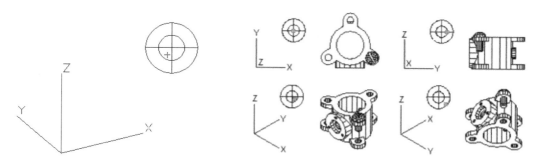

图 11-16　使用坐标球和三轴架　　　　　图 11-17　不同的视点设置

2. 用【视点预设】对话框选择视点

还可以用对话框的方式选择视点。操作步骤如下。

选择【视图】|【三维视图】|【视点预设】菜单命令(或者在命令提示行输入 Ddvpoint，按 Enter 键)，打开【视点预设】对话框如图 11-18 所示。其中各参数设置方法如下。

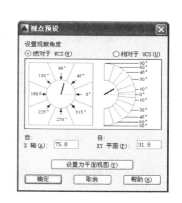

图 11-18　【视点预置】对话框

- 【绝对于 WCS】单选按钮：所设置的坐标系基于世界坐标系。
- 【相对于 UCS】单选按钮：所设置的坐标系相对于当前用户坐标系。
- 左半部分方形分度盘表示观察点在 XY 平面投影与 X 轴夹角。有 8 个位置可选。
- 右半部分半圆分度盘表示观察点与原点连线与 XY 平面夹角。有 9 个位置可选。
- 【X 轴】输入框：可输入 360 度以内任意值设置观察方向与 X 轴的夹角。
- 【XY 平面】输入框：可输入以±90 度内任意值设置观察方向与 XY 平面的夹角。
- 【设置为平面视图】按钮：单击该按钮，则取标准值，与 X 轴夹角 270 度，与 XY 平面夹角 90 度。

11.1.6　其他特殊视图

在视点摄制过程中，还可以选取预定义标准观察点，可以从 AutoCAD 中预定义 10 个标准视图中直接选取。

在【菜单栏】中，选择【视图】|【三维视图】下面两个部分的 10 个标准命令，如图 11-19 所示，即可定义观察点。这些标准视图包括：俯视图、仰视图、左视图、右视图、前视图、后视图、西南等轴侧视图、东南等轴侧视图、东北等轴侧视图和西北等轴侧视图。

11.1.7　三维动态观察器

应用三维动态可视化工具，用户可以从不同视点动态观察各种三维图形。

选择【视图】|【动态观察】菜单命令，如图 11-20 所示，可以启动这 3 种观察工具。

图 11-19　三维视图菜单

选择【自由动态观察】命令后，如图 11-21 所示。按住鼠标左键不放，移动光标，坐标系原点、观察对象相应转动，实现动态观察，对象呈现不同观察状态。松开鼠标左键，画面定位。

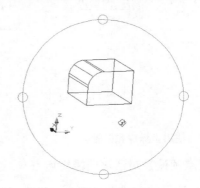

| 受约束的动态观察(C) |
| 自由动态观察(F) |
| 连续动态观察(O) |

图 11-20　【动态观察】子菜单　　　　　　　图 11-21　三维动态观察

11.2　绘制三维曲面和三维体

本节将介绍绘制和编辑三维图形的方法。AutoCAD 2014 可绘制的三维图形有线框模型、表面模型和实体模型等图形，并且可以对三维图形进行编辑。

11.2.1　绘制三维线框模型

三维线框模型(Wire model)是三维形体的框架，是一种较直观和简单的三维表达方式。AutoCAD 中的三维线框模型只是空间点之间相连直线、曲线信息的集合，没有面和体的定义，因此，它不能消隐、着色或渲染。但是它有简洁、好编辑的优点。

1．三维线条

二维绘图中使用的直线(Line)和样条曲线(Spline)命令可直接用于绘制三维图形，操作方式与二维绘制相同，在此就不重复了。只是绘制三维线条时，输入点的坐标值时，要输入 X、Y、Z 的坐标值。

2．三维多段线

三维多段线由多条空间线段首尾相连的多段线，其可以作为单一对象编辑，但其与二维多线段有区别，它只能为线段首位相连，不能设计线段的宽度。如图 11-22 所示为三维多段线。

绘制三维多段线的方法有以下几种。

- 在【绘图】面板中单击【三维多段线】按钮。
- 选择【绘图】|【三维多段线】菜单命令。
- 在命令输入行中输入命令：3dpoly。

命令输入行提示如下。

指定多段线的起点：
指定直线的端点或 [放弃(U)]：

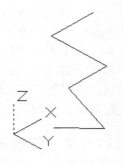

图 11-22　三维多段线

指定直线的端点或 [放弃(U)]:
指定直线的端点或 [闭合(C)/放弃(U)]:

从前一点到新指定的点绘制一条直线。命令提示不断重复，直到按 Enter 键结束命令为止。如果在命令输入行输入命令 U，则结束绘制三维多段线，如果输入指定三点后，输入命令 C，则多段线闭合。指定点可以用鼠标选择或者输入点的坐标。

> **注 意**
> 要观察三维图形，需使用三维观察命令改变视角，有关观察的工具将在以后的章节介绍。

三维多段线和二维多段线的比较如表 11-2 所示。

表 11-2　三维多段线和二维多段线比较

	三维多段线	二维多段线
相同点	多段线是一个对象； 可以分解； 可以用 Pedit 命令进行编辑	
不同点	Z 坐标值可以不同； 不含弧线段，只有直线段； 不能有宽度； 不能有厚度； 只有实线一种线型	Z 坐标值均为 0； 包括弧线段等多种线段； 可以有宽度； 可以有厚度； 有多种线型

11.2.2　绘制三维网格模型

在 AutoCAD 2014 中，提供了多种方法来绘制三维网格模型。三维网格模型是用 M、N 阵列网格近似表示的。精度取决于 M、N 的设定值，M、N 值越大，越接近真实表面，但是计算量大，处理费时。三维网格模型可以进行消隐、着色和渲染处理。

绘制三维网格模型可以使用【绘图】|【建模】|【网格】菜单中的命令来进行绘制，如图 11-23 所示。下面来介绍几种常用的网格模型。

图 11-23　【网格】菜单

1. 绘制三维面

三维面命令用来创建任意方向的三边或四边三维面，四点可以不共面。绘制三维面模型命令调用方法有以下两种。

● 选择【绘图】|【建模】|【网格】|【三维面】菜单命令。
● 在命令输入行中输入命令：3dface。

命令输入行提示如下。

```
命令：3dface
指定第一点或 [不可见(I)]:
指定第二点或 [不可见(I)]:
```

指定第三点或 [不可见(I)] <退出>:   //直接按 Enter 键，生成三边面，指定点继续
指定第四点或 [不可见(I)] <创建三侧面>:

在提示行中若指定第四点，则命令提示行继续提示指定第三点或退出，直接按 Enter 键，则生成四边平面或曲面。若继续确定点，则上一个第三点和第四点连线成为后续平面第一边，三维面递进生长。命令提示行如下。

指定第三点或 [不可见(I)] <退出>:
指定第四点或 [不可见(I)] <创建三侧面>:

绘制成的三边平面、四边面和多个面如图 11-24 所示。

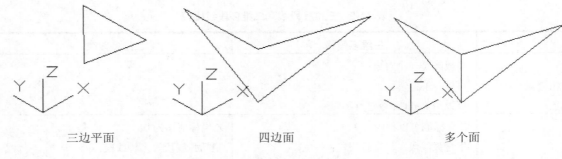

三边平面   四边面   多个面

图 11-24 三维面

命令提示行选项说明如下。

(1) 第一点：定义三维面的起点。在输入第一点后，可按顺时针或逆时针方向输入其余的点，以创建普通三维面。如果四个顶点在同一个平面上，那么 AutoCAD 将创建一个类似于面域对象的平面。当着色或渲染对象时，该平面将被填充。

(2) 控制三维面各边的可见性，以便建立有孔对象的正确模型。在边的第一点之前输入 i 或 invisible 可以使该边不可见。不可见属性必须在使用任何对象捕捉模式、XYZ 过滤器或输入边的坐标之前定义。可以创建所有边都不可见的三维面。这样的面是虚幻面，它不显示在线框图中，但在线框图形中会遮挡形体。

2. 绘制旋转网格(REVSURF)

旋转网格的命令是将对象绕指定轴旋转，生成旋转网格曲面。绘制旋转网格命令调用方法有以下 3 种。

- 选择【绘图】|【建模】|【网格】|【旋转网格】菜单命令。
- 单击【图元】面板中的单击【建模，网格，旋转曲面】按钮。
- 在命令输入行中输入命令：revsurf。

命令输入行提示如下。

```
命令: revsurf
当前线框密度: SURFTAB1=6  SURFTAB2=6
选择要旋转的对象:                        //选择一个对象
选择定义旋转轴的对象:                    //选择一个对象，通常为直线
指定起点角度 <0>:
指定包含角 (+=逆时针，-=顺时针) <360>:
```

绘制成的旋转网格如图 11-25 所示。

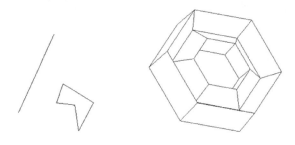

图 11-25　旋转网格

注 意

在执行此命令前，应绘制好轮廓曲线和旋转轴。

提 示

在命令输入行中输入 SURFTAB1 或 SURFTAB2 后，按 Enter 键，可调整线框的密度值。

3. 绘制平移网格(TABSURF)

平移网格命令可绘制一个由路径曲线和方向矢量所决定的多边形网格。绘制平移网格命令调用方法有以下 3 种。

- 选择【绘图】|【建模】|【网格】|【平移网格】菜单命令。
- 单击【图元】面板中的【建模，网格，平移曲面】按钮。
- 在命令输入行中输入命令：tabsurf。

命令输入行提示如下。

```
命令：_tabsurf
    当前线框密度：SURFTAB1=6
    选择用作轮廓曲线的对象：
    选择用作方向矢量的对象：
```

绘制成的平移曲面如图 11-26 所示。

注 意

在执行此命令前，应绘制好轮廓曲线和方向矢量。轮廓曲线可以是直线、圆弧、曲线等。

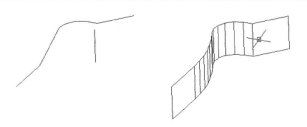

图 11-26　平移曲面

4. 绘制直纹网格(RULESURF)

直纹网格命令用于在两个对象之间建立一个 2N 的直纹网格曲面。绘制直纹网格命令调用方法有以下 3 种。

- 选择【绘图】|【建模】|【网格】|【直纹网格】菜单命令。
- 单击【建模】面板中的【建模，网格，直纹曲面】按钮。
- 在命令输入行中输入命令：rulesurf。

命令输入行提示如下。

```
命令: rulesurf
当前线框密度: SURFTAB1=6
选择第一条定义曲线:
选择第二条定义曲线:
```

绘制成的直纹网格如图 11-27 所示。

注 意

要生成直纹网格，两对象只能封闭曲线对封闭曲线，开放曲线对开放曲线。

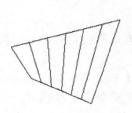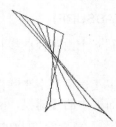

图 11-27　直纹网格

5. 绘制边界网格(EDGESURF)

边界网格命令是把 4 个称为边界的对象创建为孔斯曲面片网格。边界可以是圆弧、直线、多线段、样条曲线和椭圆弧，并且必须形成闭合环和公共端点。孔斯曲面片是插在 4 个边界间的双三次曲面(一条 M 方向上的曲线和一条 N 方向上的曲线)。绘制边界网格命令调用方法有以下 3 种。

- 选择【绘图】|【建模】|【网格】|【边界网格】菜单命令。
- 在【图元】面板单击【建模，网格，边界曲面】按钮。
- 在命令输入行中输入命令：edgesurf。

命令输入行提示如下。

```
命令: edgesurf
当前线框密度: SURFTAB1=6  SURFTAB2=6
选择用作曲面边界的对象 1:
选择用作曲面边界的对象 2:
选择用作曲面边界的对象 3:
选择用作曲面边界的对象 4:
```

绘制成的边界网格如图 11-28 所示。

6. 绘制三维网格(3DMESH)

使用三维网格命令可以生成矩形三维多边形网格,主要用于图解二维函数。绘制三维网格命令调用方法如下。

● 在命令输入行中输入命令:3dmesh。

命令输入行提示如下。

```
命令: 3dmesh
输入 M 方向上的网格数量:
输入 N 方向上的网格数量:
指定顶点 (0, 0) 的位置:
指定顶点 (0, 1) 的位置:
指定顶点 (1, 0) 的位置:
指定顶点 (1, 1) 的位置:
指定顶点 (2, 0) 的位置:
指定顶点 (2, 1) 的位置:
```

绘制成的三维网格如图 11-29 所示。

> **注 意**
>
> M 和 N 的数值在 2~256 之间。

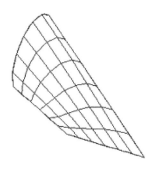

图 11-28 边界网格

图 11-29 三维网格

11.2.3 由二维图形生成三维表面模型

在二维图中,用户遵循着 AutoCAD 的默认规定,即 Z 坐标值为 0。而改变 Z 的坐标值,就可以把二维图形变为三维表面模型。某些二维图形沿 Z 轴方向拉伸,图形沿 Z 轴拉伸的距离即为厚度。

下面介绍赋予二维图形厚度生成三维表面模型的方法。输入命令 thickness。命令输入行提示如下。

```
命令: thickness
输入 THICKNESS 的新值 <0.0000>:            //输入大于不为 0 的数值
```

这时绘制二维图形,则其都拥有一定的厚度,成为三维表面模型。

有些对象赋予厚度后变为实体模型。不是所有的二维图形都可以拉伸，如尺寸、视窗框、点阵文字均不可拉伸。

还可以编辑已有的二维图形使其成为三维表面模型。选择已有的二维图形，右击打开快捷菜单后选择【特性】命令，打开【特性】对话框，在【厚度】文本框中输入新的数值，如图 11-30 所示，则变成三维表面模型。

图 11-30 【特性】对话框

11.2.4 绘制长方体

在 AutoCAD 2014 中，提供了多种基本的实体模型，可直接建立实体模型，如长方体、球体、圆柱体、圆锥体、楔体、圆环等多种模型。

绘制长方体命令调用方法如下。

- 如图 11-31 所示，单击【建模】面板中的【长方体】按钮。

- 选择【绘图】|【建模】|【长方体】菜单命令。
- 在命令输入行中输入命令：box。

命令输入行提示如下。

命令：box
指定长方体的角点或 [中心点(CE)] <0,0,0>:
　　　　　　　　　　　　//指定长方体的第一个角点
指定角点或 [立方体(C)/长度(L)]: //输入 C 则创建立方体
　指定高度：

图 11-31 【长方体】按钮

长度(L)是指按照指定长、宽、高创建长方体。长度与 X 轴对应，宽度与 Y 轴对应，高度与 Z 轴对应。

绘制完成的长方体如图 11-32 所示。

图 11-32   绘制好的长方体

11.2.5   绘制圆柱体

圆柱底面既可以是圆，也可以是椭圆。绘制圆柱体命令的调用方法如下。

● 单击【建模】面板中的【圆柱体】按钮。

● 选择【绘图】|【建模】|【圆柱体】菜单命令。

● 在命令输入行中输入命令：cylinder。

首先来绘制圆柱体，命令输入行提示如下。

```
命令：cylinder
指定底面的中心点或 [三点(3P)/两点(2P)/相切、相切、半径(T)/椭圆(E)]:
                                //输入坐标或者指定点
指定底面半径或 [直径(D)]:
指定高度或 [两点(2P)/轴端点(A)]:
```

绘制完成的圆柱体如图 11-33 所示。

下面来绘制椭圆柱体，命令输入行提示如下。

```
命令：cylinder
指定底面的中心点或 [三点(3P)/两点(2P)/相切、相切、半径(T)/椭圆(E)]:E(执行绘制椭圆柱
体选项)
指定第一个轴的端点或 [中心(C)]:c(执行中心点选项)
指定中心点:
指定到第一个轴的距离:
指定第二个轴的端点:
指定高度或 [两点(2P)/轴端点(A)]:
```

绘制完成的椭圆柱体如图 11-34 所示。

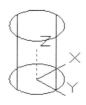

图 11-33   圆柱体

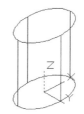

图 11-34   椭圆柱体

11.2.6　绘制球体

SPHERE 命令用来创建球体。绘制球体命令调用方法如下。

- 单击【建模】面板中的【球体】按钮。
- 选择【绘图】|【建模】|【球体】菜单命令。
- 在命令输入行中输入命令：sphere。

命令输入行提示如下。

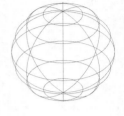

```
命令：sphere
指定中心点或 [三点(3P)/两点(2P)/相切、相切、半径(T)]：
指定球体半径或 [直径(D)]：
```

图 11-35　球体

绘制完成的球体如图 11-35 所示。

11.2.7　绘制圆锥体

CONE 命令用来创建圆锥体或椭圆锥体。绘制圆锥体命令调用方法如下。

- 单击【建模】面板中的【圆锥体】按钮。
- 选择【绘图】|【建模】|【圆锥体】菜单命令。
- 在命令输入行中输入命令：cone。

命令输入行提示如下。

```
命令：cone
指定底面的中心点或 [三点(3P)/两点(2P)/相切、相切、半径(T)/
椭圆(E)]：        输入 E 可以绘制椭圆锥体
指定底面半径或 [直径(D)]：
指定高度或 [两点(2P)/轴端点(A)/顶面半径(T)]：
```

图 11-36　圆锥体

绘制完成的圆锥体如图 11-36 所示。

11.2.8　绘制楔体

WEDGE 命令用来绘制楔体。绘制楔体命令调用方法如下。

- 单击【建模】面板中的【楔体】按钮。
- 选择【绘图】|【建模】|【楔体】菜单命令。
- 在命令输入行中输入命令：wedge。

命令输入行提示如下。

```
命令：wedge
指定第一个角点或 [中心(C)]：：
指定其他角点或 [立方体(C)/长度(L)]：
指定高度或 [两点(2P)]：
```

图 11-37　楔体

绘制完成的楔体如图 11-37 所示。

11.2.9　绘制圆环体

TORUS 命令用来绘制圆环。绘制圆环体命令调用方法如下。

- 单击【建模】面板中的【圆环体】按钮。

- 选择【绘图】|【建模】|【圆环体】菜单命令。

- 在命令输入行中输入命令：torus。

命令输入行提示如下。

```
命令: torus
指定中心点或 [三点(3P)/两点(2P)/切点、切点、半径(T)]:
指定半径或 [直径(D)]:                    //指定圆环体中心
到圆环圆管中心的距离
指定圆管半径或 [两点(2P)/直径(D)]:       //指定圆环体圆管
的半径
```

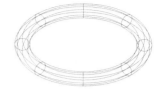

图 11-38   圆环体

绘制完成的圆环体如图 11-38 所示。

11.2.10   拉伸生成实体

【拉伸】命令用来拉伸二维对象生成三维实体，二维对象可以是多边形、圆、椭圆、样条封闭曲线等。绘制拉伸体命令调用方法如下。

- 单击【建模】面板中的【拉伸】按钮。

- 选择【绘图】|【建模】|【拉伸】菜单命令。

- 在命令输入行中输入命令：extrude。

命令输入行提示如下。

```
命令: _extrude
当前线框密度: ISOLINES=8
选择要拉伸的对象:                        //选择一个图形对象
选择要拉伸的对象:
指定拉伸的高度或 [方向(D)/路径(P)/倾斜角(T)]: P    //则沿路径进行拉伸
选择拉伸路径或 [倾斜角(T)]:               //选择作为路径的对象
路径已移动到轮廓中心。
```

> **提示**
>
> 可以选取直线、圆、圆弧、椭圆、多段线等作为拉伸路径的对象。

绘制完成的拉伸实体如图 11-39 所示。

图 11-39   拉伸实体

11.2.11   旋转生成实体

旋转是将闭合曲线绕一条旋转轴旋转生成回转三维实体。绘制旋转体命令调用方法如下。

- 单击【建模】面板中的【旋转】按钮。
- 选择【绘图】｜【建模】｜【旋转】菜单命令。
- 在命令输入行中输入命令：revolve。

命令输入行提示如下。

```
命令: revolve
当前线框密度:  ISOLINES=10
选择要旋转的对象:                                    // 选择旋转对象
选择要旋转的对象:
定轴起点或根据以下选项之一定义轴 [对象(O)/X/Y/Z] <对象>:   // 选择轴起点
指定轴端点:                                          // 选择轴端点
指定旋转角度或 [起点角度(ST)] <360>:
```

绘制完成的旋转实体如图 11-40 所示。

> **注 意**
>
> 执行此命令，要事先准备好选择对象。

 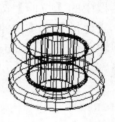

图 11-40　旋转实体

11.2.12　扫掠生成实体

扫掠是将闭合曲线绕一条旋转轴旋转生成回转三维实体。绘制扫掠实体命令调用方法如下。

- 单击【建模】面板中的【扫掠】按钮。
- 选择【绘图】｜【建模】｜【扫掠】菜单命令。
- 在命令输入行中输入命令：sweep。

命令输入行提示如下。

```
命令: _sweep
当前线框密度:  ISOLINES=4
选择要扫掠的对象: 找到 1 个                    //选择圆作为扫掠对象
选择要扫掠的对象:
选择扫掠路径或 [对齐(A)/基点(B)/比例(S)/扭曲(T)]:   //选择螺旋线作为扫掠路径
```

绘制完成的扫掠实体如图 11-41 所示。

图 11-41　扫掠实体

11.2.13　放样生成实体

放样是将闭合曲线绕一条旋转轴旋转生成回转三维实体。绘制放样实体命令调用方法如下。

- 单击【建模】面板中的【放样】按钮。
- 选择【绘图】|【建模】|【放样】菜单命令。
- 在命令输入行中输入命令：loft。

命令输入行提示如下。

```
命令: _loft
按放样次序选择横截面: 找到 1 个                    //选择放样图形
按放样次序选择横截面: 找到 1 个, 总计 2 个
按放样次序选择横截面:
输入选项 [导向(G)/路径(P)/仅横截面(C)] <仅横截面>: C
```

绘制完成的放样实体如图 11-42 所示。

在三维图形的绘制中，有许多专用于三维对象的编辑命令，如倒角、三维阵列、三维镜像、三维旋转等编辑命令，从而使三维对象的绘制和编辑更加方便、简捷。这些命令主要集中在【修改】菜单的【三维操作】子菜单中，如图 11-43 所示。

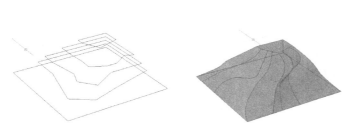

| 三维移动(M) |
| 三维旋转(R) |
| 对齐(L) |
| 三维对齐(A) |
| 三维镜像(I) |
| 三维阵列(3) |
| 干涉检查(I) |
| 剖切(S) |
| 加厚(T) |
| 转换为实体(O) |
| 转换为曲面(U) |
| 提取素线 |
| 提取边(E) |

图 11-42　放样实体　　　　　　　　　　图 11-43　【三维操作】子菜单

11.3　编辑三维实体

下面介绍针对三维实体所进行的编辑，使用这些编辑可以进一步绘制更复杂的三维图形。这些操作包括布尔运算、面编辑和体编辑等命令，主要集中在【修改】菜单的【实体编辑】子

菜单中和【实体编辑】面板中，如图 11-44 所示。

图 11-44　【实体编辑】子菜单和【实体编辑】面板

11.3.1　布尔运算

三维实体模型的一个重要功能是可以在两个以上的模型之间执行布尔运算命令，使其组合成新的复杂的实体模型。布尔运算包括【并集】、【交集】和【差集】3 种运算命令。下面将详细介绍这几种命令的用法。

1. 并集(UNION)

并集运算是将两个以上三维实体合为一体。【并集】命令调用方法如下。

- 单击【实体编辑】面板中的【并集】按钮◎。
- 选择【修改】｜【实体编辑】｜【并集】菜单命令。
- 在命令输入行中输入命令：union。

命令输入行提示如下。

```
命令: union
选择对象:                 //选择第 1 个实体
选择对象:                 //选择第 2 个实体
选择对象:
```

实体并集运算后的结果如图 11-45 所示。

2. 交集(INTERSECT)

交集运算是将几个实体相交的公共部分保留。【交集】命令调用方法如下。

- 单击【实体编辑】面板中的【交集】按钮◎。
- 选择【修改】｜【实体编辑】｜【交集】菜单命令。
- 在命令输入行中输入命令：intersect。

命令输入行提示如下。

```
命令: _intersect
选择对象:                          //选择第一个实体
选择对象:                          //选择第二个实体
```

实体进行交集运算的结果如图 11-46 所示。

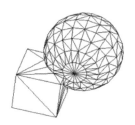

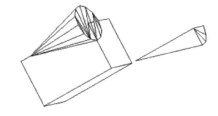

图 11-45　并集运算　　　　　　　　图 11-46　交集运算

3. 差集(SUBTRACT)

差集运算是从一个三维实体中去除与其他实体的公共部分。【差集】命令调用方法如下。

- 单击【实体编辑】面板中的【差集】按钮◙。
- 选择【修改】｜【实体编辑】｜【差集】菜单命令。
- 在命令输入行中输入命令: subtract。

命令输入行提示如下。

```
命令: _subtract
选择要从中减去的实体或面域...
选择对象:                          //选择被减去的实体
选择要减去的实体或面域 ..
选择对象:                          //选择减去的实体
```

实体进行差集运算的结果如图 11-47 所示。

图 11-47　差集运算

11.3.2　拉伸面

拉伸面主要用于对实体的某个面进行拉伸处理,从而形成新的实体。选择【修改】｜【实体编辑】｜【拉伸面】菜单命令,或者单击【实体编辑】面板中的【拉伸面】按钮,即可进行拉伸面操作。命令输入行提示如下。

```
命令: _solidedit
实体编辑自动检查: SOLIDCHECK=1
输入实体编辑选项 [面(F)/边(E)/体(B)/放弃(U)/退出(X)] <退出>: _face
```

输入面编辑选项

[拉伸(E)/移动(M)/旋转(R)/偏移(O)/倾斜(T)/删除(D)/复制(C)/颜色(L)/材质(A)/放弃(U)/退出(X)] <退出>: _extrude

选择面或 [放弃(U)/删除(R)]:   //选择实体上的面

选择面或 [放弃(U)/删除(R)/全部(ALL)]:

指定拉伸高度或 [路径(P)]:   //输入P则选择拉伸路径

指定拉伸的倾斜角度 <0>:

已开始实体校验。

实体经过拉伸面操作后的结果如图11-48所示。

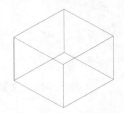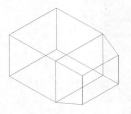

图11-48　拉伸面操作

11.3.3　移动面

移动面主要用于对实体的某个面进行移动处理，从而形成新的实体。选择【修改】|【实体编辑】|【移动面】菜单命令，或者单击【实体编辑】面板中的【移动面】按钮，即可进行移动面操作。命令输入行提示如下。

命令: _solidedit

实体编辑自动检查: SOLIDCHECK=1

输入实体编辑选项 [面(F)/边(E)/体(B)/放弃(U)/退出(X)] <退出>: _face

输入面编辑选项

[拉伸(E)/移动(M)/旋转(R)/偏移(O)/倾斜(T)/删除(D)/复制(C)/着色(L)/放弃(U)/退出(X)] <退出>: _move

选择面或 [放弃(U)/删除(R)]:   //选择实体上的面

选择面或 [放弃(U)/删除(R)/全部(ALL)]:

指定基点或位移: //指定一点

指定位移的第二点: //指定第2点

已开始实体校验。

实体经过移动面操作后的结果如图11-49所示。

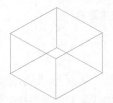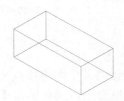

图11-49　移动面操作

11.3.4　旋转面

旋转面主要用于对实体的某个面进行旋转处理，从而形成新的实体。选择【修改】｜【实体编辑】｜【旋转面】菜单命令，或者单击【实体编辑】面板中的【旋转面】按钮，即可进行旋转面操作。命令输入行提示如下。

```
命令：_solidedit
实体编辑自动检查：SOLIDCHECK=1
输入实体编辑选项 [面(F)/边(E)/体(B)/放弃(U)/退出(X)] <退出>：_face
输入面编辑选项
[拉伸(E)/移动(M)/旋转(R)/偏移(O)/倾斜(T)/删除(D)/复制(C)/着色(L)/放弃(U)/退出(X)]
<退出>：_rotate
选择面或 [放弃(U)/删除(R)]：                    //选择实体上的面
选择面或 [放弃(U)/删除(R)/全部(ALL)]：
指定轴点或 [经过对象的轴(A)/视图(V)/X 轴(X)/Y 轴(Y)/Z 轴(Z)] <两点>：
指定旋转原点 <0,0,0>：
指定旋转角度或 [参照(R)]：
已开始实体校验。
```

实体经过旋转面操作后的结果如图 11-50 所示。

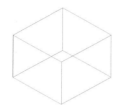

图 11-50　旋转面操作

11.3.5　倾斜面

倾斜面主要用于对实体的某个面进行旋转处理，从而形成新的实体。选择【修改】｜【实体编辑】｜【倾斜面】菜单命令，或者单击【实体编辑】面板中的【倾斜面】按钮，即可进行倾斜面操作。命令输入行提示如下。

```
命令：_solidedit
实体编辑自动检查：SOLIDCHECK=1
输入实体编辑选项 [面(F)/边(E)/体(B)/放弃(U)/退出(X)] <退出>：_face
输入面编辑选项
[拉伸(E)/移动(M)/旋转(R)/偏移(O)/倾斜(T)/删除(D)/复制(C)/着色(L)/放弃(U)/退出(X)]
<退出>：_taper
选择面或 [放弃(U)/删除(R)]：                    //选择实体上的面
选择面或 [放弃(U)/删除(R)/全部(ALL)]：
指定基点：                                    //指定一个点
指定沿倾斜轴的另一个点：                        //指定另一个点
指定倾斜角度：
已开始实体校验。
```

实体经过倾斜面操作后的结果如图 11-51 所示。

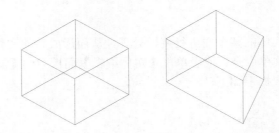

图 11-51　倾斜面操作

11.3.6　抽壳

抽壳常用于绘制中空的三维壳体类实体，主要是将实体进行内部去除脱壳处理。选择【修改】|【实体编辑】|【抽壳】菜单命令，或者单击【实体编辑】面板中的【抽壳】按钮，即可进行抽壳操作。命令输入行提示如下。

```
命令: _solidedit
实体编辑自动检查: SOLIDCHECK=1
输入实体编辑选项 [面(F)/边(E)/体(B)/放弃(U)/退出(X)] <退出>: _body
输入体编辑选项
[压印(I)/分割实体(P)/抽壳(S)/清除(L)/检查(C)/放弃(U)/退出(X)] <退出>: _shell
选择三维实体:                              //选择实体
删除面或 [放弃(U)/添加(A)/全部(ALL)]:      //选择要删除的实体上的面
删除面或 [放弃(U)/添加(A)/全部(ALL)]:
输入抽壳偏移距离:
已开始实体校验。
```

实体经过抽壳操作后的结果如图 11-52 所示。

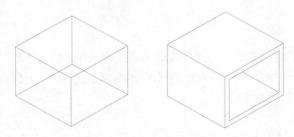

图 11-52　抽壳操作

11.4　设计范例——绘制建筑三维图

本范例源文件：/11/11-1.dwg

本范例完成文件：/11/11-2.dwg

多媒体教学路径：光盘→多媒体教学→第 11 章

11.4.1　实例介绍与展示

本章范例介绍了一个简单建筑实体的基本绘制方法，主要运用绘制基本三维图形与编辑三维图形命令来绘制，如图 11-53 所示。

图 11-53　建筑三维图

11.4.2　设置视口

步骤 01　切换工作空间

打开 AutoCAD 2014，新建一个文件，单击状态栏中的【切换工作空间】下拉列表框，打开列表，如图 11-54 所示。选择【三维建模】选项，进入三维建模界面。

步骤 02　设置视口

选择【视图】|【视口】|【四个视口】菜单命令，绘图区变为 4 个视口，如图 11-55 所示。

步骤 03　自定义视图

单击视口中的【俯视】文字，弹出视图选项菜单，在此菜单中可以设置不同角度的视图，如图 11-56 所示。

图 11-54　选择三维建模

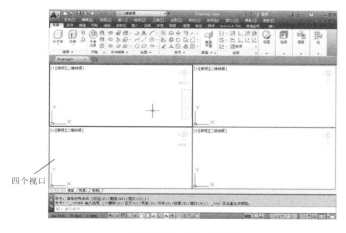

图 11-55　视口配置

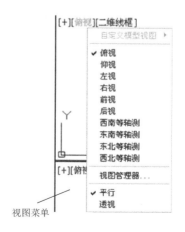

图 11-56　视图菜单选项

11.4.3　创建建筑三维图

步骤 01　打开文件

选择【文件】|【打开】菜单命令，打开 11-1.dwg 文件，如图 11-57 所示。

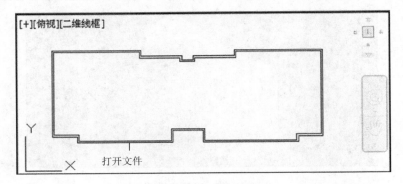

图 11-57　平面图

步骤 02　拉伸图形

单击【默认】选项卡中【建模】面板上的【拉伸】按钮，选择多段线进行拉伸，拉伸距离为 25200mm，如图 11-58 所示。命令输入行提示如下。

```
命令: _extrude                                           \\使用拉伸命令
当前线框密度: ISOLINES=4,闭合轮廓创建模式 = 实体          \\系统设置
选择要拉伸的对象或 [模式(MO)]: _MO 闭合轮廓创建模式 [实体(SO)/曲面(SU)] <实体>: _SO
选择要拉伸的对象或 [模式(MO)]: 找到 1 个                  \\选择多段线
选择要拉伸的对象或 [模式(MO)]: 找到 1 个,总计 2 个
选择要拉伸的对象或 [模式(MO)]:                            \\按 Enter 键
指定拉伸的高度或 [方向(D)/路径(P)/倾斜角(T)/表达式(E)] <-8.0000>: 25200
                                                         \\输入距离尺寸,按 Enter 键
```

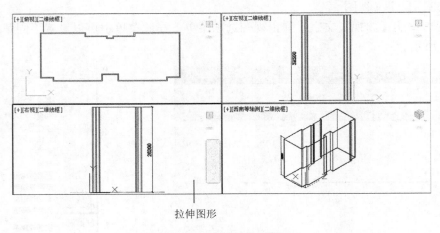

拉伸图形

图 11-58　拉伸多段线

步骤 03　实体、差集运算

单击【默认】选项卡中【实体编辑】面板上的【实体，差集】按钮，先选择外框，按

Enter 键，再选择内框，进行差集运算，此时图形的公共部分被删除，如图 11-59 所示。命令输入行提示如下。

```
命令：_subtract                              \\使用实体，差集命令
选择要从中减去的实体、曲面和面域...          \\系统提示
选择对象：找到 1 个                          \\选择外框
选择对象：                                   \\按 Enter 键
选择要减去的实体、曲面和面域...              \\系统提示
选择对象：找到 1 个                          \\选择内框
选择对象：                                   \\按 Enter 键
```

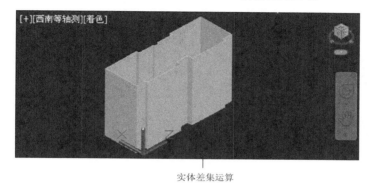

实体差集运算

图 11-59　实体差集运算模型

步骤 04　绘制多段线

单击【默认】选项卡中【绘图】面板上的【多段线】按钮 ，在俯视图中根据所拉伸的建筑内轮廓绘制多段线，如图 11-60 所示。

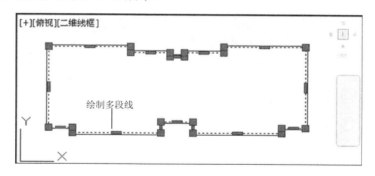

绘制多段线

图 11-60　绘制多段线

步骤 05　拉伸多段线

单击【默认】选项卡中【建模】面板上的【拉伸】按钮 ，选择多段线，设置拉伸距离为 120mm 进行拉伸，如图 11-61 所示。

步骤 06　拉伸面

单击【默认】选项卡中【实体编辑】面板上的【拉伸面】按钮 ，选择建筑外观的顶面，设置向上拉伸距离 550mm 进行拉伸，如图 11-62 所示。命令输入行提示如下。

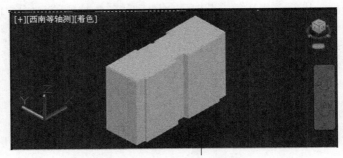

拉伸多段线

图 11-61　拉伸多段线

```
命令: _solidedit                                          \\使用拉伸面命令
实体编辑自动检查: SOLIDCHECK=1                              \\系统提示
输入实体编辑选项 [面(F)/边(E)/体(B)/放弃(U)/退出(X)] <退出>: _face
                                                         \\系统提示输入面编辑选项

 [拉伸(E)/移动(M)/旋转(R)/偏移(O)/倾斜(T)/删除(D)/复制(C)/颜色(L)/材质(A)/放弃
(U)/退出(X)] <退出>: _extrude                              \\系统提示
    选择面或 [放弃(U)/删除(R)]: 找到一个面。                  \\选择面
    选择面或 [放弃(U)/删除(R)/全部(ALL)]:                     \\按 Enter 键
    指定拉伸高度或 [路径(P)]: 指定第二点: 550                 \\输入距离尺寸
    指定拉伸的倾斜角度 <0>: 0                                 \\输入 0
    已开始实体校验。
    已完成实体校验。
    输入面编辑选项
 [拉伸(E)/移动(M)/旋转(R)/偏移(O)/倾斜(T)/删除(D)/复制(C)/颜色(L)/材质(A)/放弃
(U)/退出(X)] <退出>: *取消*
```

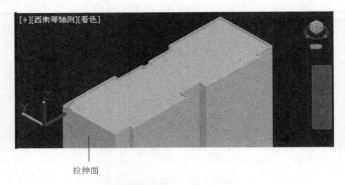

拉伸面

图 11-62　拉伸面

步骤 07　绘制矩形

❶ 单击【默认】选项卡中【绘图】面板上的【矩形】按钮▢，在西南等轴测视图中绘制
矩形，矩形离地面高度为 800mm，如图 11-63 所示。命令输入行提示如下。

```
命令: _rectang                                            \\使用矩形命令
指定第一个角点或 [倒角(C)/标高(E)/圆角(F)/厚度(T)/宽度(W)]:   \\指定一点
指定另一个角点或 [面积(A)/尺寸(D)/旋转(R)]: d                \\输入 d
指定矩形的长度 <400.0000>: 6100                             \\输入长度距离
```

指定矩形的宽度 <765.0000>: 2500   \\输入宽度距离
指定另一个角点或 [面积(A)/尺寸(D)/旋转(R)]:   \\按 Enter 键结束

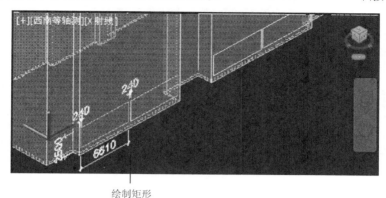

绘制矩形

图 11-63   绘制矩形

② 单击【默认】选项卡中【绘图】面板上的【矩形】按钮▭，在西南等轴测视图中绘制矩形，矩形离地面高度为 1700mm，如图 11-64 所示。命令输入行提示如下。

命令: _rectang   \\使用矩形命令
指定第一个角点或 [倒角(C)/标高(E)/圆角(F)/厚度(T)/宽度(W)]: \\指定一点
指定另一个角点或 [面积(A)/尺寸(D)/旋转(R)]: d   \\输入 d
指定矩形的长度 <400.0000>: 1800   \\输入长度距离
指定矩形的宽度 <765.0000>: 1500   \\输入宽度距离
指定另一个角点或 [面积(A)/尺寸(D)/旋转(R)]:   \\按 Enter 键结束

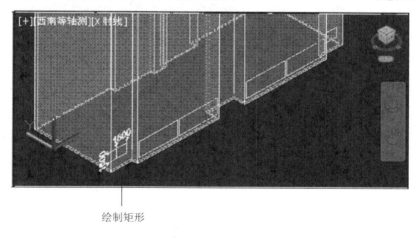

绘制矩形

图 11-64   绘制矩形

步骤08   复制矩形

单击【默认】选项卡中【修改】面板上的【复制】按钮，在前视图中复制矩形，矩形上下间隔为 1100mm，如图 11-65 所示。

步骤09   拉伸矩形

单击【默认】选项卡中【建模】面板上的【拉伸】按钮，选择矩形，拉伸距离为穿透建筑模型，如图 11-66 所示。

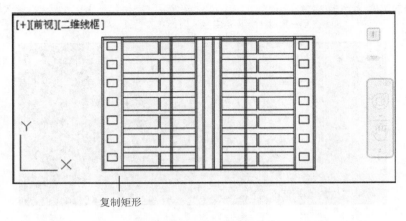

复制矩形

图 11-65　复制矩形

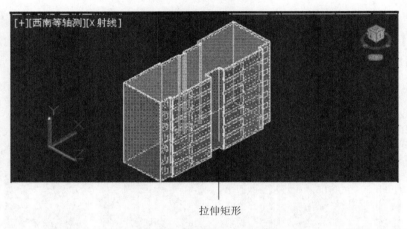

拉伸矩形

图 11-66　拉伸矩形

步骤 10　实体、差集运算

单击【默认】选项卡中【实体编辑】面板上的【实体，差集】按钮◎，先选择建筑模型，按 Enter 键，再选择拉伸的矩形，进行差集运算，此时图形的公共部分被删除，如图 11-67 所示。

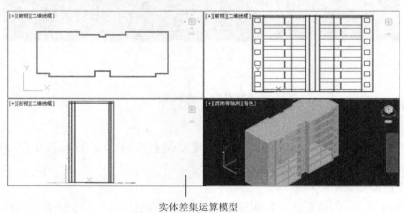

实体差集运算模型

图 11-67　实体差集运算模型

步骤 11　绘制窗户

单击【默认】选项卡中【绘图】面板上的【矩形】按钮▢，绘制矩形窗户轮廓，单击【默认】选项卡中【建模】面板上的【拉伸】按钮①，拉伸成实体模型。单击【默认】选项卡中【实体编辑】面板上的【实体，差集】按钮⑩，选择模型进行实体差集运算，绘制出窗户，最终的建筑三维图如图 11-68 所示。

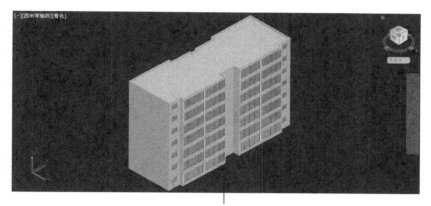

完成模型绘制

图 11-68　建筑三维图

11.5　本章小结

本章主要介绍了三维环境中三维坐标系的使用方法，另外详细介绍了绘制和编辑三维物体的方法。通过本章的学习，用户应该可以掌握三维绘图的基本方法，结合范例可以进一步体会三维空间的概念。

第 12 章

绘制建筑平面图

　　建筑平面图是建筑绘图的基础，大多数建筑施工和展示等过程要使用到建筑平面图。本章主要结合范例介绍一般平面图的绘制方法和思路。通过本章的学习，用户可掌握使用 AutoCAD 绘制建筑平面图布置图的方法和思路。

12.1 实例介绍和展示

本范例完成文件：/12/12-1.dwg
多媒体教学路径：光盘→多媒体教学→第 12 章

在建筑平面方案设计阶段，建筑师都习惯先完成整体构思方案，有了整体的构思方案后，再使用计算机进行进一步的方案设计，即利用 AutoCAD 绘制出建筑图的轴线、柱网、墙体、楼梯、门窗、阳台及绿化等来反映建筑的功能、交通关系等。

有了方案设计的草案，便于对平面布局及总体的把握。在此基础上，利用 AutoCAD 来初步确定柱网、墙体、门窗、阳台、雨篷、楼梯等建筑部件，然后确定各部件的尺寸、形状。

在绘制框架时，可分为以下两个步骤进行。

(1) 绘制轴线。

(2) 绘制柱子。

完成本章的操作后将得到如图 12-1 所示的建筑平面施工图。

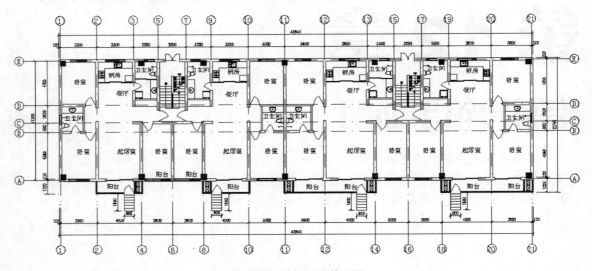

图 12-1 建筑平面施工图

通过本章的学习，将熟悉以下内容。

(1) 建筑平面图中基本图元的绘制。

(2) 图形编辑工具的应用。

(3) 图案填充操作的方法。

(4) 图块的相关操作。

12.2 建筑平面图基本知识

建筑平面图绘制的一般方法是：根据要绘制图形的方案设计对绘图环境进行设置，然后确定轴网、轴号、柱网，在绘制墙体、门窗、阳台、楼梯、雨篷、踏步、散水、设备，标注初步尺寸和必要的。

12.2.1 绘制轴网及轴号

建筑平面的设计绘图一般从定位轴线开始。建筑的轴线主要用于确定建筑的结构体系，是建筑定位最根本的依据，也是建筑体系的决定因素。建筑施工的每一个部件都是以轴线为基准定位的，确定了轴线，就决定了建筑的开间及进深；决定了楼板、柱网、墙体的布置形式；决定了建筑的承重体系；因此，轴线一般以轴网或主要墙体为基准布置。

另外，建筑制图规范规定，轴圈的直径为 8mm。在指定轴号时，在水平方向由左至右分别取 1、2、3、……数字作为水平方向轴号，在垂直方向由下至上分别取 A、B、C……字母作为垂直方向轴号。

轴线按平面形式分为 3 种：正交轴网(正交正放和正交斜放)、斜交轴网和圆弧轴网，如图 12-2 所示。

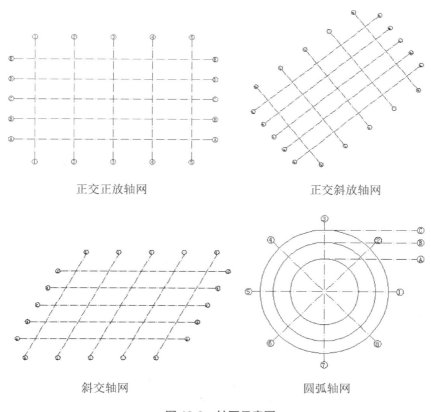

正交正放轴网　　　　　　　　　正交斜放轴网

斜交轴网　　　　　　　　　圆弧轴网

图 12-2　轴网示意图

12.2.2　建筑平面图的绘制要求

在 AutoCAD 中要绘制建筑平面图，首先要了解绘制平面图的要求。下面进行详细介绍。

1．比例

根据建筑物的大小及图纸表达的要求，可选用不同的比例。一般情况下，建筑平面图主要采用 1∶550，1∶100 或 1∶200 的比例绘制，楼梯、门窗、卫生设备以及细部构件均采用"国际"规定的图例绘制。

2．线型

建筑平面图中的线型应粗细分明，主要要求如下。

(1) 墙、柱断面应采用粗实线绘制轮廓。

(2) 门、窗户、楼梯卫生设施以及家具等应采用中实线或细实线绘制。

(3) 尺寸线、尺寸界线、索引符号以及标高符号等应采用细实线绘制。

(4) 轴线应采用细实线绘制。

3．图例

建筑平面图中的所有构件都应该按照《建筑制图标注规定》中的图例来绘制。

4．尺寸标注

建筑平面图中所标注的尺寸以毫米为单位，表高以米为单位，其中标注的尺寸分为外部尺寸和内部尺寸。

5．外部尺寸

在建筑平面图中要标注三道尺寸，其中最里面的尺寸是外墙、门、窗户等的尺寸；中间的尺寸是房间的开间与进深的轴线尺寸；最外侧的尺寸是房屋的尺寸。

6．内部尺寸

主要标注房屋墙、门窗洞、墙厚及轴线的关系，柱子截面、门垛等细部尺寸，还有房间长、宽方向的净空尺寸。

7．详图索引符号

在建筑平面图中，对于有详图的地方，应使用详图索引符号注明要画详图的位置、编号及详图所在图纸的编号。

12.2.3　绘制门和窗

门窗的大小应符合建筑模数。在工程项目的设计中，应尽量减少其种类和数量。在用 AutoCAD 绘制门窗时，最佳办法是先根据不同种类的门窗制作一些标准门、窗块，在修要时根据实际尺寸指定比例缩放插入，或直接调用建筑专业图库的图形。

1. 门的种类

按照 GBJ 104-1987《建筑制图标准》进行分类，共有 14 种：单扇(平开或弹簧)门、双扇(平开或单面弹簧)门、对开折叠门、墙内双扇推拉门、单扇双面弹簧门、双扇双面弹簧门、墙外单扇推拉门、墙外双扇拉门、单扇内外开门(包括平开或单面弹簧)、双扇内外双层门(包括平开或单面弹簧)、转门、折叠上翻门、卷门和提升门。归纳起来，它们的平面表示方法共 11 种，如图 12-3 所示。

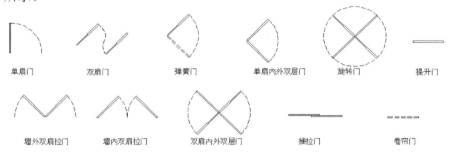

图 12-3   各种门的示例

在建筑施工图中，往往要求精细地绘制双线门，可以先绘制双线门，并将其制成一个与原来块同名的块，新块替代旧块，图中相应的图形也会全部更改。

2. 窗的种类

窗共有 11 种：单层固定窗、单层外开上悬窗、单层中悬窗、单层内开下悬窗、单层外开平窗、立转窗、单层内开平窗、单层内外开平开窗、左右推拉窗、上推窗、百叶窗。它们的平面表示方式共 6 种，如图 12-4 所示。

图 12-4   各种窗的示例

在绘图环境设置中，最好为门窗专门设置一个图层并命名为"门窗"层。在制作门窗块时，就打开该图层进行编辑。门窗块最好用 wblock(插入块)命令做成外部块并存于一个专门的图库目录(如"门窗"目录)中，以备在其他工程项目中调用。

3. 门窗的插入

完成建筑初步设计的墙体绘制并制作门窗图块后，就可以根据修需要用 insert(插入)等命令插入门窗，深入建筑细部进行设计。在建筑平面初步设计阶段，门窗标号可以不标，但施工图中必须要标明并进行门窗统计。

12.2.4 交通组织与设计

在建筑设计中，交通设计分为平面交通设计和垂直交通设计。平面交通设计是指建筑水平方向上的空间联系和通道设计(如门厅、过道、走廊等)；垂直交通设计是指建筑竖向空间的联系和竖向空间的通道的设计(如楼梯、电梯、自动扶梯、升降机、坡道、踏步等)。

12.2.5 室内设施场景布置

为表达符合人的行为心理的建筑设计空间组织、房间的使用性质、人流线路的清晰性和空间使用的合理性，在建筑平面图中还需进行常用家具和设备的设计与布置。因为这些家具和设备一般均有规格尺寸，所以可以事先把常用家具(如桌、椅、床、沙发、柜、书架、茶几、花瓶等)和设备(如冰箱、洗衣机、电视机、洗手盆、拖布池、污水池、灶台、炉具、碗筐、操作台、便器、浴盆等)做成块放在专门的图库目录下，这些块只需按实际尺寸，用普通的二维绘制命令即可绘制。

如果设备和家具与标准块有出入，可适当调整比例插入；如有专业软件，可直接调用专业软件的家具及设备。

在许多标准化大型建筑设计中，如住宅小区设计，我们可将卫生间及厨房做成一个块，只要尺寸及周围墙线门窗基本相同，一般卫生间及厨房的家具设备布置也基本相同，在以后相同的设计中调入并适当的修改即可。

12.3 范 例 绘 制

下面进行建筑平面图的绘制。

12.3.1 绘制轴线

绘制轴线图是 AutoCAD 的基本功之一。轴线图一般都很有规则，它的绘制有一定的技巧。本范例中介绍的是轴与轴之间的间距不相同的情况。

步骤 01　设置线型

设置轴线线型。在画轴线前，先要选择好线型，轴线不用连续的线型，而是点划线DASHDOT。打开【默认】选项卡中的【特性】面板，在其中选择【DASHDOT(点划线)】，如图 12-5 所示。线型选定后画出来的任何图形都是由点划线组成的。

> **提示**
> 如果【线型】下拉列表框中没有 DASHDOT(默认情况下没有)时，需要载入。选择【线型】下拉列表框中的【其他】选项，打开【线型管理器】对话框，单击该对话框中的【加载】按钮，弹出【加载或重载线型】对话框，选择该对话框中的 DASHDOT(点划线)线型，如图 12-6 所示。再单击【确定】按钮，点划线就加载到了【线型管理器】对话框。

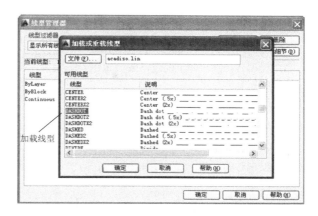

图 12-5　【线型】下拉列表框　　　　　图 12-6　【加载或重载线型】对话框

步骤 02　绘制轴线

① 绘制垂直轴线。线型设置完毕后，就可以绘制轴线。单击【默认】选项卡中【绘图】面板上的【直线】按钮✎，绘制出第一条垂直轴线，然后单击【默认】选项卡中【修改】面板中的【偏移】按钮≜，从左向右偏移绘制出其他轴线，如图 12-7 所示。命令输入行提示如下。

```
命令: _line 指定第一点:                                              \\使用直线命令
指定下一点或 [放弃(U)]: 3300                                         \\指定一点，输入距离
指定下一点或 [放弃(U)]: *取消*                                        \\取消命令
命令: _offset                                                       \\使用偏移命令
当前设置: 删除源=否  图层=源  OFFSETGAPTYPE=0                          \\系统设置
指定偏移距离或 [通过(T)/删除(E)/图层(L)] <3300.0000>: 4000             \\指定偏移距离
选择要偏移的对象, 或 [退出(E)/放弃(U)] <退出>:                          \\选择对象
指定要偏移的那一侧上的点, 或 [退出(E)/多个(M)/放弃(U)] <退出>:           \\指定一点
选择要偏移的对象, 或 [退出(E)/放弃(U)] <退出>:                          \\按 Enter 键退出
命令: _offset
当前设置: 删除源=否  图层=源  OFFSETGAPTYPE=0
定偏移距离或 [通过(T)/删除(E)/图层(L)] <4000.0000>: 2800
选择要偏移的对象, 或 [退出(E)/放弃(U)] <退出>:
指定要偏移的那一侧上的点, 或 [退出(E)/多个(M)/放弃(U)] <退出>:
选择要偏移的对象, 或 [退出(E)/放弃(U)] <退出>:
命令: _offset
当前设置: 删除源=否  图层=源  OFFSETGAPTYPE=0
指定偏移距离或 [通过(T)/删除(E)/图层(L)] <2800.0000>: 2800
选择要偏移的对象, 或 [退出(E)/放弃(U)] <退出>:
指定要偏移的那一侧上的点, 或 [退出(E)/多个(M)/放弃(U)] <退出>:
选择要偏移的对象, 或 [退出(E)/放弃(U)] <退出>:
命令: _offset
当前设置: 删除源=否  图层=源  OFFSETGAPTYPE=0
指定偏移距离或 [通过(T)/删除(E)/图层(L)] <2800.0000>: 4000
选择要偏移的对象, 或 [退出(E)/放弃(U)] <退出>:
指定要偏移的那一侧上的点, 或 [退出(E)/多个(M)/放弃(U)] <退出>:
选择要偏移的对象, 或 [退出(E)/放弃(U)] <退出>:
命令: _offset
当前设置: 删除源=否  图层=源  OFFSETGAPTYPE=0
指定偏移距离或 [通过(T)/删除(E)/图层(L)] <4000.0000>: 3300
选择要偏移的对象, 或 [退出(E)/放弃(U)] <退出>:
指定要偏移的那一侧上的点, 或 [退出(E)/多个(M)/放弃(U)] <退出>:
选择要偏移的对象, 或 [退出(E)/放弃(U)] <退出>:
```

命令: _offset
当前设置: 删除源=否　图层=源　OFFSETGAPTYPE=0
指定偏移距离或 [通过(T)/删除(E)/图层(L)] <3300.0000>: 3600
选择要偏移的对象, 或 [退出(E)/放弃(U)] <退出>:
指定要偏移的那一侧上的点, 或 [退出(E)/多个(M)/放弃(U)] <退出>:
选择要偏移的对象, 或 [退出(E)/放弃(U)] <退出>:
命令: _offset
当前设置: 删除源=否　图层=源　OFFSETGAPTYPE=0
指定偏移距离或 [通过(T)/删除(E)/图层(L)] <3600.0000>: 4500
选择要偏移的对象, 或 [退出(E)/放弃(U)] <退出>:
指定要偏移的那一侧上的点, 或 [退出(E)/多个(M)/放弃(U)] <退出>:
选择要偏移的对象, 或 [退出(E)/放弃(U)] <退出>:
命令: _offset
当前设置: 删除源=否　图层=源　OFFSETGAPTYPE=0
指定偏移距离或 [通过(T)/删除(E)/图层(L)] <4500.0000>: 3000
选择要偏移的对象, 或 [退出(E)/放弃(U)] <退出>:
指定要偏移的那一侧上的点, 或 [退出(E)/多个(M)/放弃(U)] <退出>:
选择要偏移的对象, 或 [退出(E)/放弃(U)] <退出>:
命令: _offset
当前设置: 删除源=否　图层=源　OFFSETGAPTYPE=0
指定偏移距离或 [通过(T)/删除(E)/图层(L)] <3000.0000>: 3000
选择要偏移的对象, 或 [退出(E)/放弃(U)] <退出>:
指定要偏移的那一侧上的点, 或 [退出(E)/多个(M)/放弃(U)] <退出>:
选择要偏移的对象, 或 [退出(E)/放弃(U)] <退出>:
命令: _offset
当前设置: 删除源=否　图层=源　OFFSETGAPTYPE=0
指定偏移距离或 [通过(T)/删除(E)/图层(L)] <3000.0000>: 4500
选择要偏移的对象, 或 [退出(E)/放弃(U)] <退出>:
指定要偏移的那一侧上的点, 或 [退出(E)/多个(M)/放弃(U)] <退出>:
选择要偏移的对象, 或 [退出(E)/放弃(U)] <退出>:
命令: _offset
当前设置: 删除源=否　图层=源　OFFSETGAPTYPE=0
指定偏移距离或 [通过(T)/删除(E)/图层(L)] <4500.0000>: 3600
选择要偏移的对象, 或 [退出(E)/放弃(U)] <退出>:
指定要偏移的那一侧上的点, 或 [退出(E)/多个(M)/放弃(U)] <退出>:
选择要偏移的对象, 或 [退出(E)/放弃(U)] <退出>:

技 巧

单击状态栏中的【正交模式】按钮 , 可以轻松完成水平和垂直直线的绘制操作。

绘制垂直轴线并偏移垂直轴线

图 12-7　绘制垂直轴线

②绘制水平轴线。绘制水平轴线用的方法与绘制垂直轴线的方法完全一样，单击【默认】选项卡中【绘图】面板上的【直线】按钮✎，绘制出第一条水平轴线，然后单击【默认】选项卡中【修改】面板中的【偏移】按钮叠，从下往上绘制出其他轴线，如图 12-8 所示。命令输入行提示如下。

```
命令: _line 指定第一点:                                    \\使用直线命令
指定下一点或 [放弃(U)]: 48560                               \\指定一点，输入距离
指定下一点或 [放弃(U)]: *取消*                               \\取消命令
命令: _offset
当前设置: 删除源=否  图层=源  OFFSETGAPTYPE=0
指定偏移距离或 [通过(T)/删除(E)/图层(L)] <1070.0000>: 4500
选择要偏移的对象，或 [退出(E)/放弃(U)] <退出>:
指定要偏移的那一侧上的点，或 [退出(E)/多个(M)/放弃(U)] <退出>:
选择要偏移的对象，或 [退出(E)/放弃(U)] <退出>:
命令: _offset
当前设置: 删除源=否  图层=源  OFFSETGAPTYPE=0
指定偏移距离或 [通过(T)/删除(E)/图层(L)] <4500.0000>: 900
选择要偏移的对象，或 [退出(E)/放弃(U)] <退出>:
指定要偏移的那一侧上的点，或 [退出(E)/多个(M)/放弃(U)] <退出>:
选择要偏移的对象，或 [退出(E)/放弃(U)] <退出>:
命令: _offset
当前设置: 删除源=否  图层=源  OFFSETGAPTYPE=0
指定偏移距离或 [通过(T)/删除(E)/图层(L)] <900.0000>: 1600
选择要偏移的对象，或 [退出(E)/放弃(U)] <退出>:
指定要偏移的那一侧上的点，或 [退出(E)/多个(M)/放弃(U)] <退出>:
选择要偏移的对象，或 [退出(E)/放弃(U)] <退出>:
命令: _offset
当前设置: 删除源=否  图层=源  OFFSETGAPTYPE=0
指定偏移距离或 [通过(T)/删除(E)/图层(L)] <1600.0000>: 4500
选择要偏移的对象，或 [退出(E)/放弃(U)] <退出>:
指定要偏移的那一侧上的点，或 [退出(E)/多个(M)/放弃(U)] <退出>:
选择要偏移的对象，或 [退出(E)/放弃(U)] <退出>:
```

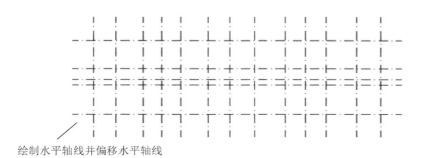

绘制水平轴线并偏移水平轴线

图 12-8　完成后轴线图

> **提 示**
>
> 上面介绍的是轴线与轴线之间的间距不相同时怎样绘制轴线图，如果轴线与轴线之间的距离相同时，不用【偏移】命令而直接用【阵列】命令就可以了。

12.3.2 绘制柱子

步骤 01 选择线型

单击【默认】选项卡中【特性】面板，在其中选择 ByLayer 线型，如图 12-9 所示。

步骤 02 绘制柱子

接着绘制柱子，单击【默认】选项卡中【绘图】面板中的【矩形】按钮 ▭，绘制 500mm × 500mm 矩形。再单击【默认】选项卡中【修改】面板中的【复制】按钮 ⅋。复制矩形，如图 12-10 所示。命令输入行提示如下。

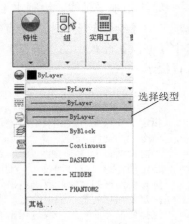

图 12-9 选择线型

```
命令: _rectang                          \\使用矩形命令
指定第一个角点或 [倒角(C)/标高(E)/圆角(F)/厚度(T)/
宽度(W)]:
指定另一个角点或 [面积(A)/尺寸(D)/旋转(R)]: d
指定矩形的长度 <10.0000>: 500         \\输入距离
指定矩形的宽度 <10.0000>: 500         \\输入距离
指定另一个角点或 [面积(A)/尺寸(D)/旋转(R)]:
命令: _copy                           \\使用复制命令
选择对象: 找到 1 个                    \\选择对象
选择对象:
当前设置: 复制模式 = 多个
指定基点或 [位移(D)/模式(O)] <位移>:
指定第二个点或 [阵列(A)] <使用第一个点作为位移>:    \\指定基点
指定第二个点或 [阵列(A)/退出(E)/放弃(U)] <退出>:   \\取消命令
```

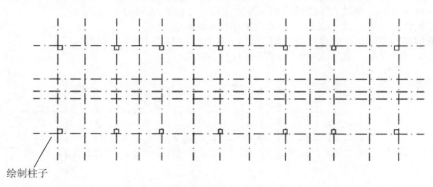

绘制柱子

图 12-10 绘制柱子

步骤 03 填充柱子

① 单击【默认】选项卡中【绘图】面板中的【图案填充】按钮 ▨，弹出【图案填充创建】选项卡。在其【选项】面板中单击【图案填充设置】按钮 ↘，打开【图案填充和渐变色】对话框，在【图案】下拉列表框中选择 SOLID 图案，如图 12-11 所示。

图 12-11　【图案填充和渐变色】对话框

②单击【添加：选择对象】按钮 ![按钮], 选择矩形柱子进行图案填充，按 Enter 键结束，如图 12-12 所示。

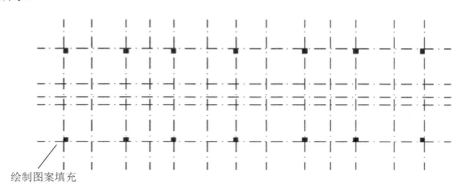

绘制图案填充

图 12-12　填充图案

12.3.3　绘制墙线

下面将根据所绘制的轴线，进行墙体和门窗的绘制。墙体就是指构成房间四周的墙。墙的厚度为 240mm，单击【默认】选项卡中【修改】面板中的【偏移】按钮 ![按钮], 偏移直线，单击【默认】选项卡中【特性】面板，在其中选择 ByLayer 线型，将所偏移的线更改线型，如图 12-13 所示。命令输入行提示如下。

```
命令：_offset                                              \\使用偏移命令
当前设置：删除源=否　图层=源　OFFSETGAPTYPE=0               \\系统设置
指定偏移距离或 [通过(T)/删除(E)/图层(L)] <120.0000>：120    \\输入距离尺寸
选择要偏移的对象，或 [退出(E)/放弃(U)] <退出>：             \\选择对象
```

指定要偏移的那一侧上的点，或 [退出(E)/多个(M)/放弃(U)] <退出>：　　　\\指定一点
选择要偏移的对象，或 [退出(E)/放弃(U)] <退出>：　　　　　　　　\\按 Enter 键结束

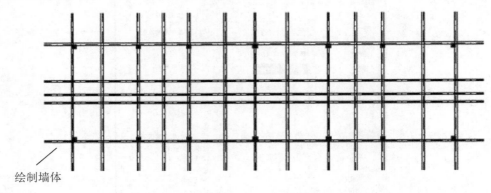

绘制墙体

图 12-13　绘制了一部分墙线的图形

12.3.4　绘制隔断墙体

① 单击【默认】选项卡中【修改】面板中的【修剪】按钮 ⊹，删除多余部分，如图 12-14 所示。命令输入行提示如下。

命令： _trim　　　　　　　　　　　　　　　　　　\\使用删除命令
当前设置：投影=UCS，边=无　　　　　　　　　　　　\\使用删除命令
选择剪切边...　　　　　　　　　　　　　　　　　　\\使用删除命令
选择对象或 <全部选择>：　　　　　　　　　　　　　\\使用删除命令
选择要修剪的对象，或按住 Shift 键选择要延伸的对象，或
[栏选(F)/窗交(C)/投影(P)/边(E)/删除(R)/放弃(U)]：　　\\使用删除命令

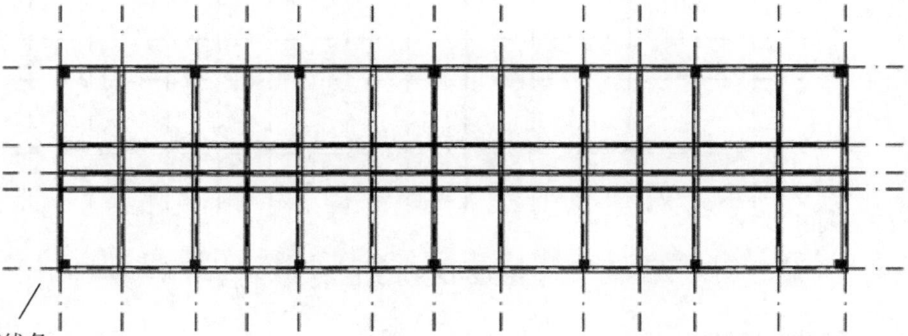

修剪线条

图 12-14　修剪线条后得到的图形

② 单击【默认】选项卡中【绘图】面板中的【直线】按钮 ╱，绘制直线。单击【默认】选项卡中【修改】面板中的【偏移】按钮 ⊘，偏移直线，一般隔断厚度为 120mm。单击【默认】选项卡中【修改】面板中的【修剪】按钮 ⊹，删除多余部分，绘制出隔断墙体，如图 12-15 所示。

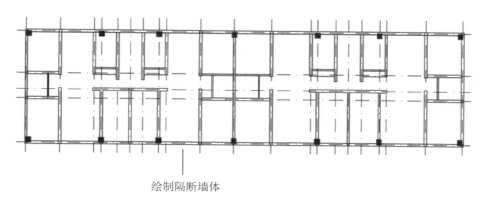

绘制隔断墙体

图 12-15　绘制隔断墙

12.3.5　绘制门

步骤 01　设置极轴追踪

单击【极轴追踪】按钮⊡，右击，在弹出的快捷菜单中选择 30，如图 12-16 所示。

步骤 02　绘制直线

单击【默认】选项卡中【绘图】面板中的【直线】按钮╱，绘制直线，此时直线会自动捕捉 30°角位置，如图 12-17 所示。命令输入行提示如下。

```
命令：_line                         \\使用直线命令
指定第一个点：                       \\指定一点
指定下一点或 [放弃(U)]：900          \\输入距离尺寸
指定下一点或 [闭合(C)/放弃(U)]：      \\按 Enter 键结束
```

选择 30°

图 12-16　右键菜单

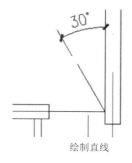

绘制直线

图 12-17　绘制直线

步骤 03　绘制弧线

单击【默认】选项卡中【绘图】面板中的【圆弧】按钮╭，选择【起点、圆心、端点】命令绘制圆弧，如图 12-18 所示。命令输入行提示如下。

绘制圆弧

图 12-18　绘制弧线

```
命令：_arc                          \\使用圆弧命令
指定圆弧的起点或 [圆心(C)]：          \\指定起点
指定圆弧的第二个点或 [圆心(C)/端点(E)]：_c 指定圆弧的
圆心：                              \\指定圆心
```

指定圆弧的端点或 [角度(A)/弦长(L)]: \\指定端点

按照上面的方法，绘制出所有的门，结果如图 12-19 所示。

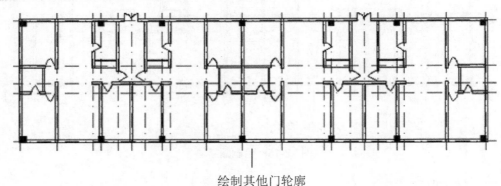

绘制其他门轮廓

图 12-19 绘制门轮廓

12.3.6 绘制阳台部分

步骤01 绘制直线

① 单击【默认】选项卡中【绘图】面板中的【直线】按钮／，绘制阳台轮廓，阳台的宽度为 1200mm，如图 12-20 所示。

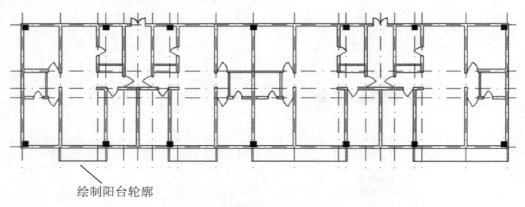

绘制阳台轮廓

图 12-20 绘制阳台轮廓

② 单击【默认】选项卡中【修改】面板中的【偏移】按钮，偏移所绘制阳台轮廓，向内侧偏移 40mm，如图 12-21 所示。命令输入行提示如下。

```
命令: _offset                                               \\使用圆弧命令
当前设置: 删除源=否  图层=源  OFFSETGAPTYPE=0              \\使用圆弧命令
指定偏移距离或 [通过(T)/删除(E)/图层(L)] <通过>: 40       \\使用圆弧命令
选择要偏移的对象，或 [退出(E)/放弃(U)] <退出>:            \\使用圆弧命令
指定要偏移的那一侧上的点，或 [退出(E)/多个(M)/放弃(U)] <退出>:  \\使用圆弧命令
选择要偏移的对象，或 [退出(E)/放弃(U)] <退出>:            \\使用圆弧命令
```

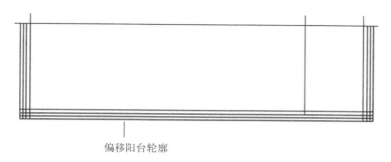

图 12-21　偏移阳台轮廓

步骤 02　倒角命令

单击【默认】选项卡中【修改】面板中的【倒角】按钮 ◰，绘制阳台，如图 12-22 所示。

图 12-22　绘制阳台

步骤 03　绘制直线

单击【默认】选项卡中【绘图】面板中的【直线】按钮 ✎，绘制直线，绘制出阳台台阶与开启门门框，再单击【默认】选项卡中【绘图】面板中的【圆弧】按钮 ⌒，选择【起点、圆心、端点】命令绘制圆弧，绘制出阳台门开启弧度线，如图 12-23 所示。

步骤 04　绘制矩形

单击【默认】选项卡中【绘图】面板中的【矩形】按钮 ▭，绘制矩形，绘制出空调机位轮廓，如图 12-24 所示。命令输入行提示如下。

```
命令: _rectang                                          \\使用矩形命令
指定第一个角点或 [倒角(C)/标高(E)/圆角(F)/厚度(T)/宽度(W)]:    \\指定一点
指定另一个角点或 [面积(A)/尺寸(D)/旋转(R)]: d              \\输入 d
指定矩形的长度 <10.0000>: 300                            \\输入距离
指定矩形的宽度 <10.0000>: 455                            \\输入距离
指定另一个角点或 [面积(A)/尺寸(D)/旋转(R)]:
```

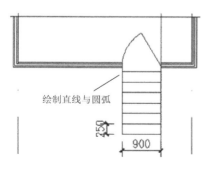

图 12-23　绘制阳台台阶与门

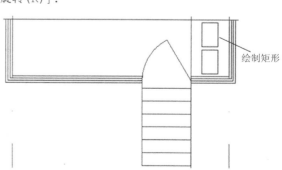

图 12-24　绘制空调机位轮廓

步骤 05 绘制直线并修剪

① 单击【默认】选项卡中【绘图】面板中的【直线】按钮／，绘制直线，绘制出空调机位，如图 12-25 所示。

② 单击【默认】选项卡中【绘图】面板中的【直线】按钮／，绘制直线。单击【默认】选项卡中【修改】面板中的【修剪】按钮，删除多余部分，绘制出推拉门门框，如图 12-26 所示。

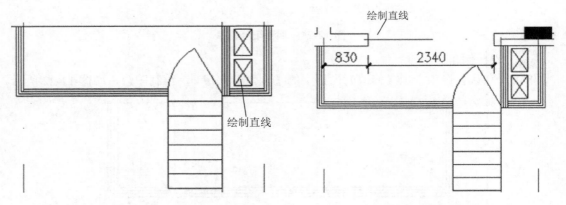

图 12-25　绘制空调机位　　　　　　　图 12-26　绘制推拉门门框

步骤 06 绘制矩形并完成其他部分

① 单击【默认】选项卡中【绘图】面板中的【矩形】按钮，绘制推拉门，如图 12-27 所示。命令输入行提示如下。

```
命令：_rectang                                          \\使用矩形命令
指定第一个角点或 [倒角(C)/标高(E)/圆角(F)/厚度(T)/宽度(W)]:   \\指定一点
指定另一个角点或 [面积(A)/尺寸(D)/旋转(R)]: d              \\输入 d
指定矩形的长度 <10.0000>: 1170                          \\输入距离
指定矩形的宽度 <10.0000>: 50                            \\输入距离
指定另一个角点或 [面积(A)/尺寸(D)/旋转(R)]:
```

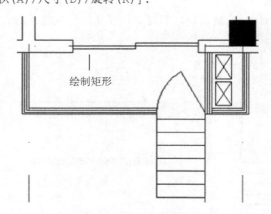

图 12-27　绘制推拉门

② 按照相同的方法绘制其他阳台与阳台门，如图 12-28 所示。

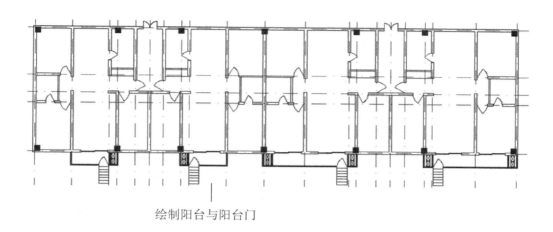

绘制阳台与阳台门

图 12-28　绘制阳台与阳台门

12.3.7　绘制窗户

窗户的绘制比较简单，只需要在墙的位置绘制一个矩形就可以了，然后在里面用直线绘制出玻璃的线条，结果如图 12-29 所示。

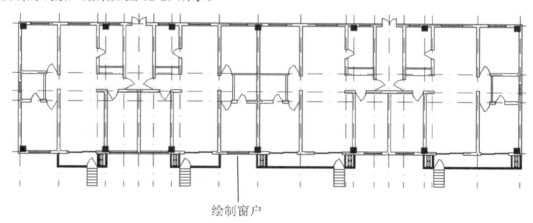

绘制窗户

图 12-29　绘制出窗户后的图形

12.3.8　分配单元房间

每个单元房间的用途不一样，这样我们就要分配单元房间，然后对各个房间进行设计。建筑平面施工图设计有以下几个步骤。

(1) 分配单元房间。

(2) 设计厨房。

(3) 设计卫生间。

(4) 设计楼梯。

建筑平面施工图的绘制是在前面得到的平面图的基础上，把平面图中的厨房、卫生间、卧室、客厅等房间分配名称，如图 12-30 所示，然后按不同的名称分别绘制。

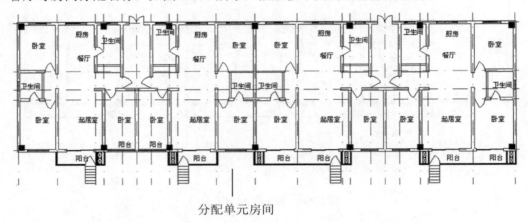

分配单元房间

图 12-30　分配单元房间的图形

12.3.9　设计厨房

我们以其中一组房间为例，在设计厨房的时候，先要把厨房和厨房阳台图形提取出来，然后在提取的图形中绘制灶具、洗碗池等。具体的流程如下。

(1) 提取厨房的图形。

(2) 绘制灶台。

(3) 绘制灶具。

(4) 绘制洗碗池。

(5) 绘制碗柜。

技 巧

在图形中把不需要的部分删除，只留下需要的部分，然后将图形更改名称保存即可完成提取。不要使用复制、粘贴方式，因为有些对象可能会粘贴不上。

步骤01 提取厨房图形

提取厨房位置图形，如图 12-31 所示。

步骤02 绘制灶台位置

现代化的灶台一般包括灶具、洗碗池和操作台 3 个部分。

如果台面的外边是弧形，其最宽的直径不应超过 0.62 米，然后自然弯曲过渡到最窄距离，其最窄直径不应低于 0.47 米。

我们首先绘制灶台面，灶台面距离墙面位置为 600mm，单击【默认】选项卡中【绘图】面板中的【直线】按钮，绘制直线，如图 12-32 所示。

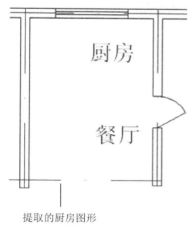

提取的厨房图形

图 12-31　提取出来的厨房及阳台图形

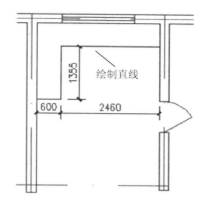

1355

绘制直线

600　　2460

图 12-32　确定了灶台面宽度

步骤03　绘制灶具

① 单击【默认】选项卡中【绘图】面板中的【矩形】按钮▭，绘制矩形，绘制出灶具轮廓，如图 12-33 所示。命令输入行提示如下。

```
命令：_rectang                                          \\使用矩形命令
指定第一个角点或 [倒角(C)/标高(E)/圆角(F)/厚度(T)/宽度(W)]：    \\指定一点
指定另一个角点或 [面积(A)/尺寸(D)/旋转(R)]：d                  \\输入 d
指定矩形的长度 <500.0000>：500                              \\输入距离
指定矩形的宽度 <700.0000>：700                              \\输入距离
指定另一个角点或 [面积(A)/尺寸(D)/旋转(R)]：
```

② 单击【默认】选项卡中【绘图】面板中的【矩形】按钮▭，绘制矩形，如图 12-34 所示。命令输入行提示如下。

```
命令：_rectang                                          \\使用矩形命令
指定第一个角点或 [倒角(C)/标高(E)/圆角(F)/厚度(T)/宽度(W)]：    \\指定一点
指定另一个角点或 [面积(A)/尺寸(D)/旋转(R)]：d                  \\输入 d
指定矩形的长度 <500.0000>：342                              \\输入距离
指定矩形的宽度 <700.0000>：622                              \\输入距离
指定另一个角点或 [面积(A)/尺寸(D)/旋转(R)]：
```

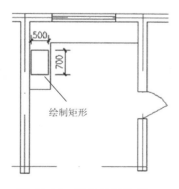

500

700

绘制矩形

图 12-33　绘制灶具轮廓

绘制矩形

图 12-34　绘制矩形

③ 单击【默认】选项卡中【绘图】面板中的【直线】按钮／，绘制中心线，如图 12-35 所示。

④ 单击【默认】选项卡中【绘图】面板中的【圆】按钮，绘制两个圆形，如图 12-36 所示。命令输入行提示如下。

```
命令: _circle                                              \\使用圆命令
指定圆的圆心或 [三点(3P)/两点(2P)/切点、切点、半径(T)]:        \\指定圆心
指定圆的半径或 [直径(D)] <99.1143>: 30                       \\指定半径
命令: _circle                                              \\使用圆命令
指定圆的圆心或 [三点(3P)/两点(2P)/切点、切点、半径(T)]:        \\指定圆心
指定圆的半径或 [直径(D)] <31.0000>: 85                       \\指定半径
```

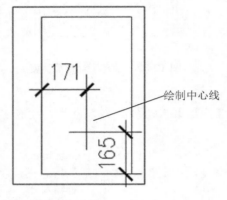

图 12-35　绘制中心线

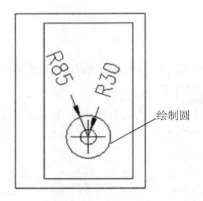

图 12-36　绘制圆形

⑤ 单击【默认】选项卡中【绘图】面板中的【矩形】按钮□，绘制矩形，如图 12-37 所示。命令输入行提示如下。

```
命令: _rectang                                           \\使用矩形命令
指定第一个角点或 [倒角(C)/标高(E)/圆角(F)/厚度(T)/宽度(W)]:
                                                        \\指定一点
指定另一个角点或 [面积(A)/尺寸(D)/旋转(R)]: d  \\输入 d
指定矩形的长度 <5.0000>: 10                    \\输入距离
指定矩形的宽度 <50.0000>: 60                   \\输入距离
指定另一个角点或 [面积(A)/尺寸(D)/旋转(R)]:
```

⑥ 选择上一步所绘制矩形，单击【默认】选项卡中【修改】面板中的【环形阵列】按钮，打开【阵列创建】选项卡，设置如图 12-38 所示。

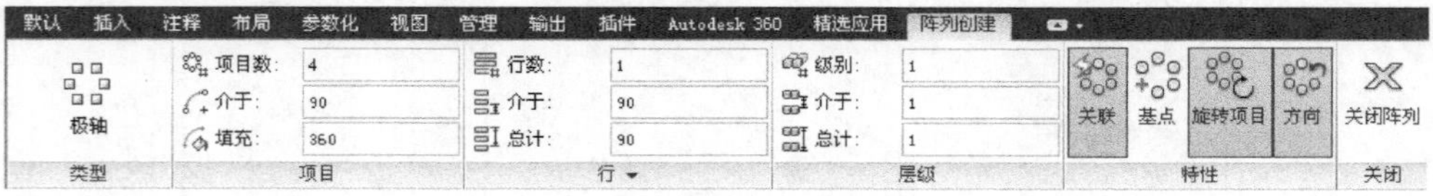

图 12-37　绘制矩形

图 12-38　阵列创建

⑦ 单击【阵列创建】选项卡中【关闭】面板中的【关闭阵列】按钮。完成阵列的创建，如图 12-39 所示。

⑧ 单击【默认】选项卡中【绘图】面板中的【椭圆】按钮 ⊙，绘制两个椭圆，如图 12-40 所示。命令输入行提示如下。

```
命令：_ellipse                              \\使用椭圆命令
指定椭圆的轴端点或 [圆弧(A)/中心点(C)]：_c     \\中心点
指定椭圆的中心点：                           \\指定一点
指定轴的端点：30                            \\输入距离
指定另一条半轴长度或 [旋转(R)]：15           \\输入距离
```

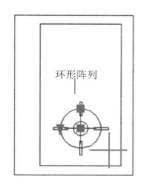

图 12-39　完成环形阵列的创建

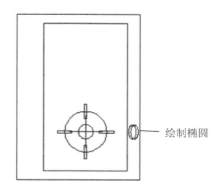

图 12-40　绘制椭圆

⑨ 单击【默认】选项卡中【绘图】面板中的【矩形】按钮 ⊏，绘制矩形，如图 12-41 所示。命令输入行提示如下。

```
命令：_rectang                                          \\使用矩形命令
指定第一个角点或 [倒角(C)/标高(E)/圆角(F)/厚度(T)/宽度(W)]：  \\指定一点
指定另一个角点或 [面积(A)/尺寸(D)/旋转(R)]：d               \\输入 d
指定矩形的长度 <50.0000>：15                              \\输入距离
指定矩形的宽度 <5.0000>：45                               \\输入距离
指定另一个角点或 [面积(A)/尺寸(D)/旋转(R)]：
```

⑩ 单击【默认】选项卡中【修改】面板中的【修剪】按钮 ⊬，修剪图形，如图 12-42 所示。

图 12-41　绘制矩形

图 12-42　修剪矩形

⑪ 单击【默认】选项卡中【修改】面板中的【镜像】按钮 ⚏，镜像图形，完成灶具绘制，如图 12-43 所示。命令输入行提示如下。

```
命令: _mirror                                          \\使用镜像命令
选择对象: 指定对角点: 找到 8 个                          \\选择对象
选择对象:                                              \\按 Enter 键
指定镜像线的第一点: 指定镜像线的第二点:                  \\指定一点
要删除源对象吗? [是(Y)/否(N)] <N>:n                    \\输入 n,按 Enter 键结束
```

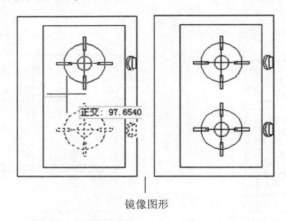

镜像图形

图 12-43　绘制的灶具

步骤 04　绘制洗碗池

① 单击【默认】选项卡中【绘图】面板中的【矩形】按钮 ⬜，绘制矩形，绘制出洗碗池轮廓，如图 12-44 所示。命令输入行提示如下。

```
命令: _rectang                                                \\使用矩形命令
指定第一个角点或 [倒角(C)/标高(E)/圆角(F)/厚度(T)/宽度(W)]:      \\指定一点
指定另一个角点或 [面积(A)/尺寸(D)/旋转(R)]: d                   \\输入 d
指定矩形的长度 <900.0000>: 675                                \\输入距离
指定矩形的宽度 <470.0000>: 450                                \\输入距离
指定另一个角点或 [面积(A)/尺寸(D)/旋转(R)]:
```

② 单击【默认】选项卡中【绘图】面板中的【矩形】按钮 ⬜，在洗碗池轮廓中绘制两个矩形，如图 12-45 所示。命令输入行提示如下。

```
命令: _rectang                                                \\使用矩形命令
指定第一个角点或 [倒角(C)/标高(E)/圆角(F)/厚度(T)/宽度(W)]:      \\指定一点
指定另一个角点或 [面积(A)/尺寸(D)/旋转(R)]: d                   \\输入 d
指定矩形的长度 <900.0000>: 184                                \\输入距离
指定矩形的宽度 <470.0000>: 337                                \\输入距离
指定另一个角点或 [面积(A)/尺寸(D)/旋转(R)]:
命令: _rectang                                                \\使用矩形命令
指定第一个角点或 [倒角(C)/标高(E)/圆角(F)/厚度(T)/宽度(W)]:      \\指定一点
指定另一个角点或 [面积(A)/尺寸(D)/旋转(R)]: d                   \\输入 d
指定矩形的长度 <184.0000>: 402                                \\输入距离
指定矩形的宽度 <337.0000>: 337                                \\输入距离
指定另一个角点或 [面积(A)/尺寸(D)/旋转(R)]:
```

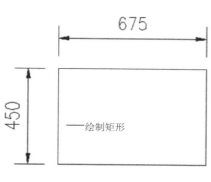

图 12-44　绘制洗碗池轮廓

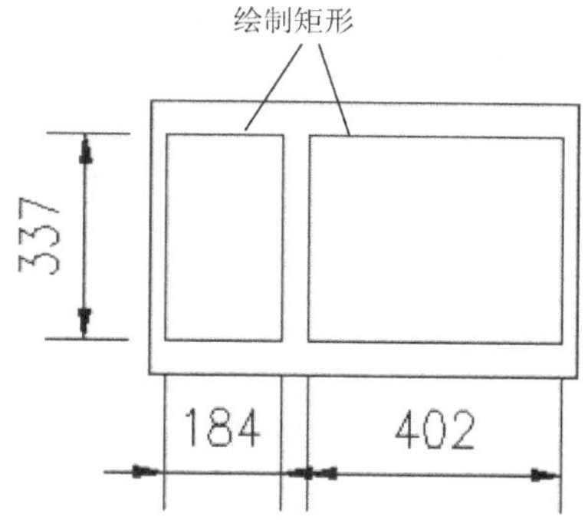

图 12-45　绘制矩形

③ 单击【默认】选项卡中【修改】面板中的【偏移】按钮，偏移洗碗池轮廓矩形，如图 12-46 所示。命令输入行提示如下。

```
命令：_offset                                                    \\使用偏移命令
当前设置：删除源=否　图层=源　OFFSETGAPTYPE=0                    \\系统设置
指定偏移距离或 [通过(T)/删除(E)/图层(L)] <通过>：15             \\输入距离
选择要偏移的对象，或 [退出(E)/放弃(U)] <退出>：                 \\选择对象
指定要偏移的那一侧上的点，或 [退出(E)/多个(M)/放弃(U)] <退出>： \\选择外侧单击
选择要偏移的对象，或 [退出(E)/放弃(U)] <退出>：                 \\按 Enter 键结束
```

④ 单击【默认】选项卡中【修改】面板中的【圆角】按钮，绘制洗碗池轮廓圆角，如图 12-47 所示。命令输入行提示如下。

```
命令：_fillet                                                    \\使用圆角命令
当前设置：模式 = 修剪，半径 = 0.0000                            \\系统设置
选择第一个对象或 [放弃(U)/多段线(P)/半径(R)/修剪(T)/多个(M)]：r \\输入 r
指定圆角半径 <0.0000>：15                                       \\输入距离
选择第一个对象或 [放弃(U)/多段线(P)/半径(R)/修剪(T)/多个(M)]：  \\选择对象
选择第二个对象，或按住 Shift 键选择对象以应用角点或 [半径(R)]： \\选择对象
```

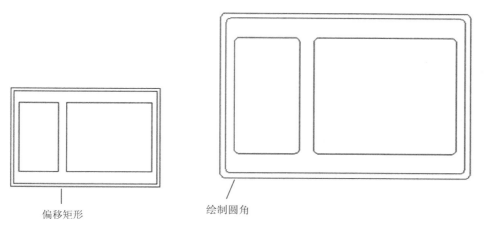

图 12-46　偏移矩形

图 12-47　绘制圆角

⑤ 单击【默认】选项卡中【绘图】面板中的【圆】按钮⊘，绘制 5 个半径分别为 25 和 20 的圆形，作为下水口和上水口，如图 12-48 所示。命令输入行提示如下。

```
命令：_circle                                              \\使用圆命令
指定圆的圆心或 [三点(3P)/两点(2P)/切点、切点、半径(T)]：      \\指定圆心
指定圆的半径或 [直径(D)] <40.0000>: 25                      \\指定半径
命令：_circle                                              \\使用圆命令
指定圆的圆心或 [三点(3P)/两点(2P)/切点、切点、半径(T)]：      \\指定圆心
指定圆的半径或 [直径(D)] <40.0000>: 20                      \\指定半径
```

⑥ 单击【默认】选项卡中【绘图】面板中的【直线】按钮╱，绘制直线，绘制出水龙头。至此，洗碗池绘制完成，如图 12-49 所示。

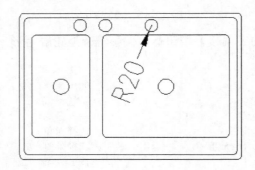

图 12-48 绘制圆形

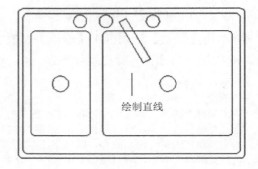

图 12-49 绘制水龙头

步骤 05 绘制碗柜

单击【默认】选项卡中【绘图】面板中的【矩形】按钮▢，绘制矩形碗柜，如图 12-50 所示。命令输入行提示如下。

```
命令：_rectang                                                          \\使用矩形命令
指定第一个角点或 [倒角(C)/标高(E)/圆角(F)/厚度(T)/宽度(W)]：             \\指定一点
指定另一个角点或 [面积(A)/尺寸(D)/旋转(R)]: d                           \\输入 d
指定矩形的长度 <400.0000>: 612                                         \\输入距离
指定矩形的宽度 <400.0000>: 600                                         \\输入距离
指定另一个角点或 [面积(A)/尺寸(D)/旋转(R)]：
```

步骤 06 绘制厨房推拉门

单击【默认】选项卡中【绘图】面板中的【矩形】按钮▢，绘制矩形推拉门，厨房绘制完成，如图 12-51 所示。命令输入行提示如下。

```
命令：_rectang                                                          \\使用矩形命令
指定第一个角点或 [倒角(C)/标高(E)/圆角(F)/厚度(T)/宽度(W)]：             \\指定一点
指定另一个角点或 [面积(A)/尺寸(D)/旋转(R)]: d                           \\输入 d
指定矩形的长度 <400.0000>: 1020                                        \\输入距离
指定矩形的宽度 <400.0000>: 50                                          \\输入距离
指定另一个角点或 [面积(A)/尺寸(D)/旋转(R)]：
```

图 12-50　绘制矩形

图 12-51　完成绘制厨房

12.3.10　设计卫生间

在设计卫生间的时候，先要把卫生间图形提取出来，然后在提取的图形中绘制洗手池、马桶和洗衣机等。具体的流程如下。

(1) 提取卫生间的图形。

(2) 绘制洗手池。

(3) 绘制马桶。

(4) 绘制洗衣机。

(5) 绘制喷头。

步骤01　提取卫生间图形

提取洗手间图形，把卫生间的图形提取出来，如图 12-52 所示。

步骤02　绘制矩形隔离推拉门

单击【默认】选项卡中【绘图】面板中的【矩形】按钮▭，绘制矩形隔离推拉门，如图 12-53 所示。命令输入行提示如下。

```
命令：_rectang                                    \\使用矩形命令
指定第一个角点或 [倒角(C)/标高(E)/圆角(F)/厚度(T)/宽度(W)]：    \\指定一点
指定另一个角点或 [面积(A)/尺寸(D)/旋转(R)]：d              \\输入 d
指定矩形的长度 <400.0000>：1005                          \\输入距离
指定矩形的宽度 <400.0000>：50                            \\输入距离
指定另一个角点或 [面积(A)/尺寸(D)/旋转(R)]：
```

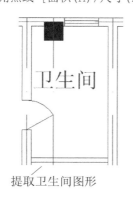

图 12-52　提取出来的卫生间图形

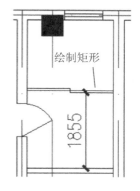

图 12-53　绘制矩形推拉门

① 单击【默认】选项卡中【绘图】面板中的【矩形】按钮▭，绘制矩形洗手池台面，如图 12-54 所示。命令输入行提示如下。

```
命令: _rectang                                          \\使用矩形命令
指定第一个角点或 [倒角(C)/标高(E)/圆角(F)/厚度(T)/宽度(W)]:    \\指定一点
指定另一个角点或 [面积(A)/尺寸(D)/旋转(R)]: d              \\输入 d
指定矩形的长度 <400.0000>: 600                           \\输入距离
指定矩形的宽度 <400.0000>: 1855                          \\输入距离
指定另一个角点或 [面积(A)/尺寸(D)/旋转(R)]:
```

② 单击【默认】选项卡中【绘图】面板中的【圆】按钮◔，绘制圆形，如图 12-55 所示。命令输入行提示如下。

```
命令: _circle                                           \\使用圆命令
指定圆的圆心或 [三点(3P)/两点(2P)/切点、切点、半径(T)]:        \\指定一点
指定圆的半径或 [直径(D)] <250.0000>: 250                   \\输入半径距离
```

③ 单击【默认】选项卡中【绘图】面板中的【直线】按钮╱，绘制直线，如图 12-56 所示。

④ 单击【默认】选项卡中【修改】面板中的【修剪】按钮⊱，修剪图形，如图 12-57 所示。

⑤ 单击【默认】选项卡中【修改】面板中的【偏移】按钮▱，偏移椭圆，如图 12-58 所示。命令输入行提示如下。

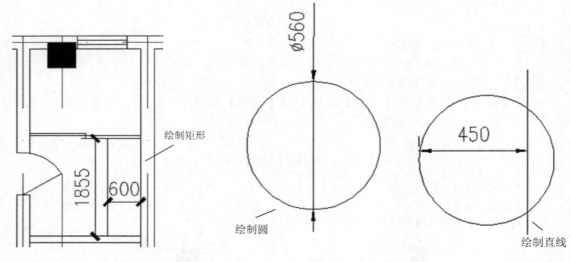

图 12-54　绘制矩形　　　　　图 12-55　绘制圆形　　　　　图 12-56　绘制直线

```
命令: _offset                                           \\使用偏移命令
当前设置: 删除源=否   图层=源   OFFSETGAPTYPE=0           \\系统设置
指定偏移距离或 [通过(T)/删除(E)/图层(L)] <15.0000>: 105     \\输入距离
选择要偏移的对象，或 [退出(E)/放弃(U)] <退出>:              \\选择对象
指定要偏移的那一侧上的点，或 [退出(E)/多个(M)/放弃(U)] <退出>:  \\指定内侧一点
选择要偏移的对象，或 [退出(E)/放弃(U)] <退出>:              \\按 Enter 键结束
命令: _offset                                           \\使用偏移命令
当前设置: 删除源=否   图层=源   OFFSETGAPTYPE=0           \\系统设置
指定偏移距离或 [通过(T)/删除(E)/图层(L)] <105.0000>: 28     \\输入距离
选择要偏移的对象，或 [退出(E)/放弃(U)] <退出>:              \\选择对象
指定要偏移的那一侧上的点，或 [退出(E)/多个(M)/放弃(U)] <退出>:  \\指定内侧一点
```

选择要偏移的对象, 或 [退出(E)/放弃(U)] <退出>:   \\按 Enter 键结束

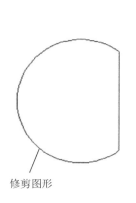

修剪图形

图 12-57　修剪图形

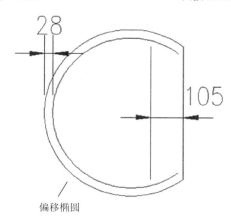

偏移椭圆

图 12-58　偏移图形

⑥ 单击【默认】选项卡中【修改】面板中的【圆角】按钮◻, 绘制圆角, 如图 12-59 所示。命令输入行提示如下。

```
命令: _fillet                                              \\使用圆角命令
当前设置: 模式 = 修剪, 半径 = 0.0000                        \\系统设置
选择第一个对象或 [放弃(U)/多段线(P)/半径(R)/修剪(T)/多个(M)]: r    \\输入 r
指定圆角半径 <0.0000>: 45                                   \\输入距离
选择第一个对象或 [放弃(U)/多段线(P)/半径(R)/修剪(T)/多个(M)]:      \\选择对象
选择第二个对象, 或按住 Shift 键选择对象以应用角点或 [半径(R)]:       \\选择对象
```

⑦ 单击【默认】选项卡中【绘图】面板中的【圆】按钮◉, 绘制 3 个半径分别 15 和 31 的圆形, 作为上水口和下水口, 洗手池绘制完成, 如图 12-60 所示。命令输入行提示如下。

```
命令: _circle                                             \\使用圆命令
指定圆的圆心或 [三点(3P)/两点(2P)/切点、切点、半径(T)]:       \\指定一点
指定圆的半径或 [直径(D)] <250.0000>: 15                     \\输入半径距离
命令: _circle                                             \\使用圆命令
指定圆的圆心或 [三点(3P)/两点(2P)/切点、切点、半径(T)]:       \\指定一点
指定圆的半径或 [直径(D)] <15.0000>: 31                      \\输入半径距离
```

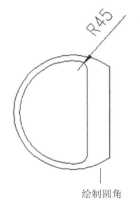

绘制圆角

图 12-59　绘制圆角

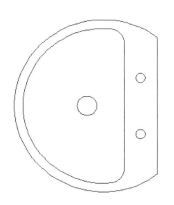

图 12-60　完成洗手池绘制

步骤 03　绘制马桶

① 单击【默认】选项卡中【绘图】面板中的【矩形】按钮⬜，绘制矩形，如图 12-61 所示。
命令输入行提示如下。

```
命令：_rectang                                              \\使用矩形命令
指定第一个角点或 [倒角(C)/标高(E)/圆角(F)/厚度(T)/宽度(W)]：       \\指定一点
指定另一个角点或 [面积(A)/尺寸(D)/旋转(R)]：d                    \\输入 d
指定矩形的长度 <350.0000>：220                                \\输入距离
指定矩形的宽度 <100.0000>：480                                \\输入距离
指定另一个角点或 [面积(A)/尺寸(D)/旋转(R)]：
```

② 单击【默认】选项卡中【修改】面板中的【圆角】按钮⬜，绘制圆角，绘制出马桶水
箱，如图 12-62 所示。命令输入行提示如下。

```
命令：_fillet                                              \\使用圆角命令
当前设置：模式 = 修剪，半径 = 0.0000                           \\系统设置
选择第一个对象或 [放弃(U)/多段线(P)/半径(R)/修剪(T)/多个(M)]：r    \\输入 r
指定圆角半径 <0.0000>：90                                    \\输入距离
选择第一个对象或 [放弃(U)/多段线(P)/半径(R)/修剪(T)/多个(M)]：     \\选择对象
选择第二个对象，或按住 Shift 键选择对象以应用角点或 [半径(R)]：      \\选择对象
```

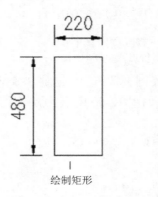

绘制矩形

图 12-61　绘制矩形

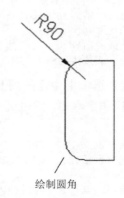

绘制圆角

图 12-62　绘制圆角

③ 单击【默认】选项卡中【绘图】面板中的【椭圆】按钮⬭，绘制椭圆。然后单击【默
认】选项卡中【修改】面板中的【偏移】按钮⬛，偏移椭圆。绘制出马桶座便，如图 12-63 所
示。命令输入行提示如下。

```
命令：_ellipse                                             \\使用椭圆命令
指定椭圆的轴端点或 [圆弧(A)/中心点(C)]：_c                       \\输入 c
指定椭圆的中心点：                                            \\指定一点
指定轴的端点：350                                            \\输入距离
指定另一条半轴长度或 [旋转(R)]：170                             \\输入距离，按 Enter 键结束
命令：_offset                                              \\使用偏移命令
当前设置：删除源=否  图层=源  OFFSETGAPTYPE=0                    \\系统设置
指定偏移距离或 [通过(T)/删除(E)/图层(L)] <15.0000>：10           \\输入距离
选择要偏移的对象，或 [退出(E)/放弃(U)] <退出>：                   \\选择对象
```

指定要偏移的那一侧上的点，或 [退出(E)/多个(M)/放弃(U)] <退出>：　　\\指定内侧一点
选择要偏移的对象，或 [退出(E)/放弃(U)] <退出>：　　　　　　　　\\按 Enter 键结束

④ 单击【默认】选项卡中【绘图】面板中的【直线】按钮╱，绘制直线。然后单击【默认】选项卡中【修改】面板中的【修剪】按钮┵，修剪图形。马桶绘制完成，如图 12-64 所示。

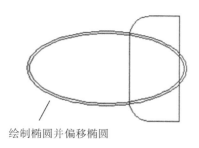

绘制椭圆并偏移椭圆

图 12-63　绘制椭圆

绘制直线并修剪线条

图 12-64　完成绘制马桶

步骤 04 绘制洗衣机

① 单击【默认】选项卡中【绘图】面板中的【矩形】按钮▢，绘制矩形，如图 12-65 所示。命令输入行提示如下。

```
命令：_rectang                                      \\使用矩形命令
指定第一个角点或 [倒角(C)/标高(E)/圆角(F)/厚度(T)/宽度(W)]：     \\指定一点
指定另一个角点或 [面积(A)/尺寸(D)/旋转(R)]：d          \\输入 d
指定矩形的长度 <35.0000>：690                         \\输入距离
指定矩形的宽度 <120.0000>：705                        \\输入距离
指定另一个角点或 [面积(A)/尺寸(D)/旋转(R)]：
```

② 单击【默认】选项卡中【修改】面板中的【分解】按钮◰，分解矩形。

③ 单击【默认】选项卡中【修改】面板中的【偏移】按钮◰，偏移直线，如图 12-66 所示。命令输入行提示如下。

```
命令：_offset                                       \\使用偏移命令
当前设置：删除源=否　图层=源　OFFSETGAPTYPE=0         \\系统设置
指定偏移距离或 [通过(T)/删除(E)/图层(L)] <15.0000>：35   \\输入距离
选择要偏移的对象，或 [退出(E)/放弃(U)] <退出>：          \\选择对象
指定要偏移的那一侧上的点，或 [退出(E)/多个(M)/放弃(U)] <退出>：  \\指定内侧一点
选择要偏移的对象，或 [退出(E)/放弃(U)] <退出>：          \\按 Enter 键结束
命令：_offset                                       \\使用偏移命令
当前设置：删除源=否　图层=源　OFFSETGAPTYPE=0         \\系统设置
指定偏移距离或 [通过(T)/删除(E)/图层(L)] <15.0000>：110  \\输入距离
选择要偏移的对象，或 [退出(E)/放弃(U)] <退出>：          \\选择对象
指定要偏移的那一侧上的点，或 [退出(E)/多个(M)/放弃(U)] <退出>：  \\指定内侧一点
选择要偏移的对象，或 [退出(E)/放弃(U)] <退出>：          \\按 Enter 键结束
```

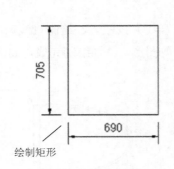

绘制矩形

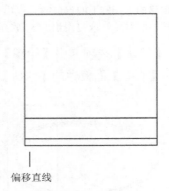

偏移直线

图 12-65　绘制矩形　　　　　　　　　　图 12-66　偏移直线

④ 单击【默认】选项卡中【修改】面板中的【偏移】按钮，偏移直线。然后单击【默认】选项卡中【修改】面板中的【修剪】按钮，修剪图形，如图 12-67 所示。命令输入行提示如下。

```
命令：_offset                                            \\使用偏移命令
当前设置：删除源=否　图层=源　OFFSETGAPTYPE=0            \\系统设置
指定偏移距离或 [通过(T)/删除(E)/图层(L)] <20.0000>：37   \\输入距离
选择要偏移的对象，或 [退出(E)/放弃(U)] <退出>：          \\选择对象
指定要偏移的那一侧上的点，或 [退出(E)/多个(M)/放弃(U)] <退出>：\\指定内侧一点
选择要偏移的对象，或 [退出(E)/放弃(U)] <退出>：          \\按 Enter 键结束
命令：_offset                                            \\使用偏移命令
当前设置：删除源=否　图层=源　OFFSETGAPTYPE=0            \\系统设置
指定偏移距离或 [通过(T)/删除(E)/图层(L)] <37.0000>：54   \\输入距离
选择要偏移的对象，或 [退出(E)/放弃(U)] <退出>：          \\选择对象
指定要偏移的那一侧上的点，或 [退出(E)/多个(M)/放弃(U)] <退出>：\\指定内侧一点
选择要偏移的对象，或 [退出(E)/放弃(U)] <退出>：          \\按 Enter 键结束
命令：_trim                                              \\使用修剪命令
当前设置：投影=UCS，边=无                                \\系统设置
选择剪切边...                                           \\选择一边
选择对象或 <全部选择>：                                  \\选择修剪对象
选择要修剪的对象，或按住 Shift 键选择要延伸的对象，或
[栏选(F)/窗交(C)/投影(P)/边(E)/删除(R)/放弃(U)]：        \\选择对象
选择要修剪的对象，或按住 Shift 键选择要延伸的对象，或
[栏选(F)/窗交(C)/投影(P)/边(E)/删除(R)/放弃(U)]：        \\使用偏移命令
```

⑤ 单击【默认】选项卡中【修改】面板中的【圆角】按钮，绘制圆角，如图 12-68 所示。命令输入行提示如下。

```
命令：_fillet                                           \\使用圆角命令
当前设置：模式 = 修剪，半径 = 0.0000                     \\系统设置
选择第一个对象或 [放弃(U)/多段线(P)/半径(R)/修剪(T)/多个(M)]：r  \\输入 r
指定圆角半径 <0.0000>：45                                \\输入距离
选择第一个对象或 [放弃(U)/多段线(P)/半径(R)/修剪(T)/多个(M)]：  \\选择对象
选择第二个对象，或按住 Shift 键选择对象以应用角点或 [半径(R)]：  \\选择对象
```

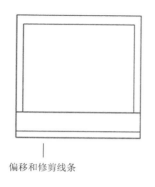

图 12-67　偏移和修剪图形

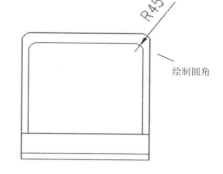

图 12-68　绘制圆角

⑥单击【默认】选项卡中【绘图】面板中的【椭圆】按钮⊙，绘制 6 个椭圆按键，完成洗衣机的绘制，如图 12-69 所示。命令输入行提示如下。

```
命令: _ellipse                              \\使用椭圆命令
指定椭圆的轴端点或 [圆弧(A)/中心点(C)]:_c    \\中心点
指定椭圆的中心点:                            \\指定一点
指定轴的端点: 15                            \\输入距离
指定另一条半轴长度或 [旋转(R)]: 10           \\输入距离
```

步骤 05　绘制卫生间的门

单击【默认】选项卡中【绘图】面板中的【直线】按钮✐，绘制直线。然后单击【默认】选项卡中【绘图】面板中的【圆】按钮⊙，绘制圆形，绘制出卫生间的门。完成卫生间的绘制，如图 12-70 所示。

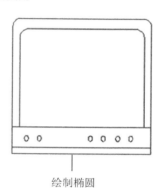

图 12-69　完成洗衣机绘制

12.3.11　绘制楼梯

在绘制楼梯的时候，先要把楼梯部分提取出来，然后在提取的图形中绘制具体图形。具体的流程如下。

(1) 提取楼梯部分图形。

(2) 绘制楼梯。

(3) 绘制楼梯上下标志。

步骤 01　提取楼梯图形

提取楼梯图形，把楼梯部分的图形提取出来，如图 12-71 所示。

步骤 02　绘制直线

单击【默认】选项卡中【绘图】面板中的【直线】按钮✐，绘制直线，如图 12-72 所示。

步骤 03　绘制矩形

单击【默认】选项卡中【绘图】面板中的【矩形】按钮▢，绘制矩形，如图 12-73 所示。命令输入行提示如下。

```
命令: _rectang                                              \\使用矩形命令
指定第一个角点或 [倒角(C)/标高(E)/圆角(F)/厚度(T)/宽度(W)]:    \\指定一点
指定另一个角点或 [面积(A)/尺寸(D)/旋转(R)]: d                 \\输入 d
```

指定矩形的长度 <30.0000>: 120   \\输入距离
指定矩形的宽度 <120.0000>: 1250   \\输入距离
指定另一个角点或 [面积(A)/尺寸(D)/旋转(R)]:

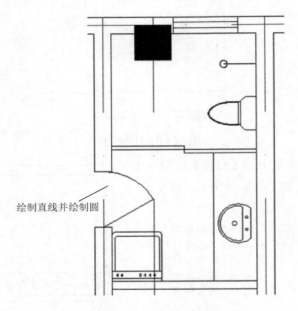

图 12-70　完成卫生间绘制

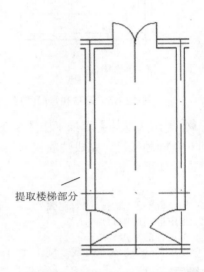

图 12-71　提取出来楼梯部分图形

步骤 04　偏移矩形

单击【默认】选项卡中【修改】面板中的【偏移】按钮，偏移矩形，如图 12-74 所示。命令输入行提示如下。

命令: _offset   \\使用偏移命令
当前设置: 删除源=否　图层=源　OFFSETGAPTYPE=0   \\系统设置
指定偏移距离或 [通过(T)/删除(E)/图层(L)] <20.0000>: 40   \\输入距离
选择要偏移的对象, 或 [退出(E)/放弃(U)] <退出>:   \\选择对象
指定要偏移的那一侧上的点, 或 [退出(E)/多个(M)/放弃(U)] <退出>:   \\指定内侧一点
选择要偏移的对象, 或 [退出(E)/放弃(U)] <退出>:   \\按 Enter 键结束

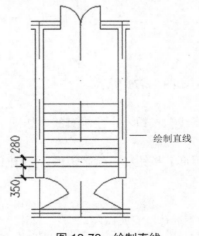

图 12-72　绘制直线

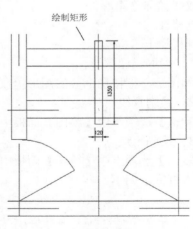

图 12-73　绘制矩形

步骤 05 绘制矩形

单击【默认】选项卡中【绘图】面板中的【矩形】按钮 ▢，绘制矩形，如图 12-75 所示。
命令输入行提示如下。

```
命令：_rectang                                          \\使用矩形命令
指定第一个角点或 [倒角(C)/标高(E)/圆角(F)/厚度(T)/宽度(W)]：    \\指定一点
指定另一个角点或 [面积(A)/尺寸(D)/旋转(R)]：d               \\输入 d
指定矩形的长度 <30.0000>：156                           \\输入距离
指定矩形的宽度 <100.0000>：1700                          \\输入距离
指定另一个角点或 [面积(A)/尺寸(D)/旋转(R)]：
```

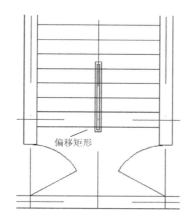

图 12-74　偏移矩形

图 12-75　绘制矩形

步骤 06 绘制直线

单击【默认】选项卡中【绘图】面板中的【直线】按钮 ／，绘制直线，如图 12-76 所示。

步骤 07 修剪线条

单击【默认】选项卡中【修改】面板中的【修剪】按钮 ⊬，修剪线条，如图 12-77 所示。

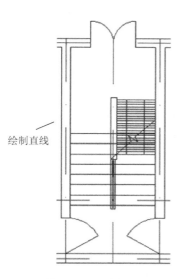

图 12-76　绘制直线

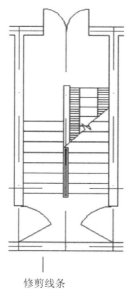

图 12-77　修剪线条

步骤 08 绘制多段线

单击【默认】选项卡中【绘图】面板中的【多段线】按钮 ，绘制多段线，如图 12-78 所示。命令输入行提示如下。

```
命令: _pline                                              \\使用多段线命令
指定起点:                                                 \\使用多段线命令
当前线宽为 0.0000                                          \\使用多段线命令
指定下一个点或 [圆弧(A)/半宽(H)/长度(L)/放弃(U)/宽度(W)]: h   \\使用多段线命令
指定起点半宽 <0.0000>: 60                                   \\使用多段线命令
指定端点半宽 <60.0000>: 0                                   \\使用多段线命令
指定下一个点或 [圆弧(A)/半宽(H)/长度(L)/放弃(U)/宽度(W)]:      \\使用多段线命令
指定下一点或 [圆弧(A)/闭合(C)/半宽(H)/长度(L)/放弃(U)/宽度(W)]: \\使用多段线命令
```

步骤 09 绘制文字

在菜单栏中，选择【绘图】|【文字】|【单行文字】命令，添加文字，完成楼梯的绘制，如图 12-79 所示。命令输入行提示如下。

```
命令: _text                                               \\使用单行命令
当前文字样式: "Standard"  文字高度: 450.0000  注释性: 否 \\系统设置
指定文字的起点或 [对正(J)/样式(S)]:                         \\指定一点
指定高度 <450.0000>: 150                                   \\输入高度尺寸
指定文字的旋转角度 <0>:                                     \\单击一点，按 Enter 键结束
```

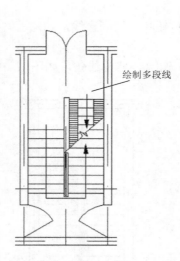

图 12-78　绘制多段线

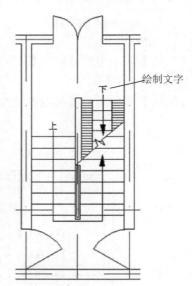

图 12-79　完成楼梯绘制

步骤 10 绘制完成其他部分

接着，绘制其余厨房、卫生间，楼梯图形，完成平面图整体绘制，如图 12-80 所示。

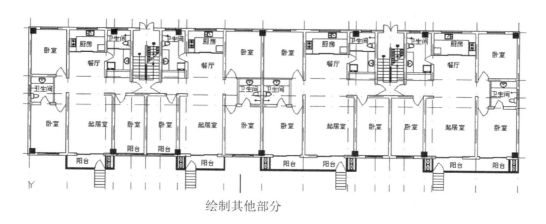

绘制其他部分

图 12-80　图形整体效果

12.3.12　尺寸标注

一张完整的图形是不能缺少尺寸标注的，下面就要介绍如何对图形进行尺寸标注。根据相关的建筑制图规定，在平面图中进行尺寸标注时应注意的几点。

(1) 尺寸标注一般以毫米为单位，当使用其他单位进行标注尺寸时需注明所采用的尺寸单位。

(2) 尺寸标注不能重复，每一部分只能标注一次。

(3) 尺寸标注有时要符合用户所在设计单位的习惯。

(4) 标注尺寸的所有汉字和数字要遵循规范的要求。

步骤 01　设置标注样式

① 选择【格式】|【标注样式】菜单命令，打开【标注样式管理器】对话框，如图 12-81 所示。

② 单击【标注样式管理器】对话框中的【新建】按钮，打开【创建新标注样式】对话框，在【新样式名】文本框中输入"平面标注"，如图 12-82 所示。

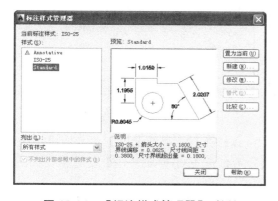

图 12-81　【标注样式管理器】对话框

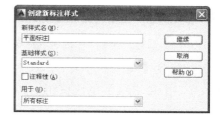

图 12-82　【创建新标注样式】对话框

③ 单击【继续】按钮，打开【新建标注样式：平面标注】对话框。切换到【线】选项卡，设置【基线间距】为 0，设置【超出尺寸线】为 250mm，设置【起点偏移量】为 300mm。如

图 12-83 所示。

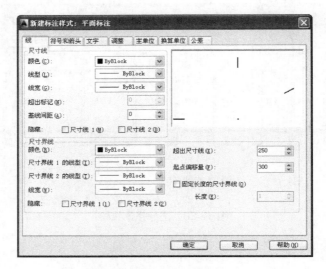

图 12-83 【线】选项卡参数设置

④ 切换到【符号和箭头】选项卡，设置【箭头大小】为 150，【圆心标记】为 0.1，如图 12-84 所示。

⑤ 切换到【文字】选项卡，设置【文字高度】为 250，在【垂直】下拉列表框选择【上】选项，设置【从尺寸线偏移】为 120，选中【与尺寸线对齐】单选按钮，如图 12-85 所示。

图 12-84 【符号和箭头】选项卡参数设置

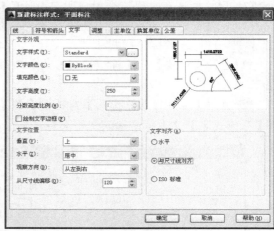

图 12-85 【文字】选项卡参数设置

⑥ 切换到【调整】选项卡，选中【文字始终保持在尺寸界线之间】单选按钮，选中【尺寸线上方，不带引线】单选按钮，启用【在尺寸界线之间绘制尺寸线】复选框，如图 12-86 所示。

⑦ 切换到【主单位】选项卡，设置【精度】为 0，如图 12-87 所示。

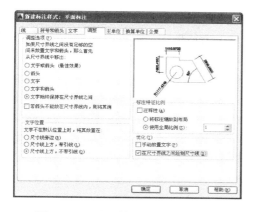

图 12-86 【调整】选项卡参数设置   图 12-87 【主单位】选项卡参数设置

⑧ 设置完成单击【确定】按钮，返回【标注样式管理器】对话框，选择【平面标注】样式，单击【置为当前】按钮。

步骤 02 添加标注

① 选择【标注】|【线性】菜单命令，为图形添加线性标注，如图 12-88 所示。

② 选择【标注】|【连续】菜单命令，完成添加标注过程，如图 12-89 所示。

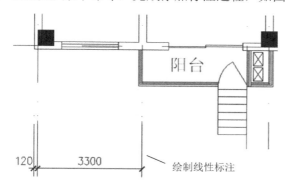

图 12-88 添加标注

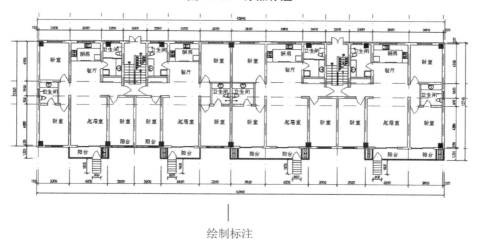

图 12-89 完成添加标注过程

步骤 03 绘制轴号

① 单击【默认】选项卡中【绘图】面板中的【直线】按钮 ∕，绘制直线。命令输入行提示如下。

```
命令: _line                                                  \\使用直线命令
指定第一个点:                                                \\指定一点
指定下一点或 [放弃(U)]: 2100                                 \\输入距离
指定下一点或 [放弃(U)]:                                      \\按 Enter 键结束
```

② 单击【默认】选项卡中【绘图】面板中的【圆】按钮 ⊘，绘制圆形。命令输入行提示如下。

```
命令: _circle                                               \\使用圆命令
指定圆的圆心或 [三点(3P)/两点(2P)/切点、切点、半径(T)]:     \\指定一点
指定圆的半径或 [直径(D)] <350.0000>: 400                    \\输入半径尺寸
```

③ 在菜单栏中，选择【绘图】|【文字】|【单行文字】菜单命令，添加文字，完成建筑平面图的标注，如图 12-90 所示。命令输入行提示如下。

```
命令: _text                                                 \\使用单行命令
当前文字样式: "Standard" 文字高度: 450.0000 注释性: 否     \\系统设置
指定文字的起点或 [对正(J)/样式(S)]:                         \\指定一点
指定高度 <450.0000>: 500                                    \\输入高度尺寸
指定文字的旋转角度 <0>:                                     \\单击一点，按 Enter 键结束
```

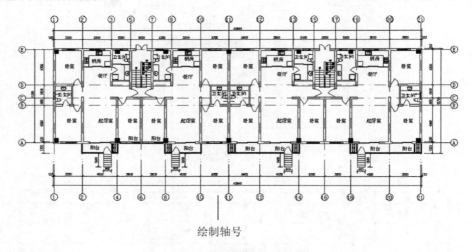

绘制轴号

图 12-90　完成绘制建筑平面图

12.4　本 章 小 结

本章介绍了绘制建筑平面图的基本知识，绘图方法与技巧。用户应该进一步丰富自己的绘图经验，这样在工作中才能提高效率。

第13章

绘制建筑立面和剖面图

　　建筑立面图和剖面图在建筑图中是必不可少的。本章主要结合范例介绍一般立面图和剖面图的绘制方法和思路。通过本章的学习，用户应该能够掌握使用 AutoCAD 绘制建筑立面图和剖面图的方法和思路。

13.1 实例介绍和展示

本范例源文件：/13/13-1.dwg

本范例完成文件：/13/13-2.dwg，13-3.dwg

多媒体教学路径：光盘→多媒体教学→第 13 章

本章范例将绘制如图 13-1 所示的立面图和如图 13-2 所示的剖面图。

图 13-1　建筑立面图

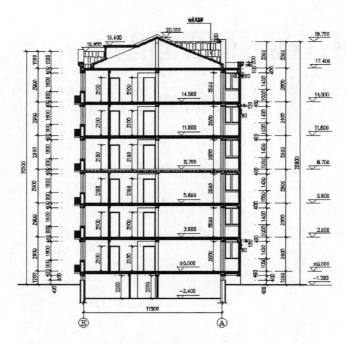

图 13-2　建筑剖面图

通过本章的学习，将掌握以下内容。

(1) 绘制建筑立面图的基本方法。

(2) 绘制建筑剖面图的基本方法。

(3) 基本绘图命令。

13.2 绘制建筑立面和剖面图的基本知识

13.2.1 绘制建筑立面图的基本方法

在传统的绘图中，一般是在完成建筑平面施工图后再绘制立面图。因为建筑平面施工图是立面图的基础，所以建筑平面施工图的修改将给立面图的修改带来巨大的工作量。但在运用 AutoCAD 辅助建筑设计的过程中，可以利用 AutoCAD 便于修改的强大功能任意选定某一类图纸进行设计。用 AutoCAD 绘制立面图的基本方法主要有以下两种。

(1) 模型投影法绘制立面图。

该方法是利用 AutoCAD 建筑建模准确、消隐迅速的功能，首先建立起建筑的三维模型，然后通过选择不同视点观察模型并进行消隐处理，得到不同方向的建筑立面图。这种方法的优点是它直接从三维模型上提取二维立面信息，一旦完成建模工作，就可以得到任意方向的建筑立面图。可以在此基础上做必要的补充和修改，生成不同视点的室外三维透视图。很多专业的 CAD 软件都是采用这种方法生成立面图。具体做法是在各建筑平面图中关闭无用图层，删去不必要图素后再组合起来，根据平面图外墙、外门窗等的位置和尺寸，构造建筑物表面三维模型或实体模型。一般为了减小此三维模型的数据量，只需要建立建筑的所有外墙和屋顶表面模型即可。

(2) 各向独立绘制立面图。

绘制建筑立面图时必须先绘制建筑平面图。这种立面图的绘制方法是直接调用平面图，关闭不要的图层，再删去一些不必要的图素，根据平面图某方向的外墙、外门窗等位置和尺寸，按照"长相等、高平齐、宽对正"的原则直接用 AutoCAD 绘图命令绘制某方向的建筑立面投影图。在绘制时，可以用【射线】命令和【直线】命令绘制一些辅助线帮助准确定位。这种绘图方法简单、直观、准确，是最基本的作图方法，能体现出计算机绘图的定位准确、修改方便的优势。但它产生的立面图是彼此分离的，不同方向的立面图必须独立绘制。

13.2.2 绘制建筑剖面图的基本方法

在绘制建筑剖面图之前，应选择最能表达建筑空间结构关系的部位来绘制剖面图，一般应在主要楼梯部位剖切。常采用以下两种方法绘制建筑剖面图。

(1) 二维绘图方法。

该方法比较简便和直观，从时间和经济效益来讲都比较合算。它的绘制只需以建筑的平、立面为其生成基础，根据建筑形体的情况绘制。这种方法适宜于底层开始向上逐层设计，相同的部分逐层向上阵列或复制，最后再进行编辑和修改。它的绘制是从底层开始向上逐层绘制墙体、地面、门窗、阳台、雨篷、楼面及梁柱等，相同的部分还可逐层向上阵列或复制，最后再进行编辑和修改，以节省时间，加快绘图速度。

(2) 三维绘图方法。

该方法是以已生成的平面图为基础，依据立面设计提供的层高、门窗等有关情况，保留剖面图中剖切到或看到的部分，然后从剖切线位置将与剖视方向相反的部分剪去，并给剩余部分指定基高和厚度，得到剖面图三维模型的大体框架，然后以它为基础生成剖面图。如果想用计算机精确地绘制剖面图，也可以把整个建筑物建成一个实体模型。但是这样必须详尽地将建筑物内外构件全部建成三维模型，其工作量大，占用的计算机空间大，处理速度较慢，从时间和效率上来看很不经济。

13.3 范 例 绘 制

下面介绍如何绘制建筑立面图和剖面图。

13.3.1 绘制立面图

首先绘制建筑立面图。

步骤 01 绘制轴线

打开"13-1.dwg"平面图文件，如图 13-3 所示。立面图的绘制是以平面图为基础的。在使用平面图作为立面图的辅助图形时，应删减多余部分并关闭图层，以方便绘制立面图。

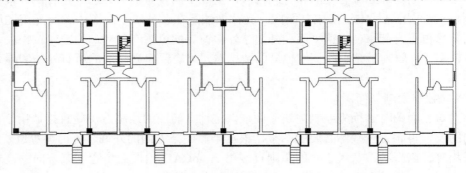

图 13-3 建筑平面施工图

步骤 02 绘制直线并复制

绘制立面图，首先要绘制出立面轮廓线，而且要做到与平面一一对应。单击【默认】选项卡中【绘图】面板中的【直线】按钮／，绘制直线。单击【默认】选项卡中【修改】面板中上的【复制】按钮，复制直线，如图 13-4 所示。命令输入行提示如下。

```
命令: _line                                      \\使用直线命令
指定第一个点:                                    \\指定一点
指定下一点或 [放弃(U)]: 21300                    \\输入距离
指定下一点或 [闭合(C)/放弃(U)]:                  \\按 Enter 键结束
命令: _copy                                      \\使用复制命令
选择对象: 找到 1 个                              \\选择对象
选择对象:                                        \\按 Enter 键结束
当前设置: 复制模式 = 多个                        \\系统设置
指定基点或 [位移(D)/模式(O)] <位移>:            \\指定一点
```

指定第二个点或 [阵列(A)] <使用第一个点作为位移>:   \\指定一点
指定第二个点或 [阵列(A)/退出(E)/放弃(U)] <退出>:   \\按 Enter 键结束

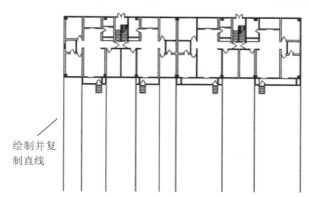

绘制并复
制直线

图 13-4   平面图与立面图对应关系

步骤 03   绘制多段线

① 单击【默认】选项卡中【绘图】面板中的【多段线】按钮⏗,绘制底部多段线,如图 13-5 所示。命令输入行提示如下。

命令: _pline   \\使用多段线命令
指定起点: \\指定一点
当前线宽为 0.0000   \\系统设置
指定下一个点或 [圆弧(A)/半宽(H)/长度(L)/放弃(U)/宽度(W)]: h \\输入 h
指定起点半宽 <0.0000>: 25   \\输入距离
指定端点半宽 <25.0000>: 25   \\输入距离
指定下一个点或 [圆弧(A)/半宽(H)/长度(L)/放弃(U)/宽度(W)]: \\指定一点
指定下一点或 [圆弧(A)/闭合(C)/半宽(H)/长度(L)/放弃(U)/宽度(W)]:\\指定一点

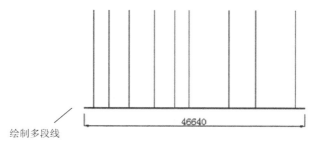

46640

绘制多段线

图 13-5   绘制底部多段线

② 单击【默认】选项卡中【绘图】面板中的【多段线】按钮⏗,绘制外轮廓多段线,如图 13-6 所示。命令输入行提示如下。

命令: _pline   \\使用多段线命令
指定起点: \\指定一点
当前线宽为 50.0000   \\系统设置
指定下一个点或 [圆弧(A)/半宽(H)/长度(L)/放弃(U)/宽度(W)]: 3700 \\输入距离
指定下一点或 [圆弧(A)/闭合(C)/半宽(H)/长度(L)/放弃(U)/宽度(W)]: 60
指定下一点或 [圆弧(A)/闭合(C)/半宽(H)/长度(L)/放弃(U)/宽度(W)]: 120
指定下一点或 [圆弧(A)/闭合(C)/半宽(H)/长度(L)/放弃(U)/宽度(W)]: 60

指定下一点或 [圆弧(A)/闭合(C)/半宽(H)/长度(L)/放弃(U)/宽度(W)]: 11480
指定下一点或 [圆弧(A)/闭合(C)/半宽(H)/长度(L)/放弃(U)/宽度(W)]: 60
指定下一点或 [圆弧(A)/闭合(C)/半宽(H)/长度(L)/放弃(U)/宽度(W)]: 120
指定下一点或 [圆弧(A)/闭合(C)/半宽(H)/长度(L)/放弃(U)/宽度(W)]: 60
指定下一点或 [圆弧(A)/闭合(C)/半宽(H)/长度(L)/放弃(U)/宽度(W)]: 3380
指定下一点或 [圆弧(A)/闭合(C)/半宽(H)/长度(L)/放弃(U)/宽度(W)]: 100
指定下一点或 [圆弧(A)/闭合(C)/半宽(H)/长度(L)/放弃(U)/宽度(W)]: 100
指定下一点或 [圆弧(A)/闭合(C)/半宽(H)/长度(L)/放弃(U)/宽度(W)]: 100
指定下一点或 [圆弧(A)/闭合(C)/半宽(H)/长度(L)/放弃(U)/宽度(W)]: 2600
指定下一点或 [圆弧(A)/闭合(C)/半宽(H)/长度(L)/放弃(U)/宽度(W)]: 440
指定下一点或 [圆弧(A)/闭合(C)/半宽(H)/长度(L)/放弃(U)/宽度(W)]: 200
指定下一点或 [圆弧(A)/闭合(C)/半宽(H)/长度(L)/放弃(U)/宽度(W)]: 42160
指定下一点或 [圆弧(A)/闭合(C)/半宽(H)/长度(L)/放弃(U)/宽度(W)]: 200
指定下一点或 [圆弧(A)/闭合(C)/半宽(H)/长度(L)/放弃(U)/宽度(W)]: 440
指定下一点或 [圆弧(A)/闭合(C)/半宽(H)/长度(L)/放弃(U)/宽度(W)]: 2600
指定下一点或 [圆弧(A)/闭合(C)/半宽(H)/长度(L)/放弃(U)/宽度(W)]: 100
指定下一点或 [圆弧(A)/闭合(C)/半宽(H)/长度(L)/放弃(U)/宽度(W)]: 100
指定下一点或 [圆弧(A)/闭合(C)/半宽(H)/长度(L)/放弃(U)/宽度(W)]: 100
指定下一点或 [圆弧(A)/闭合(C)/半宽(H)/长度(L)/放弃(U)/宽度(W)]: 3380
指定下一点或 [圆弧(A)/闭合(C)/半宽(H)/长度(L)/放弃(U)/宽度(W)]: 60
指定下一点或 [圆弧(A)/闭合(C)/半宽(H)/长度(L)/放弃(U)/宽度(W)]: 120
指定下一点或 [圆弧(A)/闭合(C)/半宽(H)/长度(L)/放弃(U)/宽度(W)]: 60
指定下一点或 [圆弧(A)/闭合(C)/半宽(H)/长度(L)/放弃(U)/宽度(W)]: 11480
指定下一点或 [圆弧(A)/闭合(C)/半宽(H)/长度(L)/放弃(U)/宽度(W)]: 60
指定下一点或 [圆弧(A)/闭合(C)/半宽(H)/长度(L)/放弃(U)/宽度(W)]: 120
指定下一点或 [圆弧(A)/闭合(C)/半宽(H)/长度(L)/放弃(U)/宽度(W)]: 60
指定下一点或 [圆弧(A)/闭合(C)/半宽(H)/长度(L)/放弃(U)/宽度(W)]:3700
指定下一点或 [圆弧(A)/闭合(C)/半宽(H)/长度(L)/放弃(U)/宽度(W)]: \\按 Enter 键结束

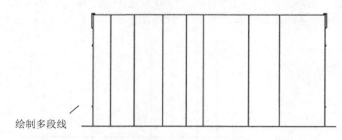

绘制多段线

图 13-6　绘制外轮廓多段线

步骤 04　绘制直线

单击【默认】选项卡中【绘图】面板中的【直线】按钮 ／，绘制直线，如图 13-7 所示。

步骤 05　绘制矩形并偏移

单击【默认】选项卡中【绘图】面板中的【矩形】按钮 ▢，绘制矩形。然后单击【默认】选项卡中【修改】面板中的【偏移】按钮 ▱，偏移出另一个矩形，如图 13-8 所示。命令输入行提示如下。

```
命令: _rectang                                              \\使用矩形命令
指定第一个角点或 [倒角(C)/标高(E)/圆角(F)/厚度(T)/宽度(W)]:   \\指定一点
指定另一个角点或 [面积(A)/尺寸(D)/旋转(R)]: d                 \\输入 d
指定矩形的长度 <1800.0000>: 1800                             \\输入长度距离
```

指定矩形的宽度 <1600.0000>: 1600 　　　　　　　　　　　　\\输入宽度距离
指定另一个角点或 [面积(A)/尺寸(D)/旋转(R)]: 　　　　　　\\单击结束
命令: _offset 　　　　　　　　　　　　　　　　　　　　　\\使用偏移命令
当前设置: 删除源=否　图层=源　OFFSETGAPTYPE=0 　　　\\系统设置
指定偏移距离或 [通过(T)/删除(E)/图层(L)] <通过>: 70 　　\\输入偏移距离
选择要偏移的对象, 或 [退出(E)/放弃(U)] <退出>: 　　　　\\选择对象
指定要偏移的那一侧上的点, 或 [退出(E)/多个(M)/放弃(U)] <退出>: 　\\指定矩形内侧一点
选择要偏移的对象, 或 [退出(E)/放弃(U)] <退出>: 　　　　\\按 Enter 键结束

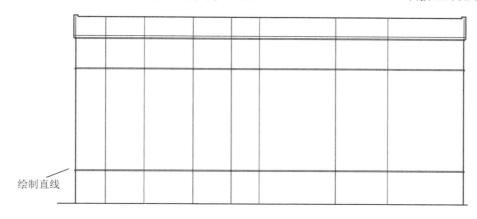

图 13-7　绘制直线

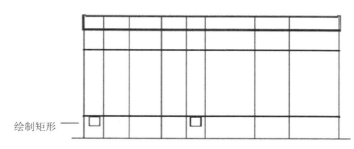

图 13-8　绘制矩形

步骤 06　绘制直线并修剪线条

单击【默认】选项卡中【绘图】面板中的【直线】按钮／, 绘制直线。然后单击【默认】选项卡中【修改】面板上的【修剪】按钮, 修剪直线, 如图 13-9 所示。

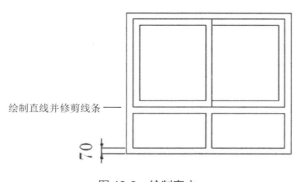

图 13-9　绘制窗户

步骤 **07** 绘制矩形

单击【默认】选项卡中【绘图】面板中的【矩形】按钮▭，绘制矩形，如图 13-10 所示。
命令输入行提示如下。

```
命令: _rectang                                              \\使用矩形命令
指定第一个角点或 [倒角(C)/标高(E)/圆角(F)/厚度(T)/宽度(W)]:    \\指定一点
指定另一个角点或 [面积(A)/尺寸(D)/旋转(R)]: d                  \\输入 d
指定矩形的长度 <2400.0000>: 600                              \\输入长度距离
指定矩形的宽度 <600.0000>: 2400                              \\输入宽度距离
指定另一个角点或 [面积(A)/尺寸(D)/旋转(R)]:                    \\单击结束
```

步骤 **08** 绘制直线

单击【默认】选项卡中【绘图】面板中的【直线】按钮╱，绘制直线，如图 13-11 所示。

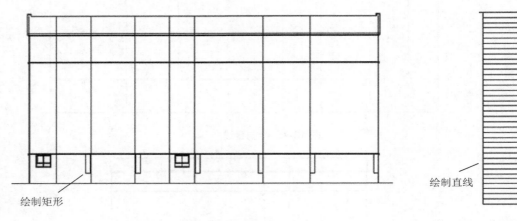

绘制矩形

绘制直线

图 13-10 绘制矩形   图 13-11 绘制直线

步骤 **09** 绘制矩形

单击【默认】选项卡中【绘图】面板中的【矩形】按钮▭，绘制矩形，如图 13-12 所示。
命令输入行提示如下。

```
命令: _rectang                                              \\使用矩形命令
指定第一个角点或 [倒角(C)/标高(E)/圆角(F)/厚度(T)/宽度(W)]:    \\指定一点
指定另一个角点或 [面积(A)/尺寸(D)/旋转(R)]: d                  \\输入 d
指定矩形的长度 <1450.0000>: 3550                             \\输入长度距离
指定矩形的宽度 <600.0000>: 1450                              \\输入宽度距离
指定另一个角点或 [面积(A)/尺寸(D)/旋转(R)]:                    \\单击结束
命令: _rectang                                              \\使用矩形命令
指定第一个角点或 [倒角(C)/标高(E)/圆角(F)/厚度(T)/宽度(W)]:    \\指定一点
指定另一个角点或 [面积(A)/尺寸(D)/旋转(R)]: d                  \\输入 d
指定矩形的长度 <1450.0000>: 3260                             \\输入长度距离
指定矩形的宽度 <1450.0000>: 1450                             \\输入宽度距离
指定另一个角点或 [面积(A)/尺寸(D)/旋转(R)]:                    \\单击结束
命令: _rectang                                              \\使用矩形命令
指定第一个角点或 [倒角(C)/标高(E)/圆角(F)/厚度(T)/宽度(W)]:    \\指定一点
指定另一个角点或 [面积(A)/尺寸(D)/旋转(R)]: d                  \\输入 d
指定矩形的长度 <1450.0000>: 3350                             \\输入长度距离
指定矩形的宽度 <3260.0000>: 1450                             \\输入宽度距离
```

指定另一个角点或 [面积(A)/尺寸(D)/旋转(R)]:   \\单击结束

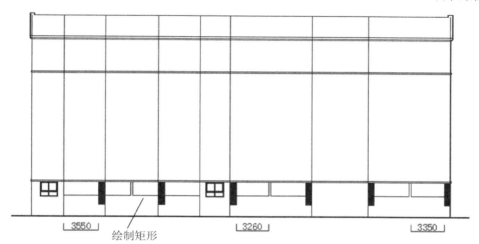

图 13-12　绘制矩形

步骤 10　绘制直线并修剪直线

单击【默认】选项卡中【绘图】面板中的【直线】按钮✏️，绘制直线。然后单击【默认】选项卡中【修改】面板中的【修剪】按钮，修剪直线，绘制出窗户，如图 13-13 所示。按照相同的方法绘制其他窗户，如图 13-14 所示。

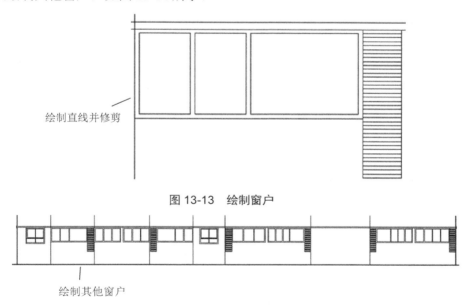

图 13-13　绘制窗户

图 13-14　绘制其他窗户

步骤 11　绘制矩形并偏移矩形

单击【默认】选项卡中【绘图】面板中的【矩形】按钮□，绘制矩形。然后单击【默认】选项卡中【修改】面板上的【偏移】按钮，偏移矩形，如图 13-15 所示。命令输入行提示如下。

命令：_rectang   \\使用矩形命令

指定第一个角点或 [倒角(C)/标高(E)/圆角(F)/厚度(T)/宽度(W)]:　　　　　\\指定一点
指定另一个角点或 [面积(A)/尺寸(D)/旋转(R)]: d　　　　　　　　　　　　\\输入 d
指定矩形的长度 <1800.0000>: 1500　　　　　　　　　　　　　　　　　\\输入长度距离
指定矩形的宽度 <1600.0000>: 1600　　　　　　　　　　　　　　　　　\\输入宽度距离
指定另一个角点或 [面积(A)/尺寸(D)/旋转(R)]:
　　　　　　　\\单击结束

命令: _offset　　　　　　　　　　　　　\\使用偏移命令
当前设置: 删除源=否　图层=源　OFFSETGAPTYPE=0
　　　　　　　\\系统设置
指定偏移距离或 [通过(T)/删除(E)/图层(L)] <通过>:　70
　　　　　　\\输入偏移距离
选择要偏移的对象, 或 [退出(E)/放弃(U)] <退出>:
　　　　　　\\选择对象
指定要偏移的那一侧上的点, 或 [退出(E)/多个(M)/放弃(U)]
<退出>:　　　　　　　　\\指定矩形内侧一点
选择要偏移的对象, 或 [退出(E)/放弃(U)] <退出>:
　　　　　　\\按 Enter 键结束

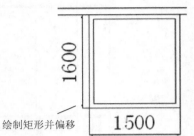

绘制矩形并偏移

图 13-15　绘制矩形

步骤 12　绘制直线并修剪直线

单击【默认】选项卡中【绘图】面板中的【直线】按钮，绘制直线。然后单击【默认】选项卡中【修改】面板中的【修剪】按钮，修剪直线，如图 13-16 所示。

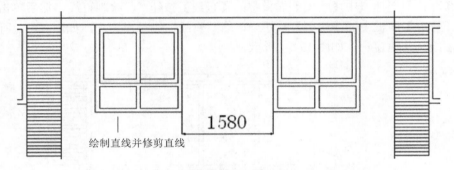

绘制直线并修剪直线

图 13-16　绘制窗户

步骤 13　绘制矩形并偏移矩形

单击【默认】选项卡中【绘图】面板中的【矩形】按钮，绘制矩形。然后单击【默认】选项卡中【修改】面板中的【偏移】按钮，偏移矩形，绘制出门轮廓，如图 13-17 所示。命令输入行提示如下。

命令: _rectang　　　　　　　　　　　　　　　　　　　\\使用矩形命令
指定第一个角点或 [倒角(C)/标高(E)/圆角(F)/厚度(T)/宽度(W)]:　\\指定一点
指定另一个角点或 [面积(A)/尺寸(D)/旋转(R)]: d　　　　　　　\\输入 d
指定矩形的长度 <1800.0000>: 900　　　　　　　　　　　　　\\输入长度距离
指定矩形的宽度 <1600.0000>: 2100　　　　　　　　　　　　\\输入宽度距离
指定另一个角点或 [面积(A)/尺寸(D)/旋转(R)]:　　　　　　　\\单击结束
命令: _offset　　　　　　　　　　　　　　　　　　　　\\使用偏移命令
当前设置: 删除源=否　图层=源　OFFSETGAPTYPE=0　　　　　\\系统设置
指定偏移距离或 [通过(T)/删除(E)/图层(L)] <通过>:　50　　　\\输入偏移距离
选择要偏移的对象, 或 [退出(E)/放弃(U)] <退出>:　　　　　\\选择对象
指定要偏移的那一侧上的点, 或 [退出(E)/多个(M)/放弃(U)] <退出>:　\\指定矩形内侧一点
选择要偏移的对象, 或 [退出(E)/放弃(U)] <退出>:　　　　　\\按 Enter 键结束

步骤 14 绘制直线并修剪直线

单击【默认】选项卡中【绘图】面板中的【直线】按钮╱，绘制直线。然后单击【默认】选项卡中【修改】面板中的【修剪】按钮╅，修剪直线，绘制出台阶，如图 13-18 所示。

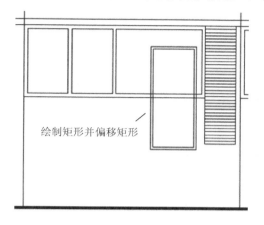

图 13-17 绘制门轮廓　　　　　　　　　　图 13-18 绘制台阶

步骤 15 复制图形

单击【默认】选项卡中【修改】面板中的【复制】按钮╬，复制门轮廓及台阶，如图 13-19 所示。

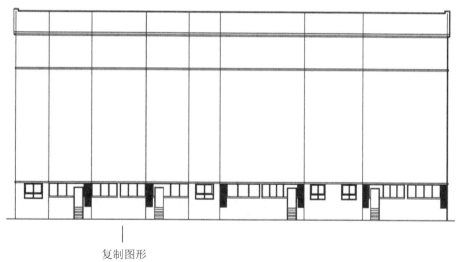

图 13-19 复制门轮廓及台阶

步骤 16 绘制矩形

单击【默认】选项卡中【绘图】面板中的【矩形】按钮▢，绘制矩形，如图 13-20 所示。命令输入行提示如下。

```
命令：_rectang                                          \\使用矩形命令
指定第一个角点或 [倒角(C)/标高(E)/圆角(F)/厚度(T)/宽度(W)]：    \\指定一点
指定另一个角点或 [面积(A)/尺寸(D)/旋转(R)]：d              \\输入 d
指定矩形的长度 <1800.0000>：900                          \\输入长度距离
```

指定矩形的宽度 <1600.0000>: 120   \\输入宽度距离
指定另一个角点或 [面积(A)/尺寸(D)/旋转(R)]:   \\单击结束
命令: _rectang   \\使用矩形命令
指定第一个角点或 [倒角(C)/标高(E)/圆角(F)/厚度(T)/宽度(W)]:   \\指定一点
指定另一个角点或 [面积(A)/尺寸(D)/旋转(R)]: d   \\输入 d
指定矩形的长度 <1800.0000>: 900   \\输入长度距离
指定矩形的宽度 <1600.0000>: 50   \\输入宽度距离
指定另一个角点或 [面积(A)/尺寸(D)/旋转(R)]:   \\单击结束

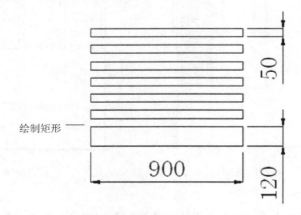

图 13-20   绘制矩形

步骤 17   复制图形

单击【默认】选项卡中【修改】面板上的【复制】按钮，复制其他层门窗，如图 13-21
所示。

图 13-21   复制文件

步骤 18   绘制矩形并偏移

① 单击【默认】选项卡中【绘图】面板中的【矩形】按钮，绘制矩形天窗，如图 13-22

所示。命令输入行提示如下。

```
命令：_rectang                                      \\使用矩形命令
指定第一个角点或 [倒角(C)/标高(E)/圆角(F)/厚度(T)/宽度(W)]：      \\指定一点
指定另一个角点或 [面积(A)/尺寸(D)/旋转(R)]：d              \\输入 d
指定矩形的长度 <1800.0000>：1400                       \\输入长度距离
指定矩形的宽度 <1600.0000>：1200                       \\输入宽度距离
指定另一个角点或 [面积(A)/尺寸(D)/旋转(R)]：             \\单击结束
```

❷ 单击【默认】选项卡中【修改】面板中的【偏移】按钮，偏移矩形，向内偏移距离分别为 100mm、60mm，如图 13-23 所示。命令输入行提示如下。

```
命令：_offset                                       \\使用偏移命令
当前设置：删除源=否  图层=源  OFFSETGAPTYPE=0         \\系统设置
指定偏移距离或 [通过(T)/删除(E)/图层(L)] <通过>： 100     \\输入偏移距离
选择要偏移的对象，或 [退出(E)/放弃(U)] <退出>：          \\选择对象
指定要偏移的那一侧上的点，或 [退出(E)/多个(M)/放弃(U)] <退出>：   \\指定矩形内侧一点
选择要偏移的对象，或 [退出(E)/放弃(U)] <退出>：          \\按 Enter 键结束
命令：_offset                                       \\使用偏移命令
当前设置：删除源=否  图层=源  OFFSETGAPTYPE=0         \\系统设置
指定偏移距离或 [通过(T)/删除(E)/图层(L)] <通过>： 60      \\输入偏移距离
选择要偏移的对象，或 [退出(E)/放弃(U)] <退出>：          \\选择对象
指定要偏移的那一侧上的点，或 [退出(E)/多个(M)/放弃(U)] <退出>：   \\指定矩形内侧一点
选择要偏移的对象，或 [退出(E)/放弃(U)] <退出>：          \\按 Enter 键结束
```

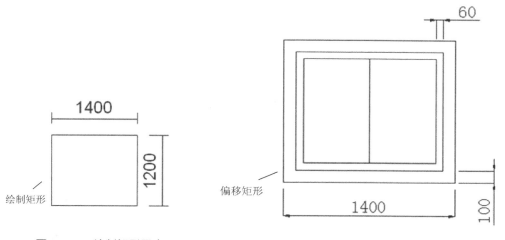

图 13-22　绘制矩形天窗　　　　　　图 13-23　偏移矩形

步骤 19　绘制直线并修剪直线

❶ 单击【默认】选项卡中【绘图】面板中的【直线】按钮，绘制直线。然后单击【默认】选项卡中【修改】面板中的【修剪】按钮，修剪直线，如图 13-24 所示。

❷ 单击【默认】选项卡中【绘图】面板中的【直线】按钮，绘制直线，如图 13-25 所示。

❸ 单击【默认】选项卡中【绘图】面板中的【直线】按钮，绘制直线。然后单击【默认】选项卡中【修改】面板中的【修剪】按钮，修剪直线，如图 13-26 所示。

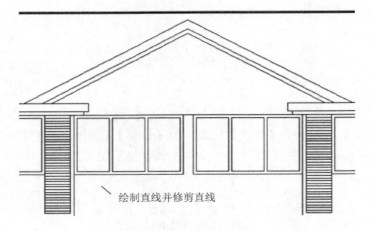

绘制直线并修剪直线

图 13-24 绘制直线(一)

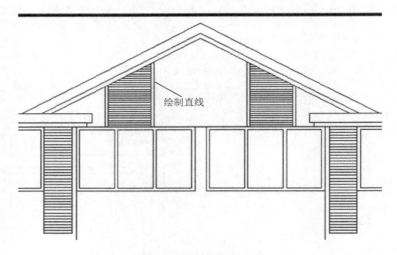

绘制直线

图 13-25 绘制直线(二)

绘制直线并修剪线条

图 13-26 绘制直线(三)

步骤 20　设置图案填充

① 单击【默认】选项卡中【绘图】面板中的【图案填充】按钮，弹出【图案填充创建】
选项卡，在其中的【选项】面板上单击【图案填充设置】按钮，打开【图案填充和渐变色】
对话框，如图 13-27 所示。

② 单击【图案填充】选项卡中【图案】右侧按钮，打开【填充图案选项板】对话框，
切换到【其他预定义】选项卡，选择 AR-RSHKE 图案，如图 13-28 所示。

图 13-27　【图案填充和渐变色】对话框　　　图 13-28　【填充图案选项板】对话框

步骤 21　绘制图案填充

① 在【图案填充】选项卡中设置【角度】为 180，【比例】为 50，单击【添加：拾取点】
按钮，选择需要填充图案的位置，如图 13-29 所示。

选择图案填充区域

图 13-29　选择图案填充区域

② 按 Enter 键，打开【图案填充和渐变色】对话框，单击【确定】按钮，进行填充。完成
建筑立面图的绘制，如图 13-30 所示。

绘制图案填充

图 13-30　完成建筑立面图绘制

13.3.2　绘制剖面图

下面绘制建筑剖面图。

步骤 01　提取平面图

提取平面图。删掉无关部分完成提取的结果如图 13-31 所示。

步骤 02　绘制直线

绘制剖面图，首先要绘制出剖面轮廓线，而且要做到与平面一一对应。单击【默认】选项卡中【绘图】面板中的【直线】按钮／，绘制直线。然后单击【默认】选项卡中【修改】面板中的【复制】按钮，复制直线，如图 13-32 所示。命令输入行提示如下。

```
命令: _line                                        \\使用直线命令
指定第一个点:                                       \\指定一点
指定下一点或 [放弃(U)]: 19800                        \\输入距离
指定下一点或 [闭合(C)/放弃(U)]:                      \\按 Enter 键结束
命令: _copy                                         \\使用复制命令
选择对象: 找到 1 个                                  \\选择对象
选择对象:                                           \\按 Enter 键结束
当前设置: 复制模式 = 多个                            \\系统设置
指定基点或 [位移(D)/模式(O)] <位移>:                 \\指定一点
指定第二个点或 [阵列(A)] <使用第一个点作为位移>:      \\指定一点
指定第二个点或 [阵列(A)/退出(E)/放弃(U)] <退出>:      \\按 Enter 键结束
```

步骤 03　绘制直线并修剪

单击【默认】选项卡中【绘图】面板中的【直线】按钮／，绘制直线。然后单击【默认】选项卡中【修改】面板中的【修剪】按钮，修剪直线，如图 13-33 所示。

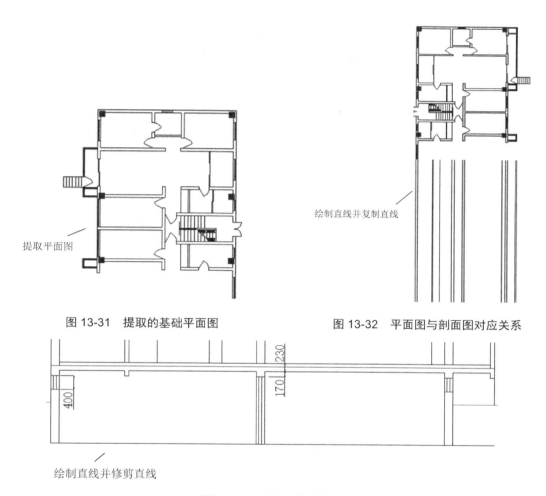

图 13-31　提取的基础平面图　　　　　图 13-32　平面图与剖面图对应关系

图 13-33　绘制并修剪直线

步骤 04　复制直线

单击【默认】选项卡中【修改】面板中的【复制】按钮❧，复制直线，如图 13-34 所示。

步骤 05　绘制直线并修剪

单击【默认】选项卡中【绘图】面板中的【直线】按钮✎，绘制直线。然后单击【默认】选项卡中【修改】面板中的【修剪】按钮↙，修剪直线，绘制出窗户，如图 13-35 所示。

步骤 06　绘制矩形和偏移矩形

①单击【默认】选项卡中【绘图】面板中的【矩形】按钮▭，绘制矩形。然后单击【默认】选项卡中【修改】面板中的【偏移】按钮◳，偏移矩形，绘制出门轮廓，如图 13-36 所示。命令输入行提示如下。

```
命令：_rectang                                    \\使用矩形命令
指定第一个角点或 [倒角(C)/标高(E)/圆角(F)/厚度(T)/宽度(W)]：     \\指定一点
指定另一个角点或 [面积(A)/尺寸(D)/旋转(R)]：d                  \\输入 d
指定矩形的长度 <1800.0000>：800                              \\输入长度距离
指定矩形的宽度 <1600.0000>：2100                             \\输入宽度距离
指定另一个角点或 [面积(A)/尺寸(D)/旋转(R)]：                    \\单击结束
```

```
命令： _offset                                           \\使用偏移命令
当前设置：删除源=否   图层=源   OFFSETGAPTYPE=0          \\系统设置
指定偏移距离或 [通过(T)/删除(E)/图层(L)] <通过>：  60      \\输入偏移距离
选择要偏移的对象，或 [退出(E)/放弃(U)] <退出>：          \\选择对象
指定要偏移的那一侧上的点，或 [退出(E)/多个(M)/放弃(U)] <退出>：  \\指定矩形内侧一点
选择要偏移的对象，或 [退出(E)/放弃(U)] <退出>：          \\按 Enter 键结束
```

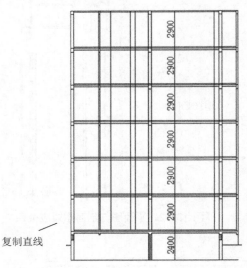

复制直线

绘制直线并修剪直线

图 13-34　复制楼层板　　　　　　　　　图 13-35　绘制窗户

②单击【默认】选项卡中【绘图】面板中的【矩形】按钮□，绘制矩形。然后单击【默认】选项卡中【修改】面板中的【偏移】按钮，偏移矩形，如图 13-37 所示。删除多余线条，绘制另一侧的门。命令输入行提示如下。

```
命令： _rectang                                          \\使用矩形命令
指定第一个角点或 [倒角(C)/标高(E)/圆角(F)/厚度(T)/宽度(W)]：  \\指定一点
指定另一个角点或 [面积(A)/尺寸(D)/旋转(R)]：d             \\输入 d
指定矩形的长度 <1800.0000>：1000                          \\输入长度距离
指定矩形的宽度 <1600.0000>：2100                          \\输入宽度距离
指定另一个角点或 [面积(A)/尺寸(D)/旋转(R)]：              \\单击结束
命令： _offset                                           \\使用偏移命令
当前设置：删除源=否   图层=源   OFFSETGAPTYPE=0          \\系统设置
指定偏移距离或 [通过(T)/删除(E)/图层(L)] <通过>：  60      \\输入偏移距离
选择要偏移的对象，或 [退出(E)/放弃(U)] <退出>：          \\选择对象
指定要偏移的那一侧上的点，或 [退出(E)/多个(M)/放弃(U)] <退出>：  \\指定矩形内侧一点
选择要偏移的对象，或 [退出(E)/放弃(U)] <退出>：          \\按 Enter 键结束
```

③单击【默认】选项卡中【绘图】面板中的【矩形】按钮□，绘制矩形。然后单击【默认】选项卡中【修改】面板上的【偏移】按钮，偏移矩形，如图 13-38 所示。删除多余线条，绘制出窗户。命令输入行提示如下。

```
命令： _rectang                                          \\使用矩形命令
指定第一个角点或 [倒角(C)/标高(E)/圆角(F)/厚度(T)/宽度(W)]：  \\指定一点
指定另一个角点或 [面积(A)/尺寸(D)/旋转(R)]：d             \\输入 d
指定矩形的长度 <1800.0000>：1080                          \\输入长度距离
```

指定矩形的宽度 <1600.0000>: 1450   \\输入宽度距离
指定另一个角点或 [面积(A)/尺寸(D)/旋转(R)]:   \\单击结束
命令: _offset   \\使用偏移命令
当前设置: 删除源=否 图层=源 OFFSETGAPTYPE=0   \\系统设置
指定偏移距离或 [通过(T)/删除(E)/图层(L)] <通过>: 70   \\输入偏移距离
选择要偏移的对象, 或 [退出(E)/放弃(U)] <退出>:   \\选择对象
指定要偏移的那一侧上的点, 或 [退出(E)/多个(M)/放弃(U)] <退出>: \\指定矩形内侧一点
选择要偏移的对象, 或 [退出(E)/放弃(U)] <退出>:   \\按 Enter 键结束

图 13-36　绘制门轮廓

图 13-37　绘制另一侧门轮廓

步骤 07　绘制直线并修剪直线

① 单击【默认】选项卡中【绘图】面板中的【直线】按钮，绘制直线。然后单击【默认】选项卡中【修改】面板中的【修剪】按钮，修剪直线。绘制出楼板剖面，如图 13-39 所示。

图 13-38　绘制窗户

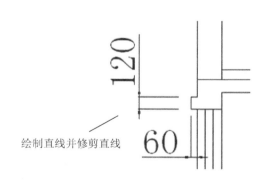

图 13-39　楼板剖面

② 单击【默认】选项卡中【绘图】面板中的【直线】按钮，绘制直线。然后单击【默认】选项卡中【修改】面板中的【修剪】按钮，修剪直线。绘制出顶层剖面，如图 13-40 所示。

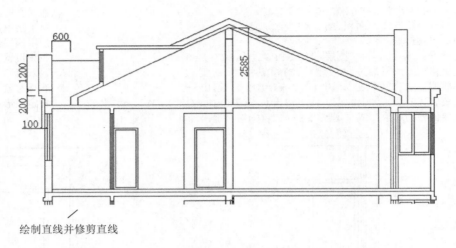

绘制直线并修剪直线

图 13-40 顶层剖面

步骤 08 设置图案填充

①单击【默认】选项卡中【绘图】面板中的【图案填充】按钮，弹出【图案填充创建】选项卡，然后在其中的【选项】面板中单击【图案填充设置】按钮，打开【图案填充和渐变色】对话框，如图 13-41 所示。

②单击【图案填充】选项卡中【图案】右侧按钮，打开【填充图案选项板】对话框，切换到 ANSI 选项卡，选择 ANSI31 图案，如图 13-42 所示。

图 13-41 【图案填充和渐变色】对话框

图 13-42 【填充图案选项板】对话框

步骤 09 绘制图案填充

①在【图案填充】选项卡中设置【角度】为 0，【比例】为 50，单击【添加：拾取点】按钮，选择需要填充图案的位置，如图 13-43 所示。

②按 Enter 键，打开【图案填充和渐变色】对话框，单击【确定】按钮，完成填充。再次填充选择 AR-CONC 图案，设置【比例】为 1。选择 AR-RSHKE 图案，设置【角度】为 180，【比例】为 1。完成建筑剖面图的绘制，如图 13-44 所示。

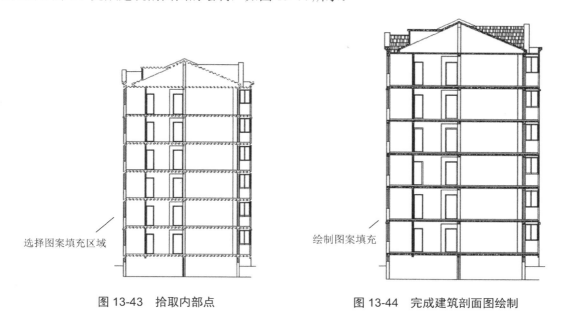

图 13-43　拾取内部点　　　　　图 13-44　完成建筑剖面图绘制

13.4　本　章　小　结

本章通过绘制建筑立面图与建筑剖面图，让用户熟悉绘制的方法与技巧。只有进一步丰富自己的建筑专业技能，才能快速准确地绘制图形。

第 14 章

绘制建筑大样详图

　　本章范例介绍建筑大样的绘制方法和步骤。绘制建筑大样重要的是有一个好的思路和步骤,这样完成的图纸才比较规范。

14.1　实例介绍和展示

本范例源文件：/14/12-1.dwg

本范例完成文件：/14/14-2.dwg，14-3.dwg，14-4.dwg

多媒体教学路径：光盘→多媒体教学→第 14 章

14.1.1　平面大样图

常见的平面大样图有卫生间、厨房和专业工艺设备布置的建筑部分。

本章以卫生间为例说明如何绘制平面大样图，如图 14-1 所示。

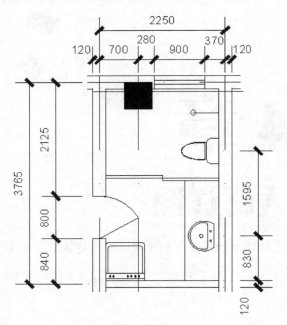

图 14-1　卫生间大样图

14.1.2　立面大样图

平面大样图绘制起来比较简单，关键是标注好相应位置，而立面大样图就比较复杂。很多地方都需要绘制立面大样图，主要包括墙身、墙裙、散水以及楼板与隔墙等。

楼顶立面大样图如图 14-2 所示。

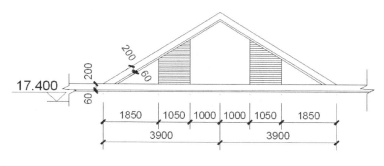

图 14-2　楼顶立面大样图

14.1.3　绘制剖面大样图

剖面大样图的设计和立面图很相似，都很复杂。

绘制的楼顶剖面大样图如图 14-3 所示。

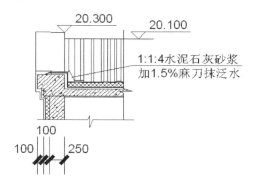

图 14-3　楼顶剖面大样图

通过本章的学习，应掌握以下内容。

(1) 建筑大样图的绘制方法。

(2) 图形标注工具的应用。

(3) 基础绘图命令。

(4) 编辑图形命令。

14.2　建筑大样详图基本知识

每一个建筑的设计都各不相同甚至千差万别，所有的标准图集都不可能涵盖一栋建筑的全部构造形式，而且在平、立、剖面施工图中还有一些不能表达清楚的尺寸定位和建筑构件，这时必须放大比例后绘制建筑大样图来详细表达。例如，卫生间大样，厨房大样，楼梯间大样设计，一些房间的设备布置，立面的细部装修，室外附属工程异形部分的立、剖面大样等。

14.2.1　建筑平面大样详图的绘制

建筑设计中的卫生间、厨房、楼梯间以及不能在建筑平面图中清楚表达的部分需要设计绘

制建筑平面大样图。

(1) 初始条件图的提取与准备。

在绘制任何建筑图设计时，首先要想到利用 AutoCAD 复制和编辑的修改优势。建筑平面大样图的设计可以尽量从平面施工图中提取有用的部分，以减少工作量，我们称之为初始条件图，这样可以避免平面大样图从零开始。

首先用【复制】按钮复制平面施工图中用于绘制建筑平面大样的有用部分到图纸的适当位置，然后用【删除】按钮删去不需要的部分，以获得我们需要的初始条件图。

(2) 编辑和修改条件图。

对条件图我们还需要进行必要的补充、编辑和修改，如对所在墙体补画轴线及标注尺寸、调整墙线宽度等。在平面大样的绘制中还要考虑一个重要的问题，即由于详图比例大(如 1∶10、1∶20、1∶50)，而其他的图形比例小(1∶100、1∶200、1∶500)，但又需要将不同比例的图形调整到一张图中出图，要使出图满足要求，就必须对条件图进行比例调整。有 3 种方法，一是在图纸空间中绘制和出图，这样可不受出图比例限制；二是在模型空间中绘制和出图，提取的条件图可用(scale)命令适当放大数倍。例如，提取的条件图是按 1∶1 比例绘制，按 1∶100 将提取的条件图用(scale)命令适当放大数倍，而详图也要按 1∶1 绘制，而以 1∶10 出图，这时需将提取的条件图放大 10 倍；三是将不同比例的图形作为块插入到一张图中出图。

(3) 平面大样的绘制。

有了编辑与修改完成后的条件图，就可以补充完成平面大样的绘制。对于建筑设计中的卫生间、厨房，可以在进行大样图设计时绘制、调用、插入专业设备块。对于没有图库或需单独绘制的细部可直接用 AutoCAD 绘图和编辑命令完成，而楼梯间一般直接调用条件图，根据设计要求作适当细部调整，补充楼梯抹灰等装饰作法。

(4) 材料和图案填充。

绘制平面大样是为了更清楚地表达建筑的细部作法、构件和设备的定位尺寸，其比例较大，就连地面的装饰分格等都要一一绘制出来，因此其剖切部位如墙、柱、构造柱、钢筋混凝土、空心板等需要填充材料符号。

填充量较小的大样图宜直接在图上绘制，若填充量较大，则单击【图案填充】按钮进行填充。

(5) 文本与尺寸标注。

文本标注应详细注明各部分的构造作法，如详细注明楼梯的踏步面、防滑条、栏杆、厨房灶台、洗涤池的使用材料、颜色、构造层次等，标注方法与平面施工图中的文本标注相同。

卫生间、厨房大样一般需标注两道尺寸，即设备定位尺寸和房间的周边净尺寸。卫生间洁具一般为标准规格，只需定位其水管位置和方向即可。其他设备以其他边缘线定位，同时还应标注其室内标高、排水坡度及方向等。

14.2.2　绘制建筑立面和剖面大样详图

凡是在立、剖面建筑施工图中无法表达清楚的部分，以及标准集上没有的构造或异形形体部分，如屋面泛水、防水、玻璃幕墙节点构造等均需要绘制大样图。它们的绘制方法与平面大样图的绘制方法相同，即可分为提取条件图、编辑修改、大样图绘制、图案填充、文本与尺寸标注五大步，在次不再赘述。

至此,大样详图绘制完成,一套完整的建筑施工图的全部绘制结束了,建筑师在进行审视后就可以签字出图,交给其他专业设计师进行结构和设备设计,也可以提交给甲方和施工单位进行施工。

14.3 范 例 绘 制

14.3.1 绘制平面大样图

首先,绘制平面大样图,操作步骤如下。

步骤 01 提取卫生间图形

打开第 12 章绘制的"12-1.dwg"文件,复制提取卫生间的平面图,提取出的图形如图 14-4 所示。单击【修改】面板中的【删除】按钮删除无关对象,完成提取。命令输入行提示如下。

```
命令: _erase                                    \\使用删除目录
选择对象: 找到 1 个                              \\选择对象
选择对象:
```

图中有一个坐便器和一个洗手池、洗衣机。其中坐便器与洗手池都要清楚地定位出来。

步骤 02 绘制标注尺寸

① 定位洗手池。

洗手池以水管定位线为基准,其他设备以其边缘设备线为基准定位。定位洗手池就是把洗手池的准确尺寸在图中表示出来。单击【默认】选项卡中【注释】面板中的【线性】按钮 ,进行建筑标注,如图 14-5 所示。命令输入行提示如下。

```
命令: _dimlinear                                        \\使用线性命令
指定第一个尺寸界线原点或 <选择对象>:                     \\选择中心线
指定第二条尺寸界线原点:                                  \\选择洗手池的中心
指定尺寸线位置或
[多行文字(M)/文字(T)/角度(A)/水平(H)/垂直(V)/旋转(R)]:   \\指定上方一点
标注文字 = 830                                          \\显示的距离尺寸
```

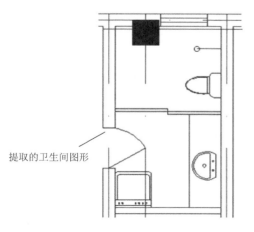

图 14-4　从平面图中提取出来的卫生间条件图

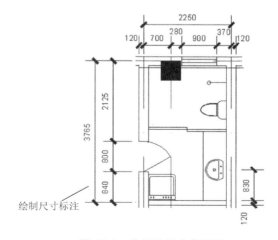

图 14-5　洗手池的定位图形

②定位坐便器。

用相同的方法把坐便器的位置定位出来,完成卫生间平面大样图的绘制,如图 14-6 所示。

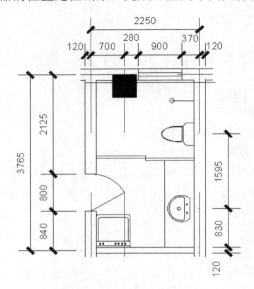

图 14-6　卫生间大样图

14.3.2　绘制立面大样图

本小节绘制楼顶立面大样图。

绘制比较大的立面图形,有时候要重点放大立面图形中的部分图形,以便在施工时更能方便准确地知道尺寸距离与样式。所以立面大样图就发挥了作用。其操作步骤如下。

步骤01　绘制直线并偏移直线

单击【默认】选项卡中【绘图】面板中的【直线】按钮╱,绘制直线。然后单击【默认】选项卡中【修改】面板中的【偏移】按钮❑,偏移直线,如图 14-7 所示。命令输入行窗口提示如下。

```
命令: _line 指定第一点:                                        \\使用直线命令
指定下一点或 [放弃(U)]: 9955                                   \\指定一点,输入距离
指定下一点或 [放弃(U)]: *取消*                                 \\取消命令
命令: _offset                                                 \\使用偏移命令
当前设置: 删除源=否   图层=源   OFFSETGAPTYPE=0                \\系统设置
指定偏移距离或 [通过(T)/删除(E)/图层(L)] <3300.0000>: 200      \\指定偏移距离
选择要偏移的对象, 或 [退出(E)/放弃(U)] <退出>:                 \\选择对象
指定要偏移的那一侧上的点, 或 [退出(E)/多个(M)/放弃(U)] <退出>: \\指定一点
选择要偏移的对象, 或 [退出(E)/放弃(U)] <退出>:                 \\按 Enter 键退出
命令: _offset
当前设置: 删除源=否   图层=源   OFFSETGAPTYPE=0
指定偏移距离或 [通过(T)/删除(E)/图层(L)] <3300.0000>: 60
选择要偏移的对象, 或 [退出(E)/放弃(U)] <退出>:
指定要偏移的那一侧上的点, 或 [退出(E)/多个(M)/放弃(U)] <退出>:
选择要偏移的对象, 或 [退出(E)/放弃(U)] <退出>:
```

图 14-7　绘制并偏移直线

步骤 02　绘制直线并修剪直线

单击【默认】选项卡中【绘图】面板中的【直线】按钮／，绘制折断线。然后单击【默认】选项卡中【修改】面板中的【修剪】按钮，删除多余部分，如图 14-8 所示。

图 14-8　绘制并修剪直线

步骤 03　绘制直线并偏移直线

❶单击【默认】选项卡中【绘图】面板中的【直线】按钮／，选择直线的中点，绘制直线，如图 14-9 所示。

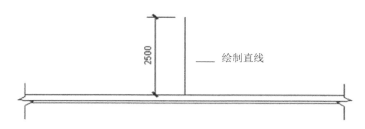

图 14-9　绘制直线

❷单击【默认】选项卡中【修改】面板中的【偏移】按钮，偏移直线，如图 14-10 所示。命令输入行提示如下。

```
命令：_offset                                                    \\使用偏移命令
当前设置：删除源=否　图层=源　OFFSETGAPTYPE=0                       \\系统设置
指定偏移距离或 [通过(T)/删除(E)/图层(L)] <3300.0000>：1000         \\指定偏移距离
选择要偏移的对象，或 [退出(E)/放弃(U)] <退出>：                    \\选择对象
指定要偏移的那一侧上的点，或 [退出(E)/多个(M)/放弃(U)] <退出>：     \\指定一点
选择要偏移的对象，或 [退出(E)/放弃(U)] <退出>：                    \\按 Enter 键退出
命令：_offset                                                    \\使用偏移命令
当前设置：删除源=否　图层=源　OFFSETGAPTYPE=0                       \\系统设置
指定偏移距离或 [通过(T)/删除(E)/图层(L)] <3300.0000>：1050         \\指定偏移距离
选择要偏移的对象，或 [退出(E)/放弃(U)] <退出>：                    \\选择对象
指定要偏移的那一侧上的点，或 [退出(E)/多个(M)/放弃(U)] <退出>：     \\指定一点
选择要偏移的对象，或 [退出(E)/放弃(U)] <退出>：                    \\按 Enter 键退出
命令：_offset                                                    \\使用偏移命令
```

当前设置：删除源=否　图层=源　OFFSETGAPTYPE=0 　　　　　　\\系统设置
指定偏移距离或 [通过(T)/删除(E)/图层(L)] <3300.0000>: 1850 　　\\指定偏移距离
选择要偏移的对象，或 [退出(E)/放弃(U)] <退出>: 　　　　　　\\选择对象
指定要偏移的那一侧上的点，或 [退出(E)/多个(M)/放弃(U)] <退出>: 　\\指定一点
选择要偏移的对象，或 [退出(E)/放弃(U)] <退出>: 　　　　　　\\按 Enter 键退出

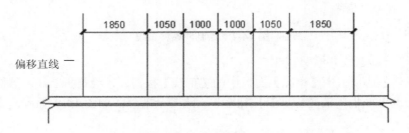

图 14-10　偏移直线

③ 单击【默认】选项卡中【绘图】面板中的【直线】按钮／，绘制直线。然后单击【默认】选项卡中【修改】面板中的【偏移】按钮，偏移直线，如图 14-11 所示。命令输入行提示如下。

命令：_line 指定第一点： 　　　　　　　　　　　　　　　\\使用直线命令
指定下一点或 [放弃(U)]: 　　　　　　　　　　　　　　　\\指定一点
指定下一点或 [放弃(U)]: *取消* 　　　　　　　　　　　　\\取消命令
命令：_offset 　　　　　　　　　　　　　　　　　　　　\\使用偏移命令
当前设置：删除源=否　图层=源　OFFSETGAPTYPE=0 　　　　　　\\系统设置
指定偏移距离或 [通过(T)/删除(E)/图层(L)] <3300.0000>: 200 　　\\指定偏移距离
选择要偏移的对象，或 [退出(E)/放弃(U)] <退出>: 　　　　　　\\选择对象
指定要偏移的那一侧上的点，或 [退出(E)/多个(M)/放弃(U)] <退出>: 　\\指定一点
选择要偏移的对象，或 [退出(E)/放弃(U)] <退出>: 　　　　　　\\按 Enter 键退出
命令：_offset
当前设置：删除源=否　图层=源　OFFSETGAPTYPE=0
指定偏移距离或 [通过(T)/删除(E)/图层(L)] <3300.0000>: 60
选择要偏移的对象，或 [退出(E)/放弃(U)] <退出>:
指定要偏移的那一侧上的点，或 [退出(E)/多个(M)/放弃(U)] <退出>:
选择要偏移的对象，或 [退出(E)/放弃(U)] <退出>:

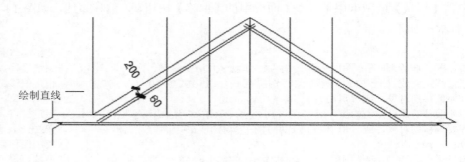

图 14-11　绘制直线

步骤 04　修剪线条

单击【默认】选项卡中【修改】面板中的【修剪】按钮，删除多余部分，如图 14-12 所示。

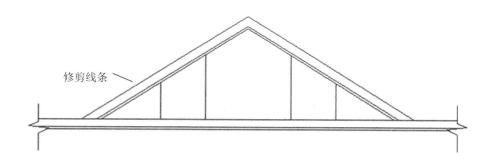

图 14-12　修剪直线

步骤 05 绘制直线并偏移直线

　　单击【默认】选项卡中【绘图】面板中的【直线】按钮╱，绘制直线。然后单击【默认】选项卡中【修改】面板中的【偏移】按钮，偏移直线，如图 14-13 所示。命令输入行提示如下。

```
命令：_line 指定第一点：                                    \\使用直线命令
指定下一点或 [放弃(U)]：                                    \\指定一点
指定下一点或 [放弃(U)]：*取消*                               \\取消命令
命令：_offset                                             \\使用偏移命令
当前设置：删除源=否 图层=源 OFFSETGAPTYPE=0                  \\系统设置
指定偏移距离或 [通过(T)/删除(E)/图层(L)] <3300.0000>: 70     \\指定偏移距离
选择要偏移的对象，或 [退出(E)/放弃(U)] <退出>：              \\选择对象
指定要偏移的那一侧上的点，或 [退出(E)/多个(M)/放弃(U)] <退出>：  \\指定一点
选择要偏移的对象，或 [退出(E)/放弃(U)] <退出>：              \\按 Enter 键退出
```

图 14-13　绘制直线

步骤 06 绘制标注

　　单击【默认】选项卡中【注释】面板中的【线性】按钮，进行建筑标注，完成楼顶立面大样图的绘制，如图 14-14 所示。命令输入行提示如下。

```
命令：_dimlinear                                          \\使用线性命令
指定第一个尺寸界线原点或 <选择对象>：                         \\选择中心线
指定第二条尺寸界线原点：                                     \\选择洗手池的中心
指定尺寸线位置或
[多行文字(M)/文字(T)/角度(A)/水平(H)/垂直(V)/旋转(R)]：       \\指定上方一点
标注文字 = 1850                                           \\显示的距离尺寸
```

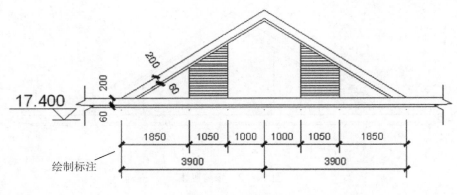

图 14-14 添加标注

14.3.3 绘制剖面大样图

剖面图就是把建筑物某个部位切开，使你在平面图中看不到得东西，在剖面图中能看到包括内部结构、细节作法。大样图就是物体放大，发现多了很多标注。有些标注只有在大样图中才能找到。

其操作步骤如下。

步骤 01 绘制直线

① 单击【默认】选项卡中【绘图】面板中的【直线】按钮 / ，绘制直线，如图 14-15 所示。命令输入行提示如下。

```
命令：_line                                      \\使用直线命令
指定第一个点：                                    \\指定一点
指定下一点或 [放弃(U)]：1350
指定下一点或 [放弃(U)]：130
指定下一点或 [闭合(C)/放弃(U)]：100
指定下一点或 [闭合(C)/放弃(U)]：250
指定下一点或 [闭合(C)/放弃(U)]：450
指定下一点或 [闭合(C)/放弃(U)]：250
指定下一点或 [闭合(C)/放弃(U)]：1000
指定下一点或 [闭合(C)/放弃(U)]：               \\取消命令
```

② 单击【默认】选项卡中【绘图】面板中的【直线】按钮 / ，绘制直线，如图 14-16 所示。命令输入行提示如下。

```
命令：_line                                      \\使用直线命令
指定第一个点：                                    \\指定一点
指定下一点或 [放弃(U)]：410
指定下一点或 [闭合(C)/放弃(U)]：               \\取消命令
```

步骤 02 偏移直线

单击【默认】选项卡中【修改】面板中的【偏移】按钮 ，偏移直线，如图 14-17 所示。

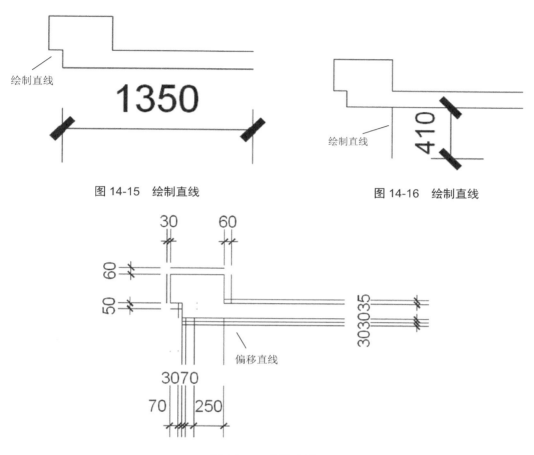

图 14-15　绘制直线 图 14-16　绘制直线

图 14-17　偏移直线

步骤 03 绘制倒角

单击【默认】选项卡中【修改】面板中的【倒角】按钮△，倒角直线，如图 14-18 所示。

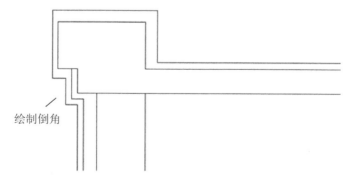

图 14-18　绘制倒角

步骤 04 绘制直线

① 单击【默认】选项卡中【绘图】面板中的【直线】按钮╱，绘制折断线，如图 14-19

所示。

②单击【默认】选项卡中【绘图】面板中的【直线】按钮 ╱，绘制楼顶部分，如图 14-20 所示。

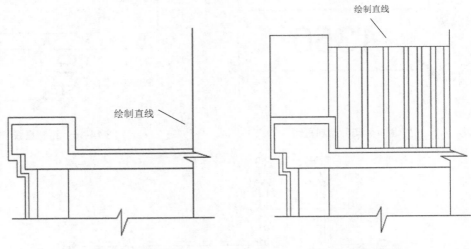

图 14-19　绘制折断线　　　　　图 14-20　　绘制楼顶部分

③单击【默认】选项卡中【绘图】面板中的【直线】按钮 ╱，绘制楼顶剖面结构部分，如图 14-21 所示。

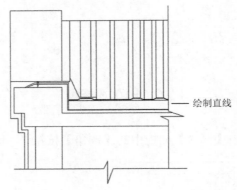

图 14-21　　绘制楼顶剖面结构部分

步骤 05　设置图案填充

①选择【绘图】|【图案填充】菜单命令。执行此命令后将打开如图 14-22 所示的【图案填充创建】选项卡。

【图案填充创建】选项卡

图 14-22　　【图案填充创建】选项卡

②单击【选项】面板中的【图案填充设置】按钮，打开如图 14-23 所示的【图案填充和渐变色】对话框。

③单击【图案填充】选项卡中【图案】右侧按钮，打开【填充图案选项板】对话框，切换到 ANSI 选项卡，选择 ANSI37 图案，如图 14-24 所示。

图 14-23　【图案填充和渐变色】对话框　　　　图 14-24　【填充图案选项板】对话框

步骤 06 绘制图案填充

①在【图案填充】选项卡中设置【比例】为 15，单击【添加：拾取点】按钮，选择需要填充图案的位置，如图 14-25 所示。

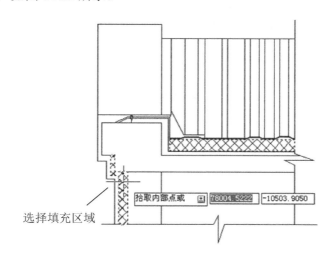

图 14-25　拾取填充图案位置

②按 Enter 键，打开【图案填充和渐变色】对话框，单击【确定】按钮，完成填充，如图 14-26 所示。

③填充图形的其他区域，如图 14-27 所示。

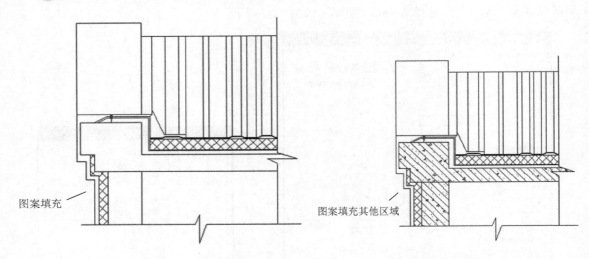

图 14-26　完成图案填充　　　　　　　　　　　　图 14-27　图案填充其他区域

步骤 07　绘制直线

单击【默认】选项卡中【绘图】面板中的【直线】按钮／，绘制标高及引线，如图 14-28 所示。

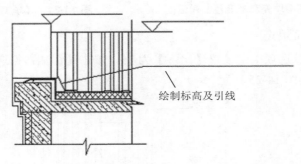

图 14-28　绘制标高及引线

步骤 08　绘制文字

选择【绘图】|【文字】|【单行文字】菜单命令。此时光标变为十，输入文字，如图 14-29 所示。命令输入行提示如下。

```
命令: _text                                          \\使用单行文字命令
当前文字样式: "Standard" 文字高度: 100.0000 注释性: 否 \\系统设置
指定文字的起点或 [对正(J)/样式(S)]:                    \\指定一点
指定高度 <100.0000>: 200                             \\输入距离高度
指定文字的旋转角度 <0>: 0                             \\输入旋转角度
```

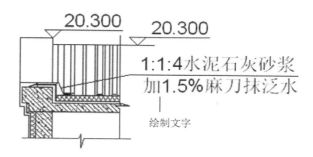

图 14-29 添加单行文字

步骤 09 绘制标注尺寸

单击【默认】选项卡中【注释】面板中的【线性】按钮⊡，进行建筑标注，完成楼顶剖面
大样图的绘制，如图 14-30 所示。命令输入行提示如下。

```
命令：_dimlinear                                    \\使用线性命令
指定第一个尺寸界线原点或 <选择对象>：                  \\选择中心线
指定第二条尺寸界线原点：                              \\选择洗手池的中心
指定尺寸线位置或
[多行文字(M)/文字(T)/角度(A)/水平(H)/垂直(V)/旋转(R)]：  \\指定上方一点
标注文字 = 250                                      \\显示的距离尺寸
```

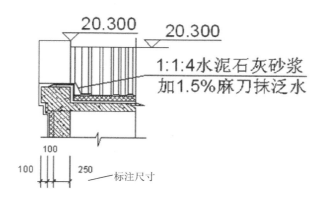

图 14-30 绘制标注尺寸

14.4 本 章 小 结

本章介绍了绘制建筑大样图的基本知识、绘图方法与技巧。大样图在图纸中必不可少，在
施工中能更加准确地表达设计意图与尺寸上的把握。用户要加强自身综合能力的训练，这样在
以后的工作之中才能更加熟练准确地绘制图纸。